热工装备核心系统及智能控制

黄心沿 著

中南大学出版社
www.csupress.com.cn

·长沙·

图书在版编目(CIP)数据

热工装备核心系统及智能控制／黄心沿著. —长沙：中南大学出版社，2023.10
ISBN 978-7-5487-5462-6

Ⅰ. ①热… Ⅱ. ①黄… Ⅲ. ①智能控制－应用－加热设备 Ⅳ. ①TK17-39

中国国家版本馆 CIP 数据核字(2023)第 128518 号

热工装备核心系统及智能控制
REGONG ZHUANGBEI HEXIN XITONG JI ZHINENG KONGZHI

黄心沿 著

□责任编辑	伍华进
□责任印制	李月腾
□出版发行	中南大学出版社
	社址：长沙市麓山南路　　　邮编：410083
	发行科电话：0731-88876770　　传真：0731-88710482
□印　　装	长沙市宏发印刷有限公司

□开　本	710 mm×1000 mm 1/16	□印张 20	□字数 401 千字
□版　次	2023 年 10 月第 1 版	□印次 2023 年 10 月第 1 次印刷	
□书　号	ISBN 978-7-5487-5462-6		
□定　价	88.00 元		

内容简介

本书是热工装备基础理论和实践应用方面的专著。第 1 章首先简述了炉窑种类，接着论述了与炉体制造相关的知识与质量检测。第 2 章到第 6 章则分别介绍了热工装备的各个核心系统及相关技术，即探测器件与技术(第 2 章)、调节技术及应用(第 3 章)、功率电子线路(第 4 章)、可编程控制器(第 5 章)、信息系统开发(第 6 章)。第 7 章则阐述了与热工装备智能控制相关的可选配的典型方案，包括加热监视、过温保护、辅助加热技术等。

本书可供从事和关心热工装备技术领域研发、设计、制造生产、测试及应用的专业技术人员和管理人员，以及热能工程、电子信息、微电子、自动化等专业的本科生与研究生学习和参考。

作者简介 /

About the Author

　　黄心沿　高级工程师、兼职硕士生导师，IEEE 会员，SPIE 会员。主要从事半导体热工装备电气自控、先进 PID 控制、复杂工业过程优化决策、薄膜制备工艺及设备、红外工程与传感技术、电力电子变换器相关的研究。近年来，负责设备电控部分的国家一带一路"土耳其 kaylon 安卡拉光伏园"项目、湖南省十大技术攻关"8 英寸集成电路成套装备"项目均已顺利验收。所研制的分段调控式无变压器功率系统成功实现工程化，应用此技术的管式 PECVD 设备连续三年保持全球市占率第一。

前言 / Preface

热工装备中用于微纳制造的设备技术指标要求极高,其中又属扩散炉的功率与温控系统最为精细。1983年四机部扩散炉调查报告中有"扩散炉的恒温区目前达到400毫米至600毫米±0.5 ℃,口径最大者为150毫米,仍以单一的炉子为主要产品形式。微计算机控制的、带气源和推拉装置的所谓扩散系统,在国内出现仍需时日。另外,国内还有半导体生产厂家自做炉子的情况,而专业厂生产的扩散炉,仍相当于国外20世纪60年代的水平。在质量方面,如炉丝寿命,稳定可靠性方面仍存在差距"的相关记载。随着科学的发展与技术的进步,扩散炉设备已经有了大的改变,在控温精度不变且炉管口径增为600毫米的情况下,炉体的恒温区可以做到2000毫米以上。

2021年5月,我受单位市场部委托前往中国工程物理研究院出差,对一台用于半导体工艺的氧化退火类炉管设备做优化改造与调试,历时半个月最终完成了设备的验收。返程的路上,途经重庆江北嘴夜宿时,总结设计与实践经验对热工装备核心系统进行系统论述的想法便在脑海中有了萌芽。回长沙后不久,我便作为电控总体负责人参与到双源型扩散炉的研发设计中,正是自此时起,我开启了这本书的写作。

本书一共7章,为作者独著。热工装备的加热器是产品加工制造过程中最为关键的部件,其核心在于炉体,故在本书第1章就首先对炉窑的种类作了简述,之后又从电阻炉的设计展开,在内容上依次介绍了电热合金、耐火材料、计算与质量检测方法。第2章至5章则是将工作原理、部件装置和控制方法与技术分析紧密结合，分别对热工装备中需要使用的传感器与系统、调节控制技术、功率控制相关电子线路和器件、可编程控制器作论述。第6章涉及热工装备信息系统的开发与运用，包含工业组态软件、网络协议、现场总线技术等基础知识。第7章内容为用于提升热工装备性能的典型控制方案，如加热监视、过温保护、辅助加热。全书在实验案例上以泛半导体行业的工艺设备为主。限于笔者学识与技术日新月异的发展所限，书中难免有疏漏和不当之处，恳请读者指正。

本书在写作与实验过程中得到了工业和信息化部科技司、中国电子科技集团第四十八研究所、国家光伏装备工程技术研究中心、欧姆龙自动化(中国)有限公司、湖南深拓智能设备股份有限公司、电力电子系统控制与优化湖南省工程实验室等多方面的关照与鼓励，作者甚为感激。

作者在本书编写过程中，参考了有关方面的文献，在此向文献作者表示诚挚的感谢。中南大学出版社的伍华进老师为本书出版立项与编辑做出宝贵贡献，中南大学自动化学院的王辉老师及研究生团队在本书交稿前帮忙做了整理，作者一并表示诚挚感谢。同时，中国电子科技集团第四十八研究所的欧利平部长、谢卓敏书记给予了无私的帮助与支持，中国电子科技集团第四十八研究所的龙会跃研究员、刘东明高级工程师和中南大学计算机学院的林立新老师在百忙之中阅读了本书内容，提供了建设性的意见，在此表示衷心的感谢。

在本书即将出版之际，正逢第五届深圳国际半导体技术暨应用展，以扩散氧化类为主的热工装备已完成国产化且呈争芳斗艳之势。回顾我国炉管类微纳工艺设备及科学技术的发展历程，我们要感谢黄敞、孙洪涛等先驱并致以崇高的敬意；作为初代设备的研发与制造者，他们言传身教、力行不倦，所留下的手稿与资料为后来者的研究方向和专业成长奠定了坚实的基础。

黄心沿

2023 年 5 月

目录 / Contents

第 1 章　炉窑基本理论

　　热工装备在常规意义上又称为工业炉窑,其种类繁多且形式各异[1]。为实现加热、热处理、烧结、熔化等工艺用途,工业炉窑使用的能源比较广泛,主要包括各类固体、液体、气体材料与电能。如何尽量地减少热损失、提高热效率、节约能源和保护环境成为炉窑设计需要考虑的问题。

　　热传递是炉体实现热工的基本过程,更是热工技术的核心。提高炉体绝缘性能、降低供能消耗、延长产品使用期限是提高热效率的有效措施。

　　选择性能优越的加热元件和耐火材料是保证炉体质量和设备性能良好的根本。炉体管径、恒温区长度等技术指标需要通过计算或信息采集得到相关的基础数据后才能开展后续工作。对电热合金元件,应通过金相检测进行质量控制,以避免在生产制造时发生各种意外。

1.1　炉窑种类

　　炉窑主要有电阻炉、感应炉、热压烧结炉、微波气氛压力炉、等离子炉、电弧炉等不同种类。

1.1.1　电阻炉

1.基本结构

　　炉管似圆柱体,圆面与水平面平行或垂直地放置的为管式电阻炉,外形似箱子,炉膛呈六面体的电阻炉称为箱式电阻炉。电阻炉在靠近炉膛的内壁设有电热体,炉壁由耐火材料制成,外层采用保温绝缘材料,而炉体外壳材质则为金属。电阻炉分为卧式和立式,卧式电阻炉管如图 1-1 所示,凸出部分为炉体的接线端子,安装时应朝外并将其调到大致水平位置。

　　立式电阻炉的加热元件通常布置在炉膛的侧壁上。这种电阻炉的炉型有圆

图 1-1　卧式电阻炉管

形、正方形或长方形，以圆形较多。立式电阻炉一般分为盖封式井式电阻炉和底封式立式电阻炉两种。盖封式井式电阻炉的炉膛高度大于长度和宽度，炉门开在顶面，用炉盖密封。底封式立式电阻炉的炉体部分采用手动液压升降，操作时只要用杠杆操纵液压泵上下，炉体就可任意升降 400~1200 mm。在炉体下部配有手动升降装置，可在炉体升至一定高度时，开启下部进取工件。

盖封式井式电阻炉的结构如图 1-2 所示，将它倒过来看便是底封式立式电阻炉。

2. 工作原理

当技术指标中对温区的要求具体细化时，卧式电阻炉按照工作温度可分为预热带、烧成带、冷却带 3 个区域带，且烧成带又按照温度区间的不同分为低温区和高温区。基于立式炉的结构特点，可利用液压槽使装载机构任意做上下升降运动，进行装、出产品操作。根据电阻炉使用的最高温度高低，选用不同的电发热体，炉温越高对绝热保温材料要求也越高。选择电热体时，需根据使用温度来进行选择。当温度在 1200 ℃ 以下可选用高温电阻电热合金丝；1350~1400 ℃ 时，可选用硅碳棒为加热元体；1600 ℃ 时可选用二硅化钼做加热元件，由于钼的熔点为 2630 ℃，这种设备可以在 1700~1800 ℃ 的高温下长期工作。图 1-3 为炉管内径为 100 mm 的立式钼丝炉。

3. 性能特点

卧式电阻炉设备简单，无烟尘危害，烧成品不会被污染，具有热利用率高，

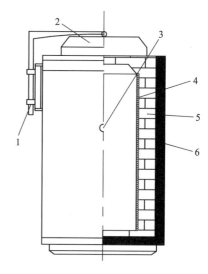

1—炉门运动机构；2—炉门；3—炉壳；
4—炉体加热丝；5—炉体保温层；6—炉衬。

图 1-2　盖封式井式电阻炉

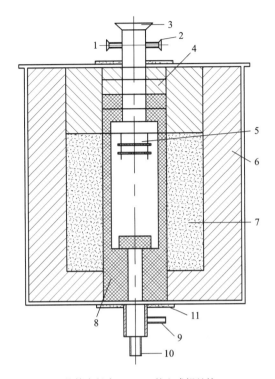

炉管内径为 100 mm 的立式钼丝炉

1—防爆孔；2—观察孔；3—氢气入口管；4—泡沫刚玉制品；5—钼屏蔽及吊架；6—刚玉炉管；
7—氧化铝粉；8—矾土水泥珍珠岩制品；9—冷凝水排出管；10—氢气出气口；11—刚玉底托。

图 1-3　立式钼丝炉

温度可以任意调节，升温迅速，成品质量高，便于自动控制等特点。卧式电阻炉是最传统的电阻炉，但随着时代的发展和科技的进步，占地面积小、密封性好、热场温度沿着电阻炉的整个高度均匀地分布、电路热损耗更小的立式电阻炉正被普及并工程化应用。电阻炉的生产效率高，适合用于大批量生产，也适合于工厂实验室使用。目前电阻炉在冶金、半导体、光伏行业的工艺制造中被广泛地应用。另外体积小、价值高的小型电子陶瓷如热敏陶瓷、压敏陶瓷等可使用该电阻炉生产。设备在操作运行的过程中，一定要注意气路、水路及电路系统的安全。

1.1.2　感应炉

1. 基本结构

感应炉亦称为感应熔炼炉或感应加热炉，是一种无芯结构的熔炼用炉体。主要由感应圈、坩埚、倾炉用液压缸、转动轴、炉架等部分组成。配有射频电源，根据频率的不同, 又分为低频、中频和高频 3 种感应炉。

图 1-4 为立式碳管高频感应热压炉。

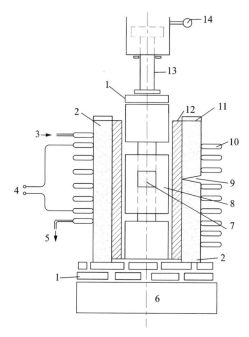

1—稳定化熔融二氧化碳锆砖; 2—稳定化熔融二氧化碳锆颗粒; 3—冷水入口; 4—高频电源;
5—冷水出口; 6—压力机平台; 7—实心石墨棒; 8—石墨模; 9—温度测试管; 10—水冷凝高频感
应炉线圈; 11—云母; 12—石墨管; 13—压力机; 14—负荷表。

图 1-4 立式碳管高频感应热压炉

2. 工作原理

利用电磁感应现象产生热量, 使材料内部产生涡流, 得以加热。由于被加热的材料产生感应电流, 感应圈越接近被加热材料的表面, 加热速率越快。

3. 性能特点

感应炉加热速度快, 功率控制方便, 加热温度高, 温度控制精准, 工作环境清洁, 加热质量好, 易于实现机械化、自动化且劳动条件好, 主要应用于氮化硅陶瓷的研制、粉末冶金材料的烧结。

4. 常见应用

感应炉中应用最多的为直拉式单晶炉, 工作原理为用一根固定在籽晶轴棒上的硅单晶体插入熔融的硅表面, 待籽晶与熔体熔和后, 慢慢向上拉籽晶, 晶体便会在籽晶的下端生长, 通过直拉法从熔化的多晶溶液中拉制硅、锗等半导体单晶体材料。

设备不仅能在真空或充入纯净的保护气体下工作，还可以在充气减压的条件下工作，它的结构如图 1-5 所示，通常分为机械和电气两个部分。

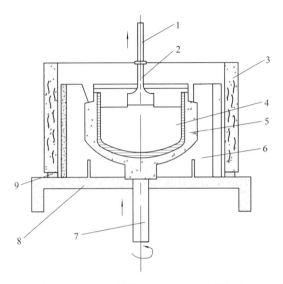

1—籽晶提拉轴棒；2—籽晶；3—隔热屏蔽；4—熔融多晶溶液；5—石英坩埚；
6—石墨加热器；7—坩埚杆；8—石墨电极板；9—绝缘陶瓷。

图 1-5　直拉式单晶炉

1.1.3　热压烧结炉

1. 基本结构

热压烧结炉包括加压设备，如千斤顶或油压机、炉子和炉内的上下压头模具。根据炉体位置的不同，烧结炉通常有两种类型，分别为卧式碳管炉和立式碳管炉。卧式热压电阻炉是最为典型的卧式碳管炉，它的结构如图 1-6 所示。

2. 工作原理

热压烧结前一般先要把粉料干压成型，然后置于热压模具中，经过升温、恒温、降温。在加热过程中，有如下多种加压方式。

（1）加温加压同时进行。

（2）温度上升，压力维持恒定。

（3）温度上升到一定值时，开始加压，恒温恒压一定时间后，降温卸压。

（4）从较低温度开始，逐渐加压，直至温度升到一定值时，压力同时达到设定值。

（5）开始时，加较低的压力，当温度升到一定值时，将压力升到设定值。

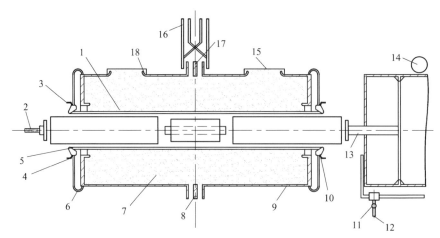

1—实心石墨棒；2—定位螺丝；3—进水口；4—出水口；5—石墨炉管；6—可弯铜电线；7—夹层热绝缘体；8—电绝缘体；9—铝炉壳；10—水冷电极夹头；11—减压阀；12—进空气口；13—风动压力机；14—负荷表；15—炉盖；16—输电铜条；17—电绝缘；18—压模。

图 1-6 卧式热压电阻炉

卧式碳管炉的工作方式多采用电阻加热，立式碳管炉的工作方式多为高频感应加热。

3.性能特点

通常热压烧结可烧制透明压电陶瓷材料，可以通过降低烧结温度，提高致密化速率来提高瓷体密度，同时亦能控制瓷体的晶粒大小。因为设备较复杂，耗电高，对模具材料的要求高，模具材料损耗大，且制品形状简单，所以只能是圆片或短圆柱状。这种设备生产效率低，是因为它不能连续工作。

1.1.4 微波气氛压力炉

1.基本结构

微波气氛压力炉结构较为复杂，通常被分成多个模块，主要包括微波发生器、微波传输与测量系统、烧结腔、测试与控制系统，具体结构如图 1-7 所示。

2.工作原理

微波气氛炉加热的工作原理是利用电磁辐射的传播方式进行超高频辐射加热。当微波穿透介质时，部分能量被消化转化为热量。它将被加热物体吸收的电磁波能量转换成热能，使得自身升到一定的温度。相比传统的电加热方式它更有利于节约电能。

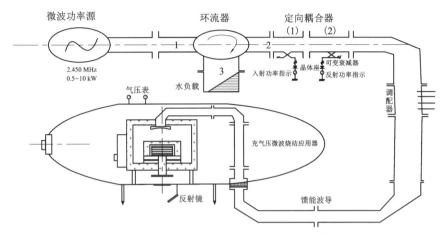

1—环流器入口；2—环流器出口；3—水池；（1）—入射功率显示器；（2）—反射功率显示器。

图 1-7　微波气氛压力炉

3. 性能特点

电炉内加热均匀且加热速度快，一般升温速度可达到 500 ℃/min。该设备高效节能，经济适用，能迅速将温度升高至 2000 ℃以上。同时可改进陶瓷材料的微观结构和宏观性能。这种设备适用于特种陶瓷的烧结，如氧化铝、氧化锆、钛酸锶等氧化物陶瓷，碳化硅、碳化硼等非氧化物陶瓷及各种陶瓷复合材料。

1.1.5　等离子体炉

1. 基本结构

等离子体炉的结构如图 1-8 所示。它的关键部分是等离子体喷枪，又叫作等离子体发生器。

2. 工作原理

利用由电能和等离子体喷枪产生的等离子体的能量来进行熔炼或加热。

3. 性能特点

等离子体炉升温迅速，工作温度超过 10000 ℃，最高可达 15000 ℃。

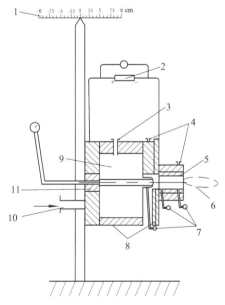

1—推力分度；2—直流电源；3—气体输入口；4—冷却水阀；5—喷口；6—等离子体喷枪；7—压力计；8—绝缘材料；9—电弧区域；10—冷却水入口；11—后部电极。

图 1-8　等离子体炉

它的操作费用较低，仅为氧与其他燃料混合燃烧火焰炉窑的 $\frac{1}{3} \sim \frac{1}{2}$ ，同时操作相对安全且设备使用寿命长。

1.1.6 电弧炉

1. 基本结构

电弧炉按照电阻发热棒的装配形式，分为间接加热式、直接加热式和电弧电阻加热式三种形式。它在结构上一般由电极、炉壳、炉衬、炉盖、升降设备、装料设备和电器设备等部分组成。不同种类的电弧炉及其结构示意图如图 1-9 所示。

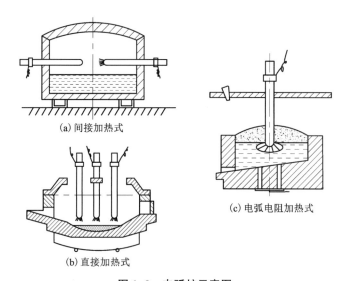

(a) 间接加热式

(c) 电弧电阻加热式

(b) 直接加热式

图 1-9　电弧炉示意图

2. 工作原理

电弧炉工作时利用电弧产生的热量直接或间接地熔炼金属和非金属材料。

3. 性能特点

由于电弧产生的热量高，电炉升温快，它的炉温可超过 2000 ℃。气体放电形成电弧时能量很集中，弧区温度通常超过 3000 ℃。适用于熔炼金属、烧制氧化铝空心球、硅酸盐耐火纤维、电熔刚玉、电熔氧化镁、电熔氧化锆及人工合成云母等。

1.2　炉体设计

　　热工装备的核心部件是炉体，炉体作为高温反应装置将直接决定设备的性能。因为目前热工设备所使用的能源几乎都是电能，所以热工装备中的炉体又被称为电炉。根据加热方式的不同，电炉又分为电阻炉、感应炉、电弧炉等，而在设备工程领域中，使用最多的又是电阻炉。因此设计出与热工装备相适配的电阻炉至关重要。

1.2.1　电阻炉的优点

　　电阻炉是以电为能源，通过电热元件将电能转化为热能对炉内材料进行加热的设备。由于电阻炉具有如下诸多的优点，因此它被广泛应用于半导体、冶金、化工、陶瓷及玻璃等行业。

　　(1)通过自动控温调温系统精确和灵敏地调节温度并使温度均匀分布。

　　(2)能适应一些特殊的加热工艺要求，易于控制气氛的调整。

　　(3)适合于连续性生产。

　　(4)能改善热处理产品的质量。

　　(5)炉体结构简单，容易制作，炉膛容易密封。

　　(6)改善了工作条件，解决了环境污染问题。

　　(7)热效率高。

1.2.2　设计制作

　　电阻炉是一个将电能转换成热能的装置，当电流 I 流过电阻为 R 的导体时，经过时间 t 便产生了热量 Q，这便是著名的焦耳定律。

　　可见通过控制 I、R、t 即可达到控制发热体的目的，因此应合理地选用加热元件。此外，加热元件能否产生足够的热量，电炉能否达到足够高的温度，很大程度上取决于电炉的散热情况。实际上，电炉的温度取决于电炉的供热和散热性能。因此电炉的保温能力非常重要，采用合适的保温材料，减少热量损失是必要的措施。

　　获得稳定的高温必须具备两个条件，一是要有加热元件作为热源，二是要有包围加热元件防止热量向外散失且具有绝缘性的保温材料。

　　1. 保温材料

　　保温材料是指为了减少热损失和增加炉温的稳定性，而在炉壳内填入的材料，它们必须具有导温系数小、气孔率大和一定的耐火度等特点。按温度使用范围保温材料可分为温度大于 1200 ℃、温度为 900~1200 ℃、温度低于 900 ℃ 三大类,常用保温材料的性能见表 1-1。

表 1-1　常用保温材料性能

材料名称	容量/(kg·m⁻³)	最高使用温度/℃	主要用途
硅藻土砖、管、板	500±50	900	电阻炉保护层
膨胀蛭石	100~300	≤1000	电阻炉保温层填料
石棉板	1150	≤600	电阻炉炉底、炉壳、炉顶等,密封材料
矿渣棉	150~180	400~500	电阻炉保温层填料
矿渣棉砖、管、板	350~450	400~500	电阻炉保温层材料
磷酸盐珍珠岩制品	≤220	≥1000	电阻炉保温层材料
玻璃纤维	300	750	低温电阻炉保温层填料

常用的高温保温材料有轻质黏土砖(1150~1400 ℃),轻质硅砖(不大于 1500 ℃),轻质高铝砖(不大于 1350 ℃)。常用的中温保温材料有轻质珍珠岩和蛭石。低温保温材料有石棉、矿渣棉等,石棉是很普通的隔热材料,其化学成分为含水硅酸镁,矿渣棉是冶金熔渣被高压蒸汽吹成纤维状在空气中迅速冷却后得到的人造矿物纤维。现在最好的保温材料是一种高铝纤维棉,它质地轻柔似棉花,保温性能很好。

2. 加热元件

电炉的加热元件为炉丝,一般分为金属和非金属两大类。常用的金属材料有铁铬铝合金和镍铬合金,铂-铑、钼、钨、钽等电热合金,非金属材料则有石墨和碳化硅等。通常电阻炉加热元件的材料会选择电热合金。

在设计电阻炉时,加热元件是选用合金带还是合金线,没有一个普遍适用的原则。所有金属电热材料的机械强度都会随着温度的增加而降低。通常,厚的带状元件其结构较为稳定,在高温下变形的危险比螺旋状的线元件小。所以,在相同的条件下带状元件的表面负荷可选择高一些。因此,合金带元件比合金线元件节省材料从而可降低造价。在温度、电压、功率等条件不变的情况下,用相同截面积的合金带来代替合金线元件,其表面负荷可以降低 12% 以上。因为合金线比合金带有更多的规格可选择,所以当使用温度比较低,要求的材料尺寸较小时,一般选用合金线元件。

对圆形合金线元件来说,它的直径可按照式(1-1)进行计算:

$$d = 3\sqrt{\frac{4 \times 10^5 \rho_t P^2}{\pi^2 v^2 \omega}} \tag{1-1}$$

式中：ρ_t 是在工作温度 t 时的电阻率，$\Omega \cdot mm/m$；P 是电炉的功率，kW；ω 指电热体表面负荷，W/cm^2；v 为电压，V。

合金线元件的物理量计算公式分别如式(1-2)~式(1-5)所示。

合金线元件的截面积：

$$f = \frac{\pi d^2}{4} \tag{1-2}$$

合金线元件电阻：

$$R = \frac{v^2}{10^3 p} \tag{1-3}$$

合金线元件的总长度：

$$L = \frac{Rf}{\rho_t} \tag{1-4}$$

表面负荷是指电热合金元件单位表面积上所分担的功率值，用符号 ω 表示，W/cm^2。计算公式为：

$$\omega = \frac{10^3 p}{\pi d L} \tag{1-5}$$

对于高温电阻炉，在功率相同的情况下，表面负荷选择得高一些，则意味着所选用的合金材料尺寸可以小一些，材料则可以节省一些。但是，表面负荷与元件的使用寿命成反比，如果表面负荷选择过高，则会因寿命下降不但没有节省材料反而浪费材料。因此，正确地选择表面负荷是合理地使用电热材料的一个重要因素。

表面负荷的选择不仅与元件的材料、规格、构造、使用温度、散热状况有关，还与元件周围的气氛、支撑元件的材料及使用中升降温的频率等有密切的关系。工业用电阻炉与民用电热器具电热合金元件容许的表面负荷，因用途不同而有很大的差别，因此，不可能给出一个普遍适用的数值。

一般带状电热合金元件承受的表面负荷可比线状元件高一些。

对于家用或工业用的电热器具，按其电热丝的安装情况可分为三种类型。第一种是包埋型的合金元件，它完全包埋于固体绝缘材料中，电热元件被绝缘材料紧密地压挤着，不能移动或变形，而且与空气隔绝，不易被氧化，热量的扩散主要靠传导。这种类型的元件丝材料表面负荷一般比较高，为 1~80 W/cm^2。第二种是支托型的，合金线一般绕成螺旋状放置在耐火材料上面或安放在耐火材料的凹槽中。这种类型的电热元件其合金线没有完全被固定住，可以有一定程度的活动范围、变形和伸长，热量的扩散主要靠辐射，其表面负荷一般比其他两种类型低一些，为 $1 \sim 10$ W/cm^2。第三种为悬挂型，合金线可自由地悬挂在绝缘支点间，这种类型的电热元件容易受到自重的作用而变形，热量扩散主要靠对流，其表面负荷一般为 $3 \sim 15$ W/cm^2。

1.2.3 关键因素

根据各种需要设计制作的炉体，首先要确定的是炉温、功率和使用的电压。

1. 炉温的确定

炉温主要取决于所处理的炉料所需的温度，在大多数情况下，炉温要比炉料需要加热的温度高 2% ~ 10%。

2. 电功率的确定

电阻炉的功率是衡量其性能的重要指标之一。如果功率太大，加热时发热元件温度与炉内温度相差过大，温度过高会缩短元件寿命；如果功率太小，炉子温度升不上去，或升温速度非常缓慢，达不到工艺要求，质量会受到影响，生产效率也会降低。

电阻炉的功率主要用热平衡的计算方法来确定，即按生产能力计算出单位时间内加热炉料所需要的热量加上炉子各种热损失，并考虑一定的安全系数后得出的功率。这种方法在有关工业炉的书籍中都有详细的论述。这种方法本质上是分析热消耗的各种因素，因此，从原理上看比较准确可靠，但是精细的热平衡计算较为复杂，有些因素也不易确定，常常需要根据实验对计算结果做些修正，或根据经验引用一些系数，非专业者一般不易掌握。

3. 电压与接线方法的选择

设计电阻炉时，电压的选择主要依据当地的供电情况和对电阻炉的使用要求而定。我国常用的电阻炉一般直接使用 380 V 或 220 V 的工业电压，如果为了安全或为了增加元件断面尺寸保证元件使用寿命，或者为在真空条件下防止辉光放电而需要较低的电压时，可通过降压变压器得到。通常电阻炉的功率在 25 kW 以下时，采用单相 220 V 串联或 380 V 串联。电阻炉功率为 25 ~ 75 kW 时，一般要用三相 380 V 星形接法或角形接法。电阻炉的功率超过 75 kW 的时候，为了使每个电热元件的功率不至于太大，便于元件的加工，便于调整炉子的功率和温度，使炉膛热量均匀等，可以增加电热元件的组数，采用两组或多组接线方法。

在供电线路电压不变及电热元件电阻相等的前提下，接线方法不同炉内功率也将不同，因此，通过改变炉内元件的接线方法或切断某一相或某一组，就可以达到改变炉内输入功率的目的。但是，如果这种接线方法的改变是错误的，则元件就会被烧毁。例如，当元件正常工作时，使用星形接法，所加的相电压为额定电压，则所消耗的功率就是额定功率。若改变为三角形接法，那么相电压增加了三倍，超过了额定电压，功率也增加了三倍，因此元件就会被烧毁。

有些时候，为了达到某种工艺要求，特意改变元件的接线方法，以降低功率。但有些情况也要注意，若原设计采用星形接线方法获得了适宜的元件断面积和长度，元件在电阻炉内的布置也比较均匀。在这种情况下，若改变为三角形接线方法，则元件的断面积会减小，或长度会增加，元件在电阻炉内的布置也会变得不均匀，因此这种改变是不适宜的。反过来，若原设计采用角形接法得到比较合适的元件断面积和长度，元件在炉内的布置也较均匀，若改变为星形接线方法，则元件断面积会增大，或长度会减小，元件在炉内的布置也会不均匀，因此，这种改变也是不适宜的。总之，电压的选择，电压与接线方法的关系，均与电阻炉的结构及工艺要求等有着密切的联系，必须正确地加以运用。

1.3 电热合金

炉丝是炉体完成电热能量转换的核心，如前文所述，在制作炉丝时，电热合金最为常用。

1.3.1 电热合金简介

电热合金主要有两大类：一类是铁素体组织的铁铬铝合金，另一类是奥氏体组织的镍铬合金。这两类合金由于组织结构不同，在性能上也不尽相同。但作为电热材料它们都各自具备较多的优点，因而得到大量的生产和广泛的使用。

1. 铁铬铝电热合金的优缺点

1）在大气中使用温度高。

铁铬铝电热合金中的 HRE 合金最高使用温度可达 1400 ℃，而镍铬电热合金中的 Cr20Ni80 合金最高使用温度为 1200 ℃。

2）使用寿命长。

在大气中相同的较高使用温度下，铁铬铝合金元件的寿命可为镍铬合金元件的 2~4 倍。

3）表面负荷高。

由于铁铬铝合金允许使用的温度高，寿命长，因此元件表面负荷也可以高一些，这不仅升温快也可节省合金材料。

4）抗氧化性能好。

铁铬铝合金表面上生成的 Al_2O_3 氧化膜结构致密，与基体黏着性能好，不易因散落而造成污染。另外，Al_2O_3 的电阻率高，熔点也高，这些因素决定了 Al_2O_3 氧化膜具有优良的抗氧化性。抗渗碳性能也比镍铬合金表面生成的 Cr_2O_3 好。

5）相对密度小。

铁铬铝合金的相对密度比镍铬合金小，这意味着制作同等的元件使用的铁铬铝比使用镍铬更少。

6）电阻率高。

铁铬铝合金的电阻率比镍铬合金高，在设计元件时就可以选用较大规格的合金材料，这有利于延长元件使用寿命，对于细合金线这点尤为重要。当选用规格相同的材料时，电阻率越高则越节省材料，元件在炉内所占的位置也越小。另外，铁铬铝合金的电阻率受冷加工和热处理的影响比镍铬合金小。

7）抗硫性能好。

在含硫气氛下及元件表面受含硫物质污染时，铁铬铝合金材料有更好的耐蚀性，而镍铬合金材料受到的侵蚀更严重。

8）价格便宜。

铁铬铝合金由于不含较稀缺的镍，因此价格比镍铬合金便宜得多。

铁铬铝合金的缺点主要是高温强度低，随着温度升高其塑性增大。在1000 ℃ 以上材料往往由于自身重量的作用会慢慢伸长而引起元件变形。另外，铁铬铝合金经高温长时间使用随炉体冷却后，将会随晶粒长大而变脆，不适合在冷却后弯曲。这些缺点在设计和使用上都应加以避免和克服。

2. 镍铬电热合金的优缺点

1）高温强度高。

镍铬合金由于高温强度比铁铬铝合金高，高温使用时不易变形，元件的布置选择余地大。

2）长期使用后其可塑性仍很好。

镍铬合金长时间使用后冷却下来也不会变脆，因此，发热元件使用比较可靠，损坏后也便于维修。

3）发射率高。

充分氧化后的镍铬合金辐射率比铁铬铝合金高，因此，当表面负荷相同时，镍铬合金元件的温度要比铁铬铝合金略低一些。

4）无磁性。

除 Cr15Ni60 在低温下有弱磁性，大部分镍铬合金无磁性。这对于一些低温下使用的器具更为合适。铁铬铝合金要在 600 ℃ 以上才无磁性。

5）较好的耐腐蚀性。

镍铬合金一般比未经氧化的铁铬铝合金更耐腐蚀（含硫气氛及某些可控气氛除外）。

1.3.2　电热合金的主要特性

1.元件最高使用温度

电热合金元件最高使用温度是指在干燥空气中元件本身的表面温度,并不是指炉膛或被加热物体的温度。一般来说,炉膛温度总低于发热元件的温度,其温差随电炉的构造、表面负荷及传热方式等的不同而不同。在敞开式直接辐射的情况下,电热合金元件温度要比炉温高 100 ℃左右。若是包埋式或有较厚的绝缘衬垫时,其温差会更大一些。

电热合金元件允许的最高使用温度值越高对使用越有利,但它受到合金的抗氧化极限温度及高温强度所限制。合金的氧化温度到达极限温度以上时,氧化量便显著地增加,耐热性显著恶化。另外,元件使用温度越高其高温强度越低,特别是铁铬铝电热合金元件,往往会在高温下变形倒塌而造成局部过热,缩短其使用寿命。如果在设计元件时能从技术上考虑其不足,则可以适当提高其使用温度。

不同牌号的电热合金由于成分不同其最高使用温度也不同。最高使用温度也与合金材料的尺寸有直接关系。表 1-2 列出了几个主要牌号的电热合金不同线径的最高使用温度。通常在最高使用温度下工作的元件其合金线直径不应小于3.0 mm,扁带厚度不应小于 2.0 mm。

表 1-2　电热合金线径及温度对照表

牌号	温度/℃ 直径/mm			
	0.15~0.40	0.41~0.95	1.0~3.0	>3.0
HRE	—	—	1225~1350	1400
0Cr25Al5A	925~1050	1050~1175	1175~1250	1300
0Cr23Al5A	925~1025	1025~1100	1100~1200	1250
Cr20Ni80	925~1000	1000~1075	1075~1150	1200
Cr15Ni60	900~950	950~1000	1000~1075	1150

元件允许最高使用温度也受炉内气氛的影响,腐蚀性气氛会干扰合金表面氧化保护膜的形成,缩短元件寿命,而这些腐蚀性气氛的影响又往往与温度有关。表 1-3 列出了几种电热合金在不同气氛中允许的最高使用温度,数值仅供参考,因为气体的成分、直接暴露及内部杂质都会对电热合金元件最高使用温度产生影响。

表 1-3　不同牌号电热合金炉内气氛与最高温度对照表

| 炉内气氛 | 温度/℃ | | | |
| | 合金牌号 | | | |
	HRE	0Cr25Al5A	Cr20Ni80	Cr15Ni60
干燥空气	1400	1300	1200	1150
潮湿空气	1200	1100	1150	1100
氢气	1400	1300	1250	1200
氮气	900	900	1250	1200
氨分解气	1200	1100	1250	1200
放热型气体 10 CO, 15 H_2, 5 CO_2	1150	1100	—	1150
吸热型气体 20 CO, 40 H_2, 40 N_2	1050	1000	1100	1100

2. 电阻随温度的变化

电热合金元件的电阻在使用过程中会随着温度的升高而变化，这种变化对大多数电热合金来说是非线性的。因此，在实际使用中常用电阻温度修正系数 C_t 来表示这种变化的情况。要计算某一工作温度时的电阻 R_t，需将室温电阻 R_{20} 乘上该工作温度时的修正系数 C_t，即 C_t 为 R_t 与 R_{20} 之比。

电阻温度修正系数不仅与合金的成分有关，还与合金最后一次热处理的冷却速度有关。铁铬铝合金受冷却速度的影响较小可以忽略，合金的修正系数值与铬铝含量有关，如图 1-10 所示，随铬铝含量的增多而减小。含镍高的镍铬合金受冷却速度的影响比较明显。图 1-11 为 Cr20Ni80 电热合金不同冷却速度的温度修正系数曲线，可看出冷却速度越慢，修正系数的数值越小。Cr15Ni60 合金的温度修正系数受冷却速度的影响仍然比较明显，但随着镍含量的减少冷却速度的影响也越来越不明显。图 1-12 是镍铬合金的温度修正系数曲线。

在铁铬铝电热合金中铝是提高电阻率的主要元素，高温长时间使用时，铝的损耗会使常温下的电阻率降低，但实际使用时铁铬铝的电阻率几乎保持不变，之所以出现这种情况，是因为其温度修正系数 C_t 随着温度升高而相应增大的缘故。

3. 脆性

镍铬电热合金元件经高温使用冷却下来后，如果没有发生过烧仍然是较软的。而铁铬铝电热合金则不然，其经高温 900 ℃以上长期使用后，随晶粒逐渐长大而变脆，温度越高，时间越长，冷却速度越慢，冷却后脆化越严重。

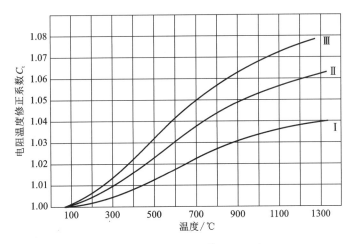

Ⅰ—HRE；Ⅱ—0Cr25Al5A；Ⅲ—0Cr23Al5A。

图 1-10　铁铬铝合金的电阻温度修正系数曲线

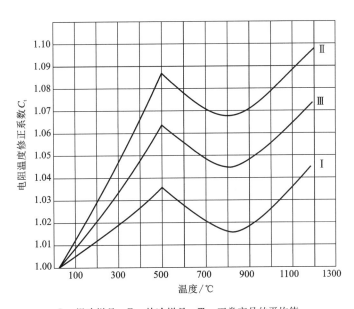

Ⅰ—慢冷样品；Ⅱ—快冷样品；Ⅲ—正常产品的平均值。

图 1-11　Cr20Ni80 合金的电阻温度修正系数曲线

合金的断面尺寸越大脆化也越明显，一折即断，而尺寸较小的合金在同样条件下会稍好一些。因此，高温使用后的铁铬铝合金元件在冷却状态时不要进行拉伸或折弯，修理时要轻拿轻放，如果需要拉直或弯曲，可将其加热到 600~800 ℃

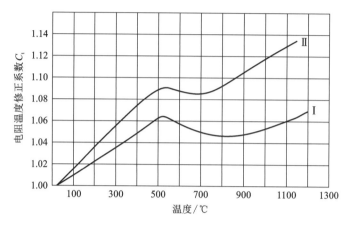

Ⅰ—Cr20Ni80 合金；Ⅱ—Cr15Ni60 合金。

图 1-12　镍铬合金的电阻温度修正系数曲线

后再进行操作。

随着温度的升高，金属材料的机械性能会有显著变化，抗拉强度随温度的增高而降低。铁铬铝和镍铬电热合金也不例外。但是，由于这两种合金的晶体结构不相同，铁铬铝合金的高温强度要比镍铬合金低得多。例如，在 900 ℃ 时，0Cr25Al5A 合金的抗拉强度为 34 N/mm^2，而 Cr20Ni80 为 100 N/mm^2。表 1-4 列出了铁铬铝合金和镍铬合金的高温蠕变强度，从表 1-4 中的数据可看出铁铬铝合金的蠕变强度比镍铬合金低，而且温度越高越明显，这都是由于晶体结构的不同，具有奥氏体结构的合金其蠕变强度往往比铁素体结构的合金高。

表 1-4　电热合金高温蠕变强度

牌号	蠕变强度/(N·mm^{-2})（1000 小时延伸 1%）						
	温度/℃						
	600	700	800	900	1000	1100	1200
0Cr25Al5A	40	15	6.0	2.5	1.0	0.3	0.1
Cr20Ni80	80	40	15	9.0	4.0	1.5	0.5

铁铬铝合金由于高温强度低，元件在高温下使用容易变形，如果在设计元件时参数选择不当或元件支撑安装不妥，元件会因高温变形发生倒塌、短路等破坏现象。因此，在设计电热合金元件时必须充分考虑到这一点，并从技术上加以补救，以延长元件的使用寿命。

4.抗化学腐蚀性能

1) 炉内气氛。

(1) 空气。

电热合金在空气中高温下使用有较长的使用寿命的根本原因是空气中氧的作用，在合金表面形成一层氧化膜保护合金不再继续被氧化。其保护作用的大小与氧化膜的生成过程及结构有关。合金在使用过程中，外界物质常会影响其氧化膜的形成，从而降低合金的抗氧化性能，并缩短其使用寿命。

对铁铬铝合金在高温下空气中氧化反应的研究表明，在 800 ℃以下合金表面生成的氧化膜主要是由 Fe_2O_3、Cr_2O_3 和 Al_2O_3 组成的同晶型混合氧化物，颜色较深。但由于在热力学上 Al_2O_3 比 Fe_2O_3 及 Cr_2O_3 更为稳定，随着温度的升高，Al 元素不断地把 Fe_2O_3 及 Cr_2O_3 还原，并继续生成 Al_2O_3，在大约 1000 ℃以上，铁铬铝电热合金表面的氧化膜主要由氧化铝组成，颜色呈浅灰色，其结构紧密，基体黏附性能好，具有优良的抗腐蚀性。

镍铬合金在空气中表面生成墨绿色的氧化膜，成分主要是氧化铬，也有很好的抗氧化性能。

在一定温度下合金表面生成氧化膜的厚度与合金的耐热性有关，铁铬铝合金的耐热性比镍铬合金好，所以其氧化膜比较薄。由于氧化膜与合金基体的膨胀系数不完全相同，当急剧升温和降温时氧化膜容易破裂而脱落，薄的氧化膜其黏附性较好，受温度波动的影响较小。故在使用铁铬铝合金元件时，它的氧化膜脱落所造成污染的危险性较小，这对于烧陶瓷、上球环等工艺线路的热工装备是很重要的，因为这些热工装备对所处理的产品的表面要求都很高。

电热合金材料在出厂前虽然已经过热处理，但由于热处理的目的主要是进行再结晶，消除冷加工应力，提高材料的塑性，因此在合金表面也会形成一层氧化膜。同时，由于热处理温度不高，保温时间也较短，因此生成的氧化膜不纯，抗腐蚀性也较差。另外用户在将合金加工成各种形状的电热元件过程中还可能由于操作不慎而损坏合金表面，破坏氧化膜的完整性；合金在使用过程中如果受到某些有害物质和气体的侵蚀，合金元件会加速破坏，它的使用寿命会受到影响。但是如果在使用前能对电热合金元件进行预氧化处理，使电热合金元件表面生成一层比较纯的氧化膜，就可以延长电热合金元件的使用寿命。为了使电热合金元件得到尽可能长的使用寿命，可以根据使用情况，隔一段时间重新氧化一次。

预氧化处理的方法是将安装完毕的电热合金元件，在干燥的空气中通电加热到低于合金允许的最高使用温度 100~200 ℃。例如 0Cr25Al5A 合金，可先将其加热到 1050 ℃保温 7~10 小时，接着随炉温缓慢冷却即可。当降到室温时，合金的氧化保护膜生长过程正式完成。

在真空中使用的电热合金元件，虽然没有有害气体的侵蚀，但也需要进行预氧化处理以便生成较纯的氧化保护膜，以阻止电热合金元件在真空中的挥发。

（2）含碳气氛。

加热工件采用碳气保护，可使工件不被氧化和脱碳，或者为了提高工件的硬度和耐磨性能，采用渗碳的方法，都是工业上常用的既简单又经济的方法。实践证明，电热合金元件直接暴露在含碳气氛中使用时，无论是在吸热型还是在放热型含碳气氛中，如果使用温度不高，铁铬铝合金表面上生成的氧化铝保护膜是能够在一定程度上阻止碳化的，氧化铝纯度越高渗碳的速度越小。但是，随着温度的升高，铁铬铝合金元件的稳定性将下降，说明元件表面的氧化膜逐渐遭到破坏，碳渗透进去了，并生成了某些碳化物。由于这些碳化物的共晶熔点较低，如果继续使用，元件有被熔断的可能，或由于碳化与氧化交替进行元件基体的紧密组织遭到破坏而产生裂缝。如果在使用前经过很好的预氧化处理，或在元件表面涂上对元件无损害的高温无机釉层，则可以起到阻止元件碳化的作用。

Cr20Ni80 电热合金在含碳气氛中有产生"侵蚀"的危险，即在渗碳气氛中，在高温下形成碳化铬，在合金晶界处发生选择性氧化而产生的一种破坏性很强的腐蚀作用。所以 Cr20Ni80 合金元件在 900~1100 ℃温度范围内不能在放热型气体中使用，而 Cr15Ni60 合金则可以。另外，镍铬合金被碳化后其熔点会降低，元件在高温使用时要特别注意这一点。

（3）含卤族元素的气氛。

即使是微量的卤族元素（氟、氯、溴、碘）也会对所有的电热合金产生严重的腐蚀，甚至在很低的温度下也如此。例如铁铬铝合金对氯的腐蚀就很敏感，手上的汗液中的氯也会使铁铬铝电热元件产生腐蚀。因此，在制作元件时，应尽可能少用手去接触元件。

（4）含硫气氛。

某些保护气体常含有硫的杂质，还有筑炉用的某些材料，以及被加热工件带入炉内的油等，常会产生硫的污染。在含硫的气氛中，铁基的铁铬铝合金要比镍基的镍铬合金耐用得多。在含硫的氧化性气氛中铁铬铝合金特别稳定，但在含硫的还原性气氛中其寿命有所减少。镍铬合金对硫很敏感，在含硫的气氛中硫与镍反应生成低熔点的硫化镍，并且影响氧化铬保护膜的形成，即使微量的硫也会降低镍铬合金元件的寿命。

（5）含氢和含氮气氛。

纯的氢气对电热合金无害处，另外含氮气氛的分解也没影响，但如果气体中混有氨的成分，则会缩短合金的使用寿命。铁铬铝合金在不含氧的非常干燥的氮气中使用时，由于生成氮化铝而降低合金的最高使用温度。例如 0Cr25Al5A 在氮气中最高使用温度会降到 950 ℃。如果能对铁铬铝合金使用前进行充分处理，那么在纯的氮气中高温下使用仍会相当稳定。氮气对镍铬合金影响不大。

　　(6)含水蒸气的气氛。

　　在窑炉里加热的材料往往会产生大量的水蒸气，水蒸气会影响合金表面氧化物保护层的形成并使其疏松且黏着性差，降低电热元件的寿命。这种影响铁铬铝合金要比镍铬合金严重得多。

　　2)盐类和氧化物。

　　碱金属的盐类、卤族盐类、硝酸盐、硅酸盐和硼化物等都会干扰元件表面氧化物保护膜的生成，故对电热合金有害，对重金属如铜、铅和铁的氧化物也是如此。氧化铁上的斑点会妨碍氧化膜的形成而造成局部地区受侵蚀。氧化铅易于蒸发，并会沉积在炉内较冷的部位，氧化铅的侵蚀往往发生在最预料不到的地方。元件即使在低温下也会被水溶性盐类所侵蚀。普通的食盐对合金也会产生严重的腐蚀。

　　3)搪瓷和釉。

　　搪瓷和釉常含有有害的化合物，它们通过蒸发产生烟雾或粉末，污染电热合金元件，影响元件的正常使用。

　　4)金属。

　　一些熔化的金属及其金属蒸气如铜、铝、锌、锡和铬等，能与电热合金起反应。而且，这些金属易氧化，其氧化物会产生如上面所述的不良影响。

　　5)耐火材料。

　　电热合金元件使用时应特别注意那些与加热元件直接接触的耐火材料，在选择时除了考虑其耐温性能外，还要注意其化学成分在使用温度下是否会与加热元件发生化学反应。

　　支托元件用的耐火砖其氧化铝含量应在45%左右，在许多情况下，特别在高温下使用时应采用高铝耐火砖。砖中含有的二氧化硅越低其质量就越好。三氧化二铁的含量也应尽量少，最好不超过1%。另外，碱性氧化物如氧化钠、氧化钾等成分含量也应在0.1%以下。

　　筑炉有时要用水玻璃作为黏合剂，但是，这种材料对电热合金会产生有害作用，应避免与元件直接接触。

　　在高温下支撑材料与电热元件接触的地方往往泄漏电流过大导致元件损坏，因此，高温下使用的支撑材料必须有足够大的绝缘电阻。

　　加热器具使用的填充材料如氧化铝、氧化镁、氧化锆等对铁铬铝和镍铬电热元件都适用。

　　耐火材料的相关知识在本章1.5节中有详细的补充介绍。

　　6)使用寿命。

　　电热合金元件的使用寿命除了与合金的成分、杂质和添加元素有关以外，与使用条件也有直接的关系，主要的影响因素有炉内气氛、支撑材料的材质、使用光度、表面负荷、散热状况、使用中加热冷却的频率及元件的设计安装等。正因为在实际使用中影响元件寿命的因素很多，所以不可能有一种普遍适用的方法来测定电热合金元件实际的使用寿命，下面只对某些影响电热合金元件使用寿命的因素做一些定性的分析。

如前文所述，电热合金在加热过程中合金表面会生成一层氧化物保护膜阻止合金继续被氧化。铁铬铝合金的氧化膜主要是氧化铝，镍铬合金的氧化膜主要是氧化铬。虽然这些氧化膜与基体的附着性很好，但元件在升温和冷却过程中总避免不了氧化膜与基体的膨胀系数不同而造成的部分氧化膜的破裂与脱落，同时又不断地产生新的氧化膜。随着氧化膜的不断脱落与生成，铁铬铝合金不断消耗着Al 成分。而镍铬合金则不断消耗 Cr 成分。从这个意义上来说，在一定温度下，若单位表面积上所含的 Al 或 Cr 的量越多则元件的寿命就越长。对于圆丝来说，体积与表面积之比值是与直径成正比的，随着炉丝材料直径的增大，单位表面积上所能提供的 Al 或 Cr 量也增加。因此，在一定温度下大规格线材的寿命要比小规格的长。同理，对合金带来说，增加合金带的厚度则可增加其使用寿命。

另外，从表面负荷方面来分析，在功率和电压一定的情况下，表面负荷与合金线直径的三次方成反比，合金线的温度是由表面负荷决定的，因此，减小线材的直径则会增加线材的温度从而缩短元件的寿命。所以，为了获得尽可能长的使用寿命，合金线元件的规格应尽量选大一些。

总之，电热合金元件能在高温下使用，并有较长的寿命，其表面生成的氧化物保护膜起决定作用，因此，一切有利于保护膜的形成并使其结构致密，与基体附着性好的因素，都会对使用寿命有利。相反，所有能影响保护膜的形成或对保护膜起破坏作用的因素都会降低合金元件的使用寿命。

在电热合金生产中是以快速寿命试验来评定合金的质量。快速寿命试验按照国家标准中的规定进行。即将直径为 0.8 mm、长度为 300 mm 的合金丝，呈"U"形挂在寿命试验仪上，通过调节样品的电流使其达到标准规定的温度。用光学高温计测温，样品由断续开关控制进行 2 分钟通电 2 分钟断电的冷热循环，使样品交替地膨胀和收缩直至烧断。试样承受冷热循环的累计小时数为试样的快速寿命。这样的试验方法样品受到的破坏条件比实际使用时要苛刻得多，所以实验得到的寿命值只能反映产品的抗氧化性能好坏，不能直接代表元件的实际使用寿命。

1.3.3 电热合金的制造

铁铬铝和镍铬电热合金丝和合金带均以软态供货，所以都有很好的塑性和韧性，可以在冷态下直接加工成各种形状的电热合金元件。一般情况下，线材元件绕成螺旋形，而带材元件弯成波纹形，元件制造过程中要注意不要损伤合金线或合金带的表面，以避免影响电热合金的使用寿命。另外，在加工过程中要尽量避免使用有色金属的卡具及工具，因为有色金属微粒容易黏附在合金丝、合金带表面，尤其是铜、锌和铅对铁铬铝材料特别有害。缠绕工具如带有这些金属，则会使元件受腐蚀。

元件制作时还要特别注意清洁，元件使用前必须将残留在元件表面上对材料有害的附着物清除干净。

1. 炉丝制造

一般情况下，炉丝这类合金线元件都绕成螺旋形，螺旋形元件的尺寸要符合一定的要求，这在上面已讨论过。在制造时一般都是采用有芯缠绕的方式，即将合金线缠绕在一根旋转的钢棒上。小规格的合金线一般都是线圈一圈紧挨着另一圈绕，每一圈之间的间隙小到肉眼几乎看不见，然后再拉开到需要的长度使用。

元件的螺距不均匀会造成热量分布不均，造成螺距不均的原因除了合金线本身强度不均以外，在缠绕过程中操作不当也是造成螺距不均的重要原因，因此在绕制时应做到以下三点。第一点是绕制过程中合金线的拉力应适当，而且必须保持恒定不变。在起动和停机时容易造成拉力变化，芯棒振动也会造成拉力不均。第二点为在整个绕制过程中合金线和芯棒应有一个合适的角度并保持不变，使绕出的螺旋紧密而平滑。第三点，螺旋外径与合金线直径的比值应满足螺旋形元件尺寸计算的相关要求。比值太小会使合金线受力太大，而比值太大又会使螺圈不稳。大规格的合金线在缠绕时所要求的螺距尺寸一般在缠绕的同时就自动地加以分开，这样可以得到均匀的螺距。

合金线一般在室温下进行绕制，对于铁铬铝合金线，如果直径大于 4 mm，尤其是当芯棒直径小于 3 倍的合金线直径时应加热后绕制，加热温度为 200 ~ 300 ℃，加热方法可通电加热，亦可用焊接火焰、煤气火焰或小电炉进行加热。绕制到最后时要注意避免线圈突然回弹。

大规格的合金线如制成密绕线圈使用时则应通过热拉方法进行拉伸。对于铁铬铝合金加热温度不要超 800 ℃，对于镍铬合金不要超过 1000 ℃。如采用电加热则通电前先将线圈略微拉开一些以避免短路。拉伸时要缓慢地进行，拉开的螺距为要求的螺距尺寸的一半时即停拉，目测螺距尺寸是否基本均匀。如果螺距基本均匀，可慢慢直接拉成或再通电加热一次。如果螺距有疏有密不均匀，可第二次通电加热，这时可以看到螺距密的一段比稀的一段温度高一些，然后停止加热再慢慢拉伸，使密的螺距拉至与稀螺距相近为止，再进行第三次通电加热拉伸至所需要的螺距。用这种方法加热拉伸的线圈，螺距均匀而且拉长后不会回弹。

2. 焊接

铁铬铝和镍铬合金都可以进行焊接。但是，若焊接质量不好，不仅会降低焊接部位的热稳定性，缩短电热合金元件的使用寿命，还会使铁铬铝电热合金元件产生脆性，影响电热合金元件的顺利安装，甚至在安装时折断。

铁铬铝电热合金的缺点之一是可焊性较差，为了避免焊接过程中晶粒长大和变脆，合金在焊接时应快速焊接快速冷却，在保证质量的前提下，尽量缩短焊接时间，以限制其受热范围及过热程度。

铁铬铝电热合金元件的焊接，如果属于一般的质量要求，可采用电弧焊。质量要求比较高时，建议采用惰性气体保护焊接，如氩弧焊。不受高温影响的焊件，比如引出端的焊接，或使用温度较低的元件的焊接，可以采用乙炔-氧焊。焊剂可用硬砂，但用硼砂有一个缺点，硼砂在熔化时与合金作用在晶界处形成含硼的易熔化合物，耐热性会降低，焊缝及其周围易产生热裂。乙炔-氧焊延长了焊接时间，扩大了焊件的受热范围，促使过热部分晶粒急剧长大，合金的机械性能因此降低。电热合金元件焊接完后，如果不是马上使用，焊接部位应立即进行退火处理，可用火焰加热到 800 ℃ 左右，然后迅速冷却，这样可以消除焊接应力。

镍铬电热合金元件采用电弧焊、乙炔-氧焊等焊接方法。而为了确保电热合金元件的最高使用温度及较长的使用寿命，铁铬铝电热合金元件的焊接只能使用铁铬铝焊条。如果铁铬铝电热合金元件的使用温度低于 950 ℃，使用镍铬焊条便可，但在使用温度高于 950 ℃ 时，两者不同的元素组成将会相互扩散，使耐热性能大大降低。另外，镍铬合金焊条的耐热性能也不及铁铬铝电热合金，因此会使得铁铬铝电热合金元件高温的优越性能得不到充分的发挥。

1.4 金相分析

通过金相显微分析对材料的微观组织结构进行检验和评定，是检验产品质量的重要手段。在工程应用中，金相显微镜是研究、分析、鉴别和评定金属材料组织状态的重要工具，因此被广泛地应用。对炉体电热合金的检验，也常用到金相分析法[2]。

1.4.1 仪器原理

金相显微镜由物镜、目镜、照明系统、光栏、样品台、滤色片及镜架组成。有台式，立式和卧式等类型。金相法指根据物相在明视场、暗视场和正交偏光光路下的物理光学和化学性质，通过对照已知物相性质表，达到鉴别分析物相的目的。金相显微镜通常用来确定金相组织夹杂物的外形、分类、塑脆性等。金相显微镜的观察方法分为明视场、暗视场、正交偏光。图 1-13 为金相显微镜光路图。

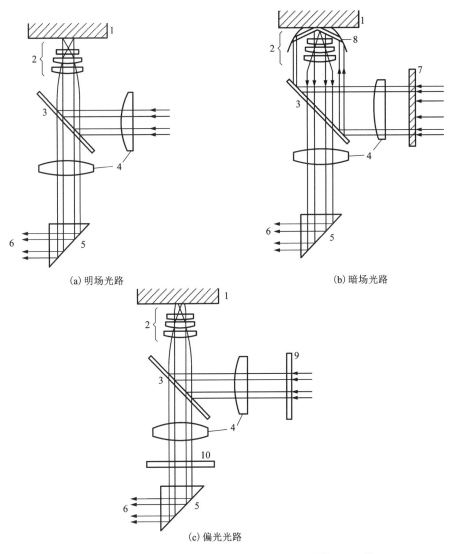

(a) 明场光路　　　　　　　　　　　(b) 暗场光路

(c) 偏光光路

1—试样；2—物镜；3—垂直照明器；4—集光镜；5—棱镜；6—目镜；
7—环形光栏；8—曲面反射镜；9—起偏镜；10—检偏镜。

图 1-13　金相显微镜光路图

1. 明视场

明视场是金相显微镜的主要观察方法。入射光线垂直或近似垂直地照射在试样表面，利用试样表面反射光线进入物镜成像，见图 1-13(a)。它用以观察材料的组织，析出相的形状、大小、分布及数量。借助各种化学试剂，显示材料中的组织和析出相的化学性质。还可与各种标准级别图对比，进行钢中晶粒度和显微组织缺陷评级。

2. 暗视场

暗视场是通过物镜的外周照明试样，并借助曲面反射镜以大的倾斜角照射到试样上。若试样是一个镜面，由试样上反射的光线仍以大的倾斜角反射，不可能进入物镜，故视场内是漆黑一片。只有在试样凹洼之处或透过透明夹杂而改变反射角，光线才有可能进入物镜，而被观察到的，如图 1-13(b)。因此在暗场下能观察到夹杂物的透明度以及本身固有的颜色和组织，体色是白光透过夹杂物时，各色光被选择吸收的结果。不透明夹杂通常比基体更黑，有时在夹杂物周围可看到亮边，如 TiN，这是由于一部分光由金属基体与夹杂交界处反射出来的缘故。明场观察到的色彩是被金属抛光表面反射光混淆后的色彩，称为表色，不是夹杂物本身固有的颜色。如氧化亚铜夹杂在明场下会呈淡蓝色，而在暗场下却呈宝石红。显然物镜放大倍数越大，鉴别率越高，颜色越清楚真实。由于暗场中入射光倾斜角大，使物镜的有效数值孔径增加，从而提高了物镜的鉴别能力。而且光线又不像明场那样两次经过物镜，显著降低了光线因多次通过玻璃-空气界面而引起的反射与炫光，使之大大提高了成像的质量。因此研究透明夹杂的组织比明场更清晰，如含镍的硅酸盐夹杂就能看到在球状夹杂上有骨架状明亮闪光红色的 NiO 析出物。

3. 正交偏光

偏光是在明场的光路中加入起偏镜和检偏镜构成的，如图 1-13(c)。起偏镜是将入射的自然光变为偏振光。当偏振光投射到各向同性、经过抛光的金属试样表面时，它的反射光仍为偏振光，振动方向不变。因而不能通过与起偏镜正交的检偏镜，视场呈现黑暗的消光现象。当偏振光照射到各向异性的夹杂物上，使反射光的振动方向发生改变，其中有一部分振动方向的光能够通过检偏镜再进入目镜，因而在暗黑的基体中显示出来。旋转载物台 360°，各向同性夹杂亮度不会发生变化，而各向异性夹杂则出现四次暗黑和四次明亮的现象。各向异性效应是区别夹杂物的重要标志。如在显微镜下的锰尖晶石很容易被误认为刚玉，但刚玉是各向异性夹杂，而尖晶石则是各向同性的，因此可以在偏光下加以区别。

偏光下不仅可以观察夹杂物的异性效应，还可观察夹杂物的颜色、透明度及黑十字现象。各向同性的透明夹杂在偏光下观察到的颜色和暗场下的颜色一致。如稀土硫化物夹杂在偏光下同样能观察到暗场下呈现的暗红色。对于各向异性透明的夹杂，观察到的颜色是体色和表色的混合色，只有在消光位置才能观察到夹杂的体色，如球状石英和某些硅酸盐夹杂在偏光下可观察到特有的黑十字现象。它是由平面偏振光在夹杂球面多次反射变为椭圆偏振光，使一部分偏振光通过检偏镜而形成的。该现象只决定于夹杂的形状和透明度，而与其结晶性质无关。若将这类夹杂稍锻轧变形，黑十字现象也随即消失。

金相法的优点是操作简便、迅速、直观。不仅能确定夹杂物的类型是氧化物、硫化物、硅酸盐还是复杂的固溶体，而且还能直观地看到夹杂物的大小、形状及分布等，还可仔细地观测夹杂物是球状还是有规则的外形，是弥散分布还是成群分布，是塑性夹杂还是脆性夹杂等。

1.4.2　试样制备

金相试样制备过程一般包含取样、粗磨、细磨、抛光和侵蚀 5 个步骤。

取样指的是从需要检测的金属材料和部件上截取试样。取样的部位和磨面的选择必须根据分析要求而定，取样时要注意尽量避免和减轻因塑性变形或受热引起的组织失真现象。试样的尺寸大小以磨面面积小于 400 mm²、高度在 15 mm 到 20 mm 之间为宜。

取样完后便需进行粗磨，使用的设备为砂轮机；而铜、铝及其合金等有色金属，因材质很软，不可以用砂轮而要用锉刀进行粗磨，以免磨屑填塞砂轮孔隙。粗磨的目标有以下三点：其一是修整，比如某些取样下来的试样形状很不规则，必须经过粗磨修整为规则的形状；其二是磨平试样，取样的切口往往不平整，粗磨可以将观察面磨平，同时去掉切割时产生的变形层；其三是倒角，在不影响观察的前提下，为避免划破砂纸和抛光织物，应将试样上的棱角磨掉。

细磨是消除粗磨后试样磨面的各种磨痕的必要步骤，分为手工磨和机械磨两种。手工磨是将砂纸铺在玻璃板上，左手按住砂纸，右手捏住试样在砂纸上做单向推磨，力度不可过大，否则因磨痕过深会增加下一道磨制的困难，且试样表面变形严重会影响组织真实性。手工磨时，在同一张砂纸上磨痕方向要一致，并与前一张砂纸磨痕方向垂直，待前一张砂纸的磨痕完全消失时才能换用下一张砂纸。砂纸的砂粒变钝以后，砂纸不可继续使用。更换砂纸时，必须将试样、玻璃板清理干净，以防将粗砂粒带到细砂纸上。机械磨普遍使用的设备是预磨机。电动机带动铺着水砂纸的圆盘转动，磨制时试样会沿圆盘的径向来回移动，机械磨用力要均匀，一边磨一边用水冲洗。这样做是因为水流既起到冷却试样的作用，又可以借助离心力将脱落的砂粒、磨屑等杂质不断地冲到转盘边缘。机械磨的磨削速度比手工磨快得多，但平整度不够好，表面层变形也比较严重。因此，要求较高或材质较软的试样应该采用手工磨制。

抛光的目的是去除细磨后遗留在磨面上的细微磨痕，得到光亮无痕的镜面。抛光的方法有机械抛光、电解抛光和化学抛光三种，其中最常用的是机械抛光。机械抛光在抛光机上进行，将抛光织物用水浸湿、铺平、绷紧并固定在抛光盘上。启动开关使抛光盘按逆时针方向转动，将氧化铝、氧化铬或氧化铁抛光粉加水的悬浮液等抛光液适量地滴洒在盘上即可进行抛光。在抛光过程中，要经常滴加适量的抛光液或清水，以保持抛光盘的湿度，且还需要保证抛光盘的清洁度。抛光时间应尽量缩短，为满足这一要求，抛光可分粗抛和精抛两步，而粗抛和精抛使用的抛光织物是不同的，分别为帆布或者毛呢。

为分析金相组织还必须进行侵蚀。侵蚀的方法有很多种，常用的是化学侵蚀法。化学侵蚀法的步骤是首先将抛光后的试样用水冲洗，并同时用脱脂棉擦净磨面，然后用滤纸吸去磨面上过多的水，吹干后用显微镜检查磨面上是否有划痕、水迹等，经检查合格的试样可以放在侵蚀剂中，抛光面朝上，不断观察表面颜色的变化。当试样表面被侵蚀得略显灰暗时须即刻取出，用流动水冲洗后再在侵蚀面上滴些酒精，接着用滤纸吸除多余的水分和酒精，并快速地用电吹风机吹干，从而完成整个试样制备的过程。如果试样侵蚀不足，侵蚀程度过浅，就得重复侵蚀；如果侵蚀程度过深，需要重新抛光后再侵蚀；若变形严重，则需要反复抛光和侵蚀后再观察组织清晰度的变化。

1.4.3 检测实例

实际应用中，我们用 0Cr21Al6Nb 作为炉体的合金线元件，并以《金属显微组织检验方法》（GB/T 13298—2015）为检测依据，以《金属平均晶粒度测定方法》（GB/T 6394—2017）为判断依据进行金相分析。检测的仪器选择的是 HJ1 金相显微镜，侵蚀剂用的是 10% 硝酸酒精，最终获得放大 250 倍和 1000 倍的检测结果图，如图 1-14 和图 1-15 所示，晶粒度为 11.4 μm。

图 1-14　250 倍金相图　　　　　　　图 1-15　1000 倍金相图

经过金相检测分析可以确定 0Cr21Al6Nb 合金的质量符合要求，能够用于相关炉体的制作。

1.5　耐火材料

高温炉窑中，炉膛是用耐火材料制作的，对耐火材料的要求是耐火度高，结构致密，高温条件下强度好，无明显挥发，不与炉内工作气体发生反应。

1.5.1　材料的一般性质

耐火材料系由不同化学成分和不同结构的矿物所组成。它的性质主要取决于矿物的组成、分布及各相的特性，关于耐火材料的专业术语将在组织结构中做解释。

1. 组织结构

1) 气孔率：在耐火制品内，有许多大小不同、形状不一的气孔。和大气相通的叫开口气孔，不通的叫闭口气孔，贯穿的叫连通气孔。气孔占耐火材料制品体积的百分率称为气孔率。

2) 体积密度：表示包括全部气孔在内的每立方米砖块体积的质量公斤数。

3) 真相对密度：表示不包括气孔的每立方米砖块体积的质量公斤数。

4) 假相对密度：表示包括闭口气孔在内的每立方米砖块体积的重量公斤数。

5) 吸水率：表示砖块中开口气孔和连通气孔吸满水后，水的重量占砖块重量的百分率。

6) 透气性：耐火材料透气性的大小与气孔的特性和大小、制品结构的均匀性、气体压力差等因素有关，会随着气体温度的升高而降低。

2. 力学性质

一般用常温下的耐压强度来表示耐火材料的质量。

3. 热学性质

1) 热膨胀性：指耐火材料制品受热膨胀，冷后收缩的性能。

2) 导热性：表示耐火材料制品导热能力的大小。主要与气孔率、砖体组成结构及温度有关。

4. 高温性质

1) 耐火度：表示耐火材料在高温下抵抗熔化的性能。

2) 高温结构强度：表示耐火材料在高温下承受压力、抵抗变形的能力。

3) 高温体积稳定性：表示耐火材料在高温下长期使用时，抵抗相成分变化以及防止产生再结晶和进一步烧结等现象的能力。

4) 热稳定性：指耐火材料在使用过程中，抵抗发生碎断、破裂，成为碎块的能力。另一层含义是指抵抗骤冷骤热而不破裂的能力。

5)化学稳定性：表示耐火材料在高温热处理下抵抗熔渣、炉料等物质化学作用和物理作用的能力。

1.5.2 材料的性能要求

炉窑因为需要长时间在高温下工作，经过不断重复加热、保温、冷却的控制过程，因此对于其耐火材料的性能，有具体的要求。

(1)能抗高温，高温下不会熔化或软化。

(2)在高温下使用，能承受一定的压力及其他机械负荷而不变形。

(3)在高温下长期使用，能保持一定的体积稳定性。

(4)当温度急剧变化时，不会发生破裂和剥落现象。

(5)能够抵抗金属及炉气等的化学侵蚀作用。

(6)耐火材料制品必须具备一定的外形尺寸。

(7)耐火材料在高温下有良好的绝缘性能，不会因与发热体接触而漏电，同时在高温下它与电热体之间相互不起化学反应。

(8)在不影响强度的情况下，耐火材料的密度应越小越好，这样能提高保温性能。

1.5.3 常用耐火材料

常用的耐火材料有很多种，本小节将作具体介绍。

1. 黏土砖

黏土砖材料中含有 30%~60% 的 Al_2O_3，其余成分主要为 SiO_2 及少量杂质。黏土砖是以耐火黏土和高岭土作为原料烧结而成的，含有 K_2O、Na_2O、CaO、MgO、TiO_2、Fe_2O_3 等杂质。黏土砖表面呈黄棕色，有黑点。它是弱酸性的耐火材料，能抵抗酸性渣侵蚀，对碱性渣侵蚀作用的抵抗力稍差。耐急冷急热性很好。耐火度为 1580~1730 ℃，荷重软化的起始温度为 1350 ℃ 左右。常温耐压强度为 125~550 kg/cm²，体积密度为 2.1~2.2 g/cm³。烧成温度为 1300~1400 ℃，使用温度不超过 1300 ℃。黏土砖是生产量最大，使用最广泛的一种耐火材料，用来砌筑各种炉窑。

2. 高铝砖

高铝砖中 Al_2O_3 的含量为 45%~75%，其余成分主要为 SiO_2，杂质很少。耐火温度为 1750~1920 ℃，荷重软化温度为 1400~1530 ℃，烧成温度为 1500 ℃，其他的使用温度也可达 1500 ℃。这种材料有良好的耐急冷急热性及化学稳定性。成本较高，一般用来砌筑炉膛和用作电热元件的搁板。气孔率为 15.8%~20.2%，体积密度为 2.3~2.75 g/cm³，耐压强度为 750~2169 kg/cm²。

3. 刚玉砖

刚玉砖是由矾土刚玉、铁矾土及其他材料以耐火黏土为结合剂熔烧制作而成。它是高温铝砖的一种，但 Al_2O_3 的含量为 85%～95%，从外观上看它的颜色是白色的。它的荷重软化温度为 1850 ℃。体积密度为 2.96～3.1 g/cm^3，常温耐压强度高于高铝砖。用于电热元件的架板和耐火度及强度要求高的地方。

4. 石墨制品

石墨制品即碳化硅质耐火材料，是高碳化硅与少量加入物成型后烧制而成的。这类材料的机械强度很大，抗磨性能极好，耐急冷性急热性好，荷重软化点在 1600 ℃左右。它导电性好、相较于一般耐火材料大 5～10 倍，使用温度小于 1300 ℃。常用于制造电热元件及电热体的耐火板。

5. 轻质耐火材料

常用的轻质耐火材料为轻质耐火黏土砖。轻质耐火黏土砖体积密度小，为 0.4～1.3 g/cm^3，气孔率大，热损失少，导热系数低，为 0.2～0.3 kcal/(m·h·℃)。它的耐压强度为 50～100 kg/cm^2，荷重软化点约为 1100 ℃。其残余收缩率较大，透气性好，抗渣性差。耐火度为 1100～1300 ℃。耐急冷急热性和抗磨性差。轻质黏土砖主要用于炉外层的炉衬，用作高温绝热保温材料。另外还有轻质硅砖与轻质高铝砖，其性能比轻质黏土砖好。

6. 硅酸铝耐火纤维

硅酸铝耐火纤维是一种耐高温的轻质保温材料。它的导热系数为普通耐火砖的 1/9 左右，轻质砖的 1/4 左右。这种材料抗急冷急热性好，化学性能稳定，对电绝缘。其抗拉强度低，弹性随温度升高而降低。它的化学组成为 Al_2O_3 (含 46.07%)、SiO_2 (含 49.45%)，其余成分为 Fe_2O_3、CaO、MgO、TiO_2、K_2O、Na_2O 等杂质。它的熔点为 1770 ℃，最高使用温度为 1260 ℃，长期使用温度为 1000 ℃，纤维的直径为 0.5～5 μm，长度为 20～100 mm。用于各种高温电阻炉的内衬，以代替耐火砖，为炉窑管道和各类高温元器件的保温材料。

7. 石棉制品

常用的石棉制品有石棉板、绳、布等。它有较低的导热率和热容，总气孔率大于 45%。石棉细丝最细可达 0.0005 mm，成分为 $3MgO \cdot 2SiO_2 \cdot 2H_2O$，其中 MgO 的含量占 40%～41.5%，SiO_2 的含量占 39%～43%，H_2O 的含量占 13%～15%，此外还有少量的 Al_2O_3、Fe_2O_3、FeO、CaO、Na_2O 等杂质。这类材料耐酸性较低，但是耐碱性较高，熔点为 1500 ℃，最大工作温度为 500 ℃。当环境为 700 ℃时，石棉成粉末状。

8. 耐火黏土

耐火黏土是由细的耐火骨料和陶瓷结合剂组成的混合料，在高温下通过结合剂而硬化。

9. 水玻璃

水玻璃是多种硅酸盐的混合物，其成分主要是 $Na_2SiO_3 \cdot 9H_2O$，是黏稠状液体，可在室温下直接熔化使用。它的特点是干燥快。水玻璃为修护炉体所必需的材料之一。

高温电阻炉制作常用的各类耐火材料的主要物理性能如表 1-5 所示。

表 1-5 耐火材料物理性能表

材料名称	耐火度 /℃	荷重软化点 （2 kg/cm²）/℃	使用温度 /℃	体积密度 /(g·cm⁻³)	主要用途
石墨制品	>3000		2000	1.6	高温电阻炉耐温部件
硅砖	1690~1710	1620~1650	1000~1630	1~9	电阻炉炉膛内层
耐火黏土砖	1610~1730	1250~1400	≤1400	1.8~2.2	电阻炉炉底用砖
高铝砖	1750~1790	1400~1550	1650~1670	2~3.2	电阻炉炉膛内层
刚玉制品	2000	1240~1850	1600~1670	2.96~3.10	高温电阻炉耐火部件
镁砖	2000	1470~1520	1650~1670	2.5~2.9	电阻炉炉膛内层
轻质黏土砖	1670~1710	1200	1200~1400	0.4~1.3	电阻炉炉膛内层
硅藻土砖	1280		900~950	0.45~0.65	

1.6　恒温区测试

为了确定炉体的轴向温度分布，在炉体制作完成后一定要测定炉体的温度分布情况。即测量炉体的恒温区，所谓炉体的恒温区是指具有一定恒温精度的加热带长度。同时，在得到炉体恒温区长度的同时，还要指出相关的工作温度与恒温精度。恒温区的长度和精度的测定标准均有相关文件规定，比如扩散工艺设备配套炉体恒温区的测量便可按照中华人民共和国第四机械工业部部颁标准《半导体器件生产用扩散炉测试方法》(SJ 2065—82)[3]中的相关条款进行检测。

1.6.1　测试装置

首先要准备一套温度调节装置和一台计算机，确保加热时能把炉温控制在要求温度。再找一根足够长的热电偶，确认热电偶冷端温度为 0 ℃，每间隔 50 mm 画好刻度并使用经过校准的补偿导线作为热电偶冷端的延伸线以备测量时使用。

接着找来由保温棉等材料组成的隔热板堵住两端炉口，只留一个大小与热电偶横截面积相近的小孔；将六位半以上的数字电压表、冰瓶等器件与热电偶一同组成如图 1-16 所示的标准测温系统。这套测试装置能够保证恒温区的测试能够在闭管、静态的条件下进行。

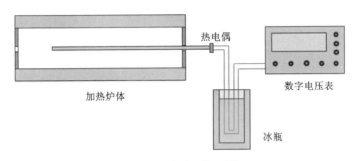

图 1-16　标准测温系统

1.6.2　前期工作

测量的前提是确保温度已稳定。先将热偶的补偿导线接入温度调节装置，再确认温度调节装置与计算机完成接线，通上电源并确认通信正常。之后根据测试要求在计算机上设置好所需的温度值并开启加热程序进行升温。当炉温达到设定温度时，控制其在 ±1 ℃ 范围内并稳定 1 小时以上后可测量恒温区中点（一般即为炉体的中点）、左端点、右端点（如 1200 mm 长的恒温区，则测炉体中点及其左右600 mm 处各一点）这三个点的温度。再根据测得温度的高低，对相应温度调节器的温度修正值做修改；修改后应等温度稳定 10 分钟后再测，经多次反复测试三点温度并调平后（确定误差在精度指标之内），将热电偶放至炉体里端点处（右手操作为左端点，左手操作为右端点）稳定 15 分钟以上，如无异常则表明温度稳定且测试所需的炉内环境已经达标。

1.6.3　长度与精度

1. 测量方法

采用单端全程一次测量法，测量恒温区精度应在炉管两端封闭且静态的条件下进行。炉体中热电偶应该尽量贴近电热合金丝，它的工作端应沿炉膛轴线从恒温区的远端处往炉口处每隔 50 mm 测量一次，每次停留 5 分钟，将各点的数据全程一次测完，以从里往外测得的数据作为依据。

2. 长度计算

测量时对所得数据进行记录，当温度稳定后再将热电偶拉至下一个刻度；直到最高温度点出现，可观察情况并确认中点；之后继续测量，直到和起始点温度差不多的点出现时才可以停止测试，此情况表明热电偶工作端已在恒温区之外。上述过程称为恒温区长度测试。整理所测得的数据，符合恒温精度指标的连续温区最大长度即为恒温区长度。

3. 精度计算

恒温区在 500 ℃ 与 1000 ℃ 的环境下进行检测时，温度的控制精度的对应数值分别为±1 ℃（在 801~1100 ℃时）和±1.5 ℃（在 400~800 ℃时）。检测出的数值如果在技术指标规定的范围之内，即判定为恒温区精度指标检测合格。测量出的数值如果在技术指标规定的范围之外，则应根据记录情况再对相应温控仪或调节器的温度修正值做适当调整，然后再复测恒温区，直到获得满足精度要求的指标为止。恒温区长度范围内各测试点中最高与最低温度之差的一半便是恒温区单点温度稳定性的计算值，各单点温度稳定性的平均计算值即可作为所测恒温区的精度。

第 2 章　探测器件与技术

热工装备需要使用探测器件和传感技术来进行相关的过程控制。光电探测器是使用最多的工具,温度是需要测量和控制的重要参数,光电探测器中的红外探测器作为实现成像技术和测温技术的主要部件得到了广泛应用;另外以它为核心组成的红外光学系统还可以对运动部件的位置进行反馈,因此红外工程技术广泛应用在炉窑配套的传感系统中。同时,对于传统路线而言,以热电偶作为温度探测器的方法仍沿用至今,并持续革新。本章将阐述这些探测器件的相关技术及原理。

2.1　红外线与光辐射

红外线是自然界中电磁波的一种形式,它是一种能量,而这种能量是我们肉眼看不见的。任何物体在常规环境下都会产生自身的分子和原子无规则运动,并不停地辐射出能量。这种能量以巨大速度通过空间,且不需要任何物质作为传播媒介,这种能量辐射被称为电磁辐射,而光辐射属于电磁辐射的一种。

2.1.1　红外线的由来

1.红外线的发现

1672 年,人们发现太阳光这种白色光是由各种颜色的光复合而成的,同时科学家牛顿做出了单色光在性质上比白色光更简单的著名结论。牛顿做了一个色散的实验,用分光棱镜把白色太阳光分解为红、橙、黄、绿、青、蓝、紫等各色单色光。

1800 年,英国物理学家赫胥尔在研究各种色光的热量时,有意地把暗室的唯一窗户用暗板堵住,并在板上开了一个矩形孔,孔内装一个分光棱镜。当太阳光通过棱镜时,便被分解为彩色光带,赫胥尔则用水银温度计去测量光带中不同颜色所含的热量。为了与环境温度进行比较,赫胥尔在彩色光带附近放置几支水银温度计来测定周围环境温度以作为比较。试验过程中,他偶然发现了一个奇怪的现象:放在光带红光外的一支水银温度计所测得的温度,比室内其他温度的显示数值高。经过反复试验,这个所谓热量最多的高温区,总是位于光带最边缘处红光的外面。于是他宣布太阳发出的辐射中除可见光线外,还有一种人眼看不见的"热线",由于这种看不见的"热线"位于红色光外侧,因此被称作"红外线"。

2. 波段与类型

随着光在介质的界面上发生反射、折射现象被发现。1801 年,受到启发的德国物理学家里特在做实验时发现了在光带紫光外侧能够使含有溴化银的底片感光的紫外线。随后的半个世纪,电磁学的实验研究发展迅速,相继发现了电流的磁效应和电磁感应现象。麦克斯韦在前人的基础上,引入了位移电流的概念,建立了一组能确定电荷、电流、电场和磁场之间普遍联系的基本方程。由于可以推导出电场、磁场的相互激发,该理论预言了电磁波的存在,也标志着经典物理学大厦的最后完成。

1886 年,赫兹在做放电实验时发现近处的线圈也发出火花,他敏锐地意识到可能是电磁波的作用。他设计了一个振荡电路在两个金属球间周期性发出电火花,又设置一个有缺口的金属环来检测电磁波。结果,当振荡电路发出火花时,金属缺口处也有较小火花出现,这个结果证明了电磁波作为物质的存在。

通过麦克斯韦方程组,可以推导出电磁波在介质中的传播速度 v 与光速 c 的计算公式。

$$v = \frac{1}{\sqrt{\varepsilon_r \mu_r} \sqrt{\varepsilon_0 \mu_0}} \tag{2-1}$$

$$c = \frac{1}{\sqrt{\varepsilon_0 \mu_0}} \tag{2-2}$$

光速作为普适常数存在,两者之比为

$$\frac{c}{v} = \sqrt{\varepsilon_r \mu_r} \tag{2-3}$$

处于真空状态时

$$\varepsilon_r = \mu_r = 1 \tag{2-4}$$

因此在真空中,两者的比为

$$\frac{c}{v} = 1 \tag{2-5}$$

由此可见电磁波的波速在真空中与光速相等,更进一步说明光本质上是一种电磁波。随着科技的发展,由太阳发出的其他不可见光作为电磁波被证实存在,而在自然界中物体只要温度高于绝对零度($-273\ ℃$)就能辐射电磁波这一现象也被发现且得到验证。最终,红外线和可见光、紫外线、X 射线、γ 射线、无线电波这些电磁波一起构成了一个完整连续的电磁波谱[4]。

如图 2-1 所示,红外线的电磁辐射波长范围是 0.76 μm 到 1000 μm,即红外线辐射的波段。红外共分为近红外、短波红外、中波红外、长波红外、甚长波红外、远红外这 6 种。其中近红外的波段为 0.76 μm 到 1 μm,短波红外的波段为 1 μm 到 3 μm,中波红外的波段为 3 μm 到 5 μm,长波红外的波段为 5 μm 到 14 μm,甚长波红外的波段为 14 μm 到 30 μm,远红外的波段为 30 μm 到 1000 μm。

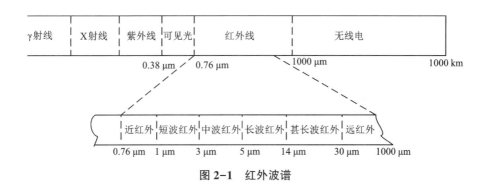

图 2-1 红外波谱

2.1.2 光辐射

1. 光谱类型

电磁波谱中去除微波和无线电波的波谱部分便是光谱,光谱能够反映非单色光的波长或频率分布。光谱根据内部光的种类可分为三种,只有单一波长成分的单色光谱、具有多种波长成分的非单色光谱或复色光谱以及由各种可见光波长成分构成的白色光谱。

同时根据波长状态,光谱又分成由连续波长成分组成的连续光谱和由分立波长成分组成的线状光谱。线状光谱的特点是每个波长成分反映了发光成分的一条特征谱线,比如热辐射光谱就是连续光谱。而原子光谱或气体放电光谱则是线状光谱。

每条谱线的强度分布具有一定的波长范围,称作谱线宽度。谱线宽度越小,表示光的单色性越好。实际上并不存在理想的单色光,通常所谓的单色光,只是谱线宽度很小的窄带光,即准单色光。

2. 辐射与光源

随着电磁辐射波粒二象性被证明,电磁辐射也可具体区分,即按波长顺序排列。现有的技术测得电磁辐射的最低波长为 10^{-2} nm。当电磁辐射的波长处于亚纳米级的 X 射线到微米级的远红外辐射范围时,被称为光辐射。光辐射又根据不同的波长分为光学波谱区和高能辐射区,光学波谱区包含来自分子振动和转动能级跃迁的红外光、来自原子和分子外层电子能级跃迁的紫外光和各种可见光;高能辐射区包括来自内层电子能级跃迁的 X 射线以及能量最高且来源于核能级跃迁的 γ 射线。

不论光学波谱区还是高能辐射区,在它们的波长范围内能发出可见光和不可见光的物体,都被统称为光源。光源可根据不同方法进行分类,按照获得方式可分为天然光源和人造光源,按照相干性可分为相干光源和非相干光源,按照几何线度可分为点光源、线光源、面光源等,按照光谱成分,可分为单色光源、复色光源、白光光源。

根据发光过程的不同,光辐射可分为两类,具有一定温度的物体所产生的一种自发辐射被称为热辐射或温度辐射,而场致发光、荧光、磷光、化学发光、生物发光等发光过程则属于非热辐射。现实中热辐射具有普遍性,而实际发光过程可能是多种发光过程并存的情况,因此在实际研究中一定要辨别清楚。

3. 辐射度量与光度量

为研究各种电磁辐射强弱,辐射度学这一门学科应运而生,其中关于可见光辐射强弱研究的这部分被称为光度学。光度学的研究基于两个基本假设,其一是沿光线方向进行的能量流,遵守能量守恒定律,即光束在单位时间内通过任一截面的能量为常数,其二是光源既可以是一个实际的发光体,也可以是光源自身的像或者是一个自身并不发光,但被另一光源照明的物体表面。

辐射度量和光度量的单位体系是不同的。辐射度的单位体系为辐通量(又称为辐射功率)或者辐射能,它们是基本量,是只与辐射客体有关的量,为客观物理量体系,其基本单位是瓦特(W)或者焦耳(J)。光度单位体系是一套反映视觉亮暗特性的光辐射计量单位,为主观生理反映量体系,被选作基本量的不是光通量而是发光强度,它的基本单位是坎德拉。实际应用时,符号角标"e"表示辐射度物理量,角标"v"表示光度物理量。

辐射度量包括辐射能、辐射通量、辐射出射度、辐射照度、辐射强度、辐射亮度以及光谱辐射度量。相应地,光度量则有视见函数、光通量、光出射度、光强度、光亮度、光照度。

辐射能是以辐射形式发射或传输的电磁波(主要指紫外光、可见光和红外辐射)能量。当辐射能被其他物质吸收时,可以转变为其他形式的能量,如热能、电能。它的单位是焦耳(J)。计算公式为:

$$Q_e = hv \tag{2-6}$$

式中:h 为普朗克常数,$h = 6.626 \times 10^{-34} \text{ m}^2 \cdot \text{kg/s}$;$v$ 为光的频率。

光源在单位体积内的辐射能称为光源的辐射能密度 w_e。

$$w_e = \frac{\mathrm{d}Q_e}{\mathrm{d}V} \qquad\qquad (2-7)$$

辐射通量用 Φ_e 表示，又称为辐射功率，是辐射能的时间变化率，是单位时间内发射、传播或接收的辐射能。它的单位是瓦特(W)或焦耳每秒(J/s)。计算公式为：

$$\Phi_e = \frac{\mathrm{d}Q_e}{\mathrm{d}t} \qquad\qquad (2-8)$$

辐射出射度就是辐射体在单位面积内所辐射的通量，是反映物体辐射能力的物理量。它的单位是瓦特每平方米(W/m^2)，用 M_e 表示。

$$M_e = \frac{\mathrm{d}\Phi_e}{\mathrm{d}A} \qquad\qquad (2-9)$$

投影在单位面积上的辐射通量，或照射在面元 $\mathrm{d}A$ 上的辐射通量与该面元的面积之比，称为辐射照度。它的单位同样是瓦特每平方米(W/m^2)，用 E_e 表示。

$$E_e = \frac{\mathrm{d}\varphi_e}{\mathrm{d}A} \qquad\qquad (2-10)$$

辐射出射度和辐射照度两者之间的区别为辐射照度是指从物体表面接收的辐射通量，而辐射出射度为从面光源表面发射出的辐射通量，故两者的数学单位相同。

辐射强度是针对点辐射源定义的，指在单位时间内、给定方向上、单位立体角内所辐射出的能量。它的单位为瓦特/球面度(W/sn)，模型见图 2-2。

辐射强度用符号 I_e 表示，计算公式为：

$$I_e = \frac{\mathrm{d}\Phi_e}{\mathrm{d}\Omega} \qquad (2-11)$$

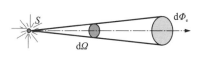

图 2-2 辐射强度模型

如图 2-3 所示，由辐射表面定向发射的辐射强度与该面元在垂直于该方向的平面上的正投影面积的比值，被称为辐射亮度。

辐射亮度用符号 L_e 表示，投影角度为 α，单位为瓦特/球面度·米^2($W/sr·m^2$)。它的计算公式为：

$$L_e = \frac{\mathrm{d}I_e}{\mathrm{d}A}\cos\alpha \qquad (2-12)$$

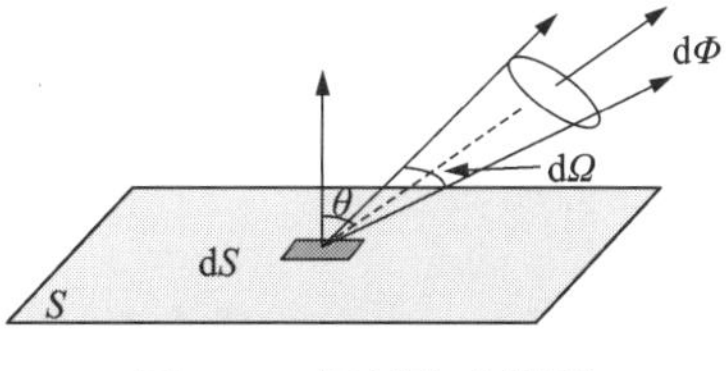

图 2-3 辐射亮度模型

光源发出的光在单位波长间隔内的辐射通量，被称为光谱辐射度量，也称为光谱密度或单色辐射通量，是辐射量波长的变化率。在物理学计算公式中，用符号 Φ_λ 来表示。

在波长 λ 处的光谱辐射通量为

$$\Phi_\lambda(\lambda) = \frac{\mathrm{d}\Phi_e(\lambda)}{\mathrm{d}\lambda} \tag{2-13}$$

在整个光谱内，总的辐射通量为

$$\Phi_e = \int_0^\infty \Phi_\lambda(\lambda)\mathrm{d}\lambda \tag{2-14}$$

光源发出的光在单位波长间隔内的辐射出射度（单位面积）为光谱辐射出射度 M_λ。

$$M_\lambda(\lambda) = \frac{\mathrm{d}M_e(\lambda)}{\mathrm{d}\lambda} \tag{2-15}$$

而光源发出的光在每单位波长间隔内在接受面上的辐射强度则为光谱辐射照度 E_λ。

$$E_\lambda(\lambda) = \frac{\mathrm{d}E_e(\lambda)}{\mathrm{d}\lambda} \tag{2-16}$$

光源发出的光在单位波长间隔内的辐射强度（单位立体角）为光谱辐射强度 I_λ。

$$I_\lambda(\lambda) = \frac{\mathrm{d}I_e(\lambda)}{\mathrm{d}\lambda} \tag{2-17}$$

光源发出垂直于该方向平面正投影面积上的光在单位波长间隔内的辐射亮度为光谱辐射亮度 L_λ。

$$L_\lambda(\lambda) = \frac{\mathrm{d}L_e(\lambda)}{\mathrm{d}\lambda} \tag{2-18}$$

由于大部分光源是作为照明用的，而照明的效果最终是以人眼来评定的，因此，照明光源的光学特性必须用于基于人眼视觉的光学参数量——光度量来描述。因为能量相同而波长不同的光，引起人眼的视觉强度是不同的，所以光度量是人眼对相应辐射度量的视觉强度值。

人眼对各种波长的光的感觉灵敏度是不一样的。一般而言，人眼对绿光最灵敏，而对红光较差。国际照明委员会（CIE）根据大量人眼观察结果，用平均值的方法，确定了人眼对各种波长的光的平均相对灵敏度，即标准广度观察者的光谱光视效率，简称为视见函数。标准适光性视见函数值如表 2-1 所示。

表 2-1　标准适光性视见函数值对应表

辐射颜色	λ/nm	$V(\lambda)$/lm	辐射颜色	λ/nm	$V(\lambda)$/lm
紫	400	0.0004	黄	570	0.9520
紫	410	0.0012	黄	580	0.8700

续表2-1

辐射颜色	λ/nm	$V(\lambda)/lm$	辐射颜色	λ/nm	$V(\lambda)/lm$
紫	430	0.0116	黄	590	0.7570
蓝	440	0.0230	橙	600	0.6310
蓝	450	0.0380	橙	620	0.3810
青	460	0.0600	橙	640	0.1750
青	470	0.0910	橙	650	0.1070
青	480	0.1390	红	660	0.0610
绿	500	0.3230	红	680	0.0170
绿	520	0.7100	红	690	0.0082
绿	530	0.8620	红	700	0.0041
绿	540	0.9540	红	720	0.00105
黄	555	1.0000	红	730	0.00052
黄	560	0.9950	红	750	0.00012

　　人眼相对光谱敏感度曲线, 亦称视见函数曲线, 是总结了众多针对人眼的测试经验而得到的, 它描述了人眼对不同波长的光的反应强弱, 用符号 $V(\lambda)$ 表示, 且 $V(\lambda) \leqslant 1$。视见函数曲线如图 2-4 所示。

　　光辐射通量对人眼所引起的视觉强度值称为光通量。它的意义为表征光源发出的客观辐射能通量所能引起人眼的主观视觉强度大小。由于人眼对不同波长光的相对视见率不同, 所以不同波长光的辐射功率相等时, 其光通量并不相等。光通量的单位是 lm(流明), 流明(lm)是国际单位体系

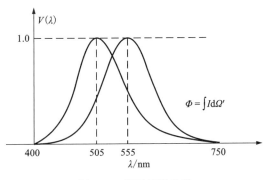

图 2-4　视见函数曲线

(SI)和美国单位体系(AS)的光通量单位。如果将光作为穿越空间的粒子(即光子), 那么到达曲面的光束的光通量与 1 秒钟时间间隔内撞击曲面的粒子数成一定比例。1 lm 等于由一个具有 1 cd(坎德拉)均匀的发光强度的点光源在 1 sr(球面度)单位立体角内发射的光通量, 即 1 lm = 1 cd·sr。

光通量用符号 Φ_v 表示。设 dV_λ 为波长 λ 处间隔为 $d\lambda$ 的辐射能通量，相应波长光通量 $d\Phi_\lambda$，总光通量与辐射通量的关系为

$$\Phi_v = K_M \int_0^\infty \frac{d(\lambda)}{d\lambda} V(\lambda) d\lambda \tag{2-19}$$

式中：K_M 为光谱光视效能的最大值。根据各国国家计量实验室测量的平均结果，在明视觉条件下，K_M 位于频率为 540×101 Hz 处（$\lambda = 555$ nm 处）。1977 年国际计量委员会采用频率为 540×101 Hz 的单色辐射的最大光谱光视效能 $K_M = 683$ lm/W。在暗视觉条件下，$K'_M = 1754$ lm/W。K_M 与 $V(\lambda)$ 的乘积，就是光谱光视效能，用符号 $K(\lambda)$ 表示。

物体的发光强度与点光源有关。点光源是理想光源，其几何线度远小于光源到观察点之距离，因而可以忽略它的几何线度。发光强度指点光源在给定方向上，单位立体角内所发出的光通量，用符号 I 表示，计量单位为坎德拉（cd），或球面度（lm/sr），故 1 cd = 1 lm/sr。

$$I = \frac{d\Phi}{d\Omega'} \tag{2-20}$$

表达式（2-20）的意义为点光源向空间某一立体角元内辐射的光通量正比于该立体角元的大小，其比例系数即该点光源的发光强度。

点光源向整个空间辐射的总光通量为

$$\Phi = \int I d\Omega' \tag{2-21}$$

若 I 与方向无关，即 $I =$ 常数，则

$$\Phi = 4\pi I \tag{2-22}$$

若 I 与方向有关，即 $I = I(\theta, \Phi)$，则

$$\Phi = \int_0^{2\pi} d\Phi \int_0^\pi I(\theta, \Phi) \sin \theta d\theta \tag{2-23}$$

光源表面给定点处单位面积内所发出的光通量为光出射度，用符号 M 表示。

$$M = \frac{d\Phi}{dA} \tag{2-24}$$

与光出射度相反，被照明物体给定点处单位面积上的入射光通量为光照度，即受照面单位面积上接收到的或投射到受照面单位面积上的光通量。用符号 E 来表示。

$$E = \frac{d\Phi}{dA} \tag{2-25}$$

对于给定的受照面面元 dS'，其所接收到的或投射到其上的光通量 $d\Phi'$，与该面元大小成正比，相应的比例系数正是该面元的光照度。计量单位为 lx（勒克斯）、ph（辐透）。其中，1 lx = 1 lm/m^2，1 ph = 1 lm/cm^2。用受照面的明亮程度 E

来表示。E 还可以表示辐照度或辐射能流密度。

$$E = \frac{\mathrm{d}\Phi'}{\mathrm{d}S'} \tag{2-26}$$

点光源向受照面元 $\mathrm{d}S'$ 对其所张立体角元 $\mathrm{d}\Omega'$ 内辐射的光通量为

$$\mathrm{d}\Phi' = I\mathrm{d}\Omega' = \frac{I\mathrm{d}S'\cos\theta'}{r^2} \tag{2-27}$$

而点光源在受照面元 $\mathrm{d}S'$ 上的光照度计算公式是

$$E = \frac{\mathrm{d}\Phi'}{\mathrm{d}S'} = \frac{I\cos\theta'}{r^2} \tag{2-28}$$

因此可以总结出来客观规律，点光源所产生的光照度 E，正比于光源的发光强度 I 和光束方向角的余弦 $\cos\theta'$，反比于光源点到受照面距离 r 的平方。即点光源位于受照面法线上时，光照度仅与距离 r 的平方成反比，这就是平方反定律。

$$E = \frac{I}{r^2} \tag{2-29}$$

除了点光源，面光源也能够产生或引起光照度，具体如图 2-5 所示。

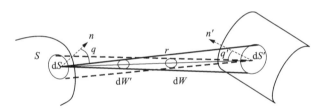

图 2-5　面光源模型

面光源的特点是具有一定空间发光面积，且在观察区域内其几何线度不可忽略。因此面光源元面积 $\mathrm{d}S$ 发出的到达受照面元面积 $\mathrm{d}S'$ 上的光通量为

$$\mathrm{d}\Phi' = B\mathrm{d}\Omega'\mathrm{d}S\cos\theta = \frac{B\mathrm{d}S\cos\theta\mathrm{d}S'\cos\theta'}{r^2} \tag{2-30}$$

由式（2-30）可知，受照面元面积的光通量与面元 $\mathrm{d}S$ 和 $\mathrm{d}S'$ 的连线与各自面法线的夹角余弦值有关。

$\mathrm{d}S$ 引起的光照度为

$$\mathrm{d}E = \frac{\mathrm{d}\Phi'}{\mathrm{d}S'} = \frac{B\mathrm{d}S\cos\theta\cos\theta'}{r^2} \tag{2-31}$$

总的光照度为

$$E = \iint \frac{B\mathrm{d}S\cos\theta\cos\theta'}{r^2} \tag{2-32}$$

上述与面光源相关的 3 个公式证明了光源面与受照面具有对称性；若以受照面为光源面，且亮度仍为 B，则在原光源面上将产生同样大小的光通量。

光亮度是单位面积的光源表面向法线方向单位立体角内辐射的光通量。指元面积 dS 向空间与法线夹角为 θ 的 r 方向上的立体角元 $d\Omega'$ 内辐射的光通量 $d\Phi$，正比于 $d\Omega'$ 和 dS 在 r 方向的投影 $dS\cos\theta$，由其比例系数 B 定义，计量单位为流明每平方米球面度 $[\,lm/(m^2 \cdot sr)\,]$ 或熙提（sb）。

$$B = \frac{d\Phi}{d\Omega' dS\cos\theta} \tag{2-33}$$

需要注意的是发光强度和光亮度均针对可见光而言，并带有探测器的主观因素。在辐射度学中，只需将光通量以辐射能通量代替，流明以瓦特代替，则发光强度即辐射强度，光亮度即辐射亮度。辐射强度和辐射亮度仅反映光源自身的辐射特征，与探测器无关。

辐射度量与光度量两者之间的关系如表 2-2 所示。

表 2-2 辐射度量与光度量比较表

辐射度量				光度量			
物理量名称	符号	定义或定义式	单位	物理量名称	符号	定义或定义式	单位
辐射能	Q_e		J	光量	Q_v	$Q_v = \int \Phi_v dt$	$lm \cdot s$
辐射通量	Φ_e	$\Phi_e = dQ_e/dt$	W	光通量	Φ_v	$\Phi_v = \int I_v d\Omega$	lm
辐射出射度	M_e	$M_e = d\Phi_e dS$	W/m^2	光出射度	M_v	$M_v = d\Phi_v/dS$	lm/m^2
辐射强度	I_e	$I_e = d\Phi_e/d\Omega$	W/sr	发光强度	I_v	$I_v = d\Phi_v/d\Omega$	cd
辐射亮度	L_e	$L_e = dI_e/(dS\cos\theta)$	$W/m^2 sr$	（光）亮度	L_v	$L_v = dI_v/(dS\cos\theta)$	cd/m^2
辐射照度	E_e	$E_e = d\Phi_e/dA$	W/m^2	（光）照度	E_v	$E_v = d\Phi_v/dA$	lx

从比较表 2-2 中可以看出两者的出射度、强度、亮度、照度的定义式基本相同，也正好印证了光度学是辐射度学的一部分。

2.2 红外成像和装置

不同物体甚至同一物体不同部位辐射能力和它们对红外线的反射强弱都不同。利用物体与背景环境的辐射差异以及景物本身各部分辐射的差异而成的热图像能够呈现景物各部分的辐射起伏，从而能显示出景物的特征。通俗地说，红外热成像是将不可见的红外辐射变为可见的热图像。

2.2.1　红外成像系统

红外成像系统就是红外线透过特殊的光学镜头，被红外探测器[5]所吸收，探测器将强弱不等的红外信号转化成电信号，再经过放大和视频处理，即通过一系列光学组件和光电处理等技术，将所接收的红外热辐射转换成人眼可见的热图像，显示在屏幕上的整体系统(图 2-6)。

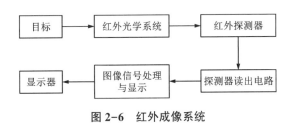

图 2-6　红外成像系统

2.2.2　焦距与孔径

红外光学系统属于光学成像系统。光学成像系统中的镜头通常是由一组透镜组成，它们可以将接收到的各种红外线最终聚焦到红外探测器上，进行光电转换处理。红外光学镜头中使用得最多的是折射率为 4 的锗晶体，它适用于 $2 \sim 25 \ \mu m$ 波段。当折射率为 3 时，常用波段为 $1 \sim 6 \ \mu m$ 的硅晶体。

对于一个理想透镜而言：远处的物体可以近似地看成位于无限远处。该无限远处的物体上任何一点发出的到达理想透镜的光线，可以看成是平行光。所谓"光轴"就是一条垂直穿过理想透镜中心的光线。与光轴平行的光线射入凸透镜时，理想的凸镜应该是将所有的光线会聚在透镜后面一点上，这个会聚所有光线的点，就叫作焦点。例如使用放大镜将太阳光聚光后，形成最小点的就是焦点，焦点一定在光轴上。透镜中心到其焦点的距离，称为焦距，通常用字母 f 表示。焦距的单位一般用 mm(毫米)来表示，一个镜头的焦距一般都标在镜头的前面。比如我们常用镜头的焦距为 $28 \sim 70 \ mm$，其中标准镜头的焦距为 $50 \ mm$，而长焦镜头的焦距为 $70 \sim 210 \ mm$。焦距越大，可清晰成像的距离就越远[6]。

对于已经制造好的镜头，我们不可能随意改变镜头的直径，但是我们可以通过在镜头内部加入多边形或者圆形且面积可变的孔状光栅来达到控制镜头通光量的目的，这个装置就叫作光圈。相机通过两个参数来控制照射到感光元件上的进光量。一是快门速度，控制着传感器接受光线的时间；另一个就是光圈，控制单位时间内照射到传感器的光量。光圈是镜头上一个可变大小的孔，通过自动或者手动调节可以改变光孔直径，从而控制进光量，又叫镜头的孔径。调整光圈时可变光圈(叶片组)在镜头中央产生的圆孔直径叫作光学系统的通光口径，为镜头的有效直径光圈，用字母 D 表示。

我们用"孔径"来描述镜头的通光能力，而孔径受到光阑的控制。对于不同的镜头而言，光阑的位置不同，焦距不同，入射瞳直径也不相同，用孔径来描述镜头的通光能力，无法实现不同镜头的比较。为了方便在实际摄影中计算曝光量和用统一的标准来衡量不同镜头的孔径光阑实际作用，采用了"相对孔径"的概念，通常用字母 F 表示。焦距、相对孔径、通光口径三者之间的关系为

$$F = \frac{f}{D} \tag{2-34}$$

比如某个镜头的焦距为 50 mm，通光口径直径为 25 mm，那么该镜头相对孔径的计算就是 50/25＝2。通常表示相对孔径的办法是在相对孔径前面加字母 F，比如 F2、F5.6、F8 等，也有用 1：2 来表示 F2 的。在实际使用中，很少使用"相对孔径"的称呼，通常都是用"光圈系数(f-stops)"来称呼，简称"光圈"或者"f-系数"。光圈 F 值越小，通光孔径越大，在同一单位时间内的进光量便越多。通常镜头标记上用类似 1：2 的方式更多些，即光圈的挡位设计是相邻的两挡，相邻的两挡之间，透光孔直径相差 1.415 倍(2 的平方根的近似值)，透光孔的面积相差 1 倍，底片上形成的影像的亮度相差 1 倍，维持相同曝光量所需要的时间相差一倍。实际应用中，上一级的进光量刚好是下一级的两倍。例如光圈从 F8 调整到 F5.6，进光量便多一倍，我们也说光圈开大了一级。F5.6 的光量是 F8 的两倍。同理，F2 是 F8 光通量的 16 倍，从 F8 调整到 F2，光圈开大了四级。

镜头对焦点前后所能成像清晰的范围叫作景深，它与镜头焦距、光圈以及被摄景物主体的距离有关。镜头焦距越短，光圈越小，被摄物的距离越近，景深越大，清晰的范围越大，反之亦然。所以就光圈来讲，小光圈景深大，可清晰细密地表现出远近的明锐感；大光圈景深小，则可使主体突出，表现主体以外前后主题的模糊感。值得一提的是调节景深时，若要前后景物都清晰，应使用小光圈，但以小到能涵盖希望的景深即可，不必过小，过小便会受到绕射的影响，反而会降低它的解像力。

在光学术语上，以透镜为界，被摄物体所在的空间称为"物方空间"；被摄物体所发出的光穿越透镜在透镜后面形成的像所在的空间称为"像方空间"；在像方空间所形成的焦点称为"像方焦点"或"后焦点"；反之，从像方开始，投射出与光轴平行的光线，并在透镜物体空间所形成的焦点，称为"物方焦点"或"前焦点"。特别需要注意的是对于凹透镜而言，物方焦点与像方焦点的位置正好与凸透镜相反。若一个透镜的轴向厚度与其直径、物距、像距及焦距相比显得很小，就可以

认为该透镜是薄透镜。一片薄的双凸透镜的焦点距离，一般指从镜片的中心到焦点在光轴上的距离，这个镜片的中心叫作"主点"。实际的镜头都是由数片凸透镜和凹透镜组合而成的，无法直接分辨出主点的位置。当焦点处于无限远时，镜头主点到结像平面的距离等于焦距。对于某种画幅而言，标准镜头的焦距值约等于画幅对角线长度，其主点的位置在镜头的光学组内前主点/后主点。假设从 a 射入的光线，折射之后通过 n 和 n' 到达了 b，对于光轴而言，$a-n$ 与 $n'-b$ 之间产生相似的角度，因此，在光轴上会得出 h、h' 两个交点。这两个交点 h 和 h' 就叫作主点，其中 h 为前主点(第一主点)，h' 为后主点(第二主点)。前主点与后主点之间的距离称为主点间隔。

2.2.3　视场角与扫描机构

从镜头系统主平面与光轴交点处看景物或看成像面的线长度时会有一个确定的视野，镜头对这个视野的高度和宽度的张角称为视场角，英文缩写为 FOV。视场角可确认被测物的位置，对成像起决定性作用。因为角度方向不同，视场角又分为水平视场角和垂直视场角，由此有了光学成像系统中的瞬时视场角 α 和 β 以及观察视场角 W_H 和 W_V。

决定光学成像系统的另外两个基本技术参数是帧时 T_f 与帧速 F_{ps}，完成一帧扫描所需的时间叫作帧时，单位时间内完成的帧数称为帧速，它们都与光学扫描机构有关。两者之间的关系为

$$T_f = \frac{1}{F_{ps}} \tag{2-35}$$

光学扫描机构对景物扫描时，实际扫描的空间角度范畴一般会比观测的瞬时视场角要大，观测视场角完成一次扫描的时间与机构实际扫描一个周期所需的时间之比为扫描效率 η。

$$\eta = \frac{T_{FOV}}{T_f} = \frac{W_H W_V}{\alpha \beta} \tag{2-36}$$

在光学扫描机构中，相机的快门是控制曝光时间长短的机关。快门经常处于关闭状态，以防装在相机内的底片露光，摄影时将它一开一闭，让透过镜头的影像光线作用于软片上。早期的座架式相机没有快门装置。仅备一镜头盖套在镜头上，取景对焦时取下镜头盖，套上镜头盖再装感光片，摄影时将镜头盖掀开的一刹那遂即盖上。现在快门已进步到由机械或电子操纵开启时间。

快门的功能有两点，第一点是通过快门开启时间的长短来控制透入光量的多寡。假若被摄体的明度和镜头的光圈不变，快门开启时间长，作用于软片的光量多，快门开启时间短，作用于软片的光量少。快门开启时间的长短叫作快门速度。为便于调整曝光，相机的镜头上装有快门速度调整环，焦面快门相机的机身

上普遍装有快门速度调整环。在快门速度调整环上，将快门速度分为若干级。为配合光圈调整曝光，相邻两级的快门速度之比也是 2∶1。各种相机的快门速度分级都已标准化，即为 4、2、1、1/2、1/4、1/8、1/15、1/30、1/60、1/125、1/250、1/500、1/1000、1/2000、1/4000、B、T。快于一秒的快门速度的刻度用 2、4、8 等分母数字表示，分别代表 1/2，1/4，1/8，…，一秒及慢于一秒的用不同颜色数字标示。B 为 bubble 的缩写，代表按下快门钮时快门便会开启，放松便会关闭。T 是 time 的缩写，代表按下快门钮时快门便开启，再按一次才关闭。第二点是必须配合光圈曝光。摄影曝光正确，才能产生层次丰富细节清晰的照片。曝光要正确，必须按照软片速度与光圈强弱，将快门速度和光圈适当配合。控制镜头进光量，需要由镜头的所谓"孔径光阑"来控制。孔径光阑都位于镜头内部，通常由多片可活动的金属叶片(称为光阑叶片)组成，可以使中间形成的(近似)圆孔变大或者缩小，以达到控制通光量大小的目的。除了孔径光阑，光学系统中的光阑还有渐晕光阑、视场光阑、消杂光光阑等。

光学系统近轴区具有理想光学系统的性质，光学系统近轴区的成像被认为是理想像。实际光学系统所成的像和近轴区所成的像的差异即为像差，单色像差有球差、彗差、像散、场曲、畸变这些种类。光学系统的色差则分为轴向色差和倍率色差。

2.2.4　红外透镜的设计

红外光学系统中，红外透镜是一种用于聚焦或分散光线的光学元件。一般光学玻璃在红外波段中不透明，所以，在红外透射材料品种不多及尺寸不大的情况下，通常采用反射形式。另外在红外光学系统中应用较多的还有折反射形式。$8\sim14\ \mu m$ 波段的红外光学系统必须考虑衍射效应的影响。红外光学系统的相对孔径较大，因红外系统所探测的目标一般较远，作用距离大，到达红外系统时目标热辐射微弱，故要求光学系统以较大孔径来接收辐射能量，而且为了使探测元件上有较高的辐照度，光学系统的相对孔径也应较大。红外光学系统的元件数应尽量少，其厚度也应尽量小。这一特点是为了避免光学元件对红外辐射的吸收和反射所产生的损失。虽然增加透镜片数能提高像质，但在红外光学系统中应用较少。

由图 2-7 可知，反射式红外光学系统中最典型的系统是牛顿光学系统、卡塞格伦系统、格里高利系统。而折反射式红外光学系统中最典型的系统如图 2-8 所示，分别是施密特系统和马克苏托夫系统。

红外透镜中可能含有一个或多个元件，其应用范围从显微镜到激光处理。当光线通过透镜时，其光线输出将会受到透镜轮廓或透镜基片的影响。平凸透镜或双凸透镜会将光线聚焦成一个点，而平凹透镜(PCV)或双凹透镜(DCV)则会将通

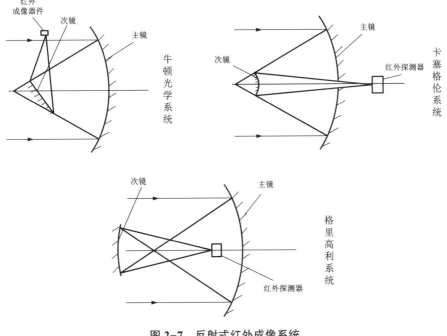

图 2-7 反射式红外成像系统

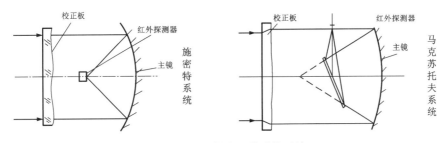

图 2-8 折反射式红外成像系统

过透镜的光线发散出去。消色差透镜适用于要求颜色的校正,而非球面透镜则可用于修正球差。采用硒化锌(ZnSe)、硫化锌(ZnS)、氟化钙(CaF$_2$)、氟化钡(BaF$_2$)、锗(Ge)、硅(Si)等材质的透镜适用于透射红外光谱。在红外光学系统中,透镜采用非球面较多。目前从加工和检验工艺出发,非球面透镜大多数为旋转对称的二次圆锥曲面。也有其他非球面,如折反射系统中为了校正球面反射镜所产生的像差而设计的校正板面形。对于轴对称非球面来说,它不会增加像差数,却多出了变数,这对设计是十分有利的。使用非球面可以设计大的相对孔径以扩大光学系统视场,还能够使光学系统厚度变薄,节省了昂贵的透红外材料,同时降低了红外装置的成本。

2.3 红外成像技术

红外成像系统的特性有三点,即透过特性、对比变化和位相推移。目标经系统成像后一般都会有能量减少、对比降低和信息衰减的情况。

2.3.1 大气窗口

电磁波辐射在大气传输中透过率较高的波段称为大气窗口。大气窗口按所属波段范围的不同分为光学窗口、红外窗口和射电窗口。

光学窗口的可见光波长为 $300 \sim 700$ nm。波长短于 300 nm 的天体紫外辐射,在地面上几乎观测不到,因为 $200 \sim 300$ nm 的紫外辐射被大气中的臭氧层吸收,只能穿透到大气层约 50 km 高度处; $100 \sim 200$ nm 的远紫外辐射被氧分子吸收,只能到达约 100 km 的高度;而大气中的氧原子、氧分子、氮原子、氮分子则吸收了波长短于 100 nm 的辐射。$300 \sim 700$ nm 的辐射受到的选择吸收很小,主要因大气散射而减弱。

水汽分子是红外辐射的主要吸收体。较强的水汽吸收带位于 $0.71 \sim 0.735$ μm, $0.81 \sim 0.84$ μm, $0.89 \sim 0.99$ μm, $1.07 \sim 1.20$ μm, $1.3 \sim 1.5$ μm, $1.7 \sim 2.0$ μm, $2.4 \sim 3.3$ μm, $4.8 \sim 8.0$ μm。在 $13.5 \sim 17$ μm 处出现二氧化碳的吸收带。这些吸收带间的空隙形成一些红外窗口。其中最宽的红外窗口在 $8 \sim 13$ μm 处(9.5 μm 附近有臭氧的吸收带)。$17 \sim 22$ μm 是半透明窗口。22 μm 以后直到 1 mm 波长处,由于水汽的严重吸收,对地面的观测者来说完全不透明。但在海拔高、空气干燥的地方,$24.5 \sim 42$ μm 的辐射透过率达 $30\% \sim 60\%$。在海拔 3.5 km 高度处,能观测到 $330 \sim 380$ μm、$420 \sim 490$ μm、$580 \sim 670$ μm(透过率约 30%)的辐射,也能观测到 $670 \sim 780$ μm(约 70%)和 $800 \sim 910$ μm(约 85%)的辐射。简而言之,大气中的水蒸气、二氧化碳等对某些红外辐射波段不吸收或极少吸收,有利于能量传输从而能被红外测温仪探测到,这样的特殊红外波段即为所谓的大气窗口中的"红外窗口"。

地球大气对天体辐射的电磁波起着吸收和反射的作用,其阻止电磁波的通过,但对 10 MHz 至 300 GHz 的射电波则是透明的或部分透明的,恰好如同大气对这个波段的电磁波开了一个窗口,故称射电窗口。这个波段的上界变化范围为 $15 \sim 200$ m,视电离层的密度、观测点的地理位置和太阳活动的情况而定。

由于大气窗口的存在,目标在进入红外光学系统中会有一定的大气扰动现象。

2.3.2　调制传递函数

传递函数是线性系统理论中的概念,它适宜分析线性的、空间不变的系统对信号的影响。根据傅立叶理论,任意被摄物体发射和反射的光强分布都可被分解成许多不同空间频率和相位的正弦光强分布的线性组合。

在数学、物理和工程中,空间频率是任何在空间中具有周期性的结构的特征。空间频率是一种描述单位长度的正弦分量频率的量。空间频率为周期量在单位空间(单位长度、面积、体积)上变化的周期数,它的单位是每米的周期数。在光学系统的图像处理应用中,空间频率通常以每毫米的周期单位或每毫米的等值线对数表示。空间频率与线性周期 T_X 的关系为

$$f_X = \frac{1}{T_X} \tag{2-37}$$

它的角空间频率 f_Y 则还与观察距离 R 有关,与角度周期 T_Y 为倒数关系。

$$f_Y = \frac{R}{T_Y} \tag{2-38}$$

物体调制度又叫作物体的对比度,它的定义为能量的起伏 b_1 与平均能量 b_0 之比,用符号 M_0 表示。

$$M_0 = \frac{b_1}{b_0} \tag{2-39}$$

将物体结构分解为线、点或各种频率谱。可以视为其是由各种不同的空间频率组合而成的。高频部分反映物体的细节传递情况,中频部分反映物体的次层传递情况,低频部分反映物体的大范围、大尺度信息的传递情况。现在人们广泛用传递函数作为像质评价的判据,使质量评价进入客观计量阶段。

对于某个空间频率的正弦光强分布来说,记录下的图像仍保持为正弦分布,且频率不变,只是调制度和相位发生了变化。对于各向同性的记录材料,相位不发生变化,就可以用不同空间频率正弦波调制度的变化率来表征感光材料对不同空间频率正弦波影像的记录能力。一般通过光学系统的输出像的对比度总比输入像的对比度要差,这个对比度的变化量与空间频率特性有密切的关系,因此在这种近似情况下,传递函数可以有效地应用于红外成像系统并真实地反映系统的性能。而输出像与输入像的对比度之比就是调制传递函数,它的英文名是 modulation transfer function,常用缩写 MTF 表示。调制函数由红外成像系统的成像性能决定,反映系统的空间分辨能力。因为输出图像的对比度总小于输入图像的对比度,所以 MTF 值介于 0 与 1 之间,数值越大表示系统的成像质量越好。红外成像系统中存在一个截止频率,当处于这个频率时,正弦目标的像的对比度降到 0。

根据线性滤波理论,一系列具有一定频率特性(空间的或时间的)的分系统组

成红外成像系统，逐个求出分系统的传递函数，其乘积就是整个系统的传递函数。根据此理论，可以知道系统的调制传递函数 MTF 为各个部分的调制传递函数之积。

完整的成像过程中，共有 6 个调制传递函数，分别为对应"目标"的大气扰动传递函数 MTF_{om}，对应"红外光学系统"的光学系统传递函数 MTF_o，对应"红外探测器"的探测器传递函数

$$\tau_d = \frac{T_f \eta}{n} = \frac{\alpha\beta\eta}{W_H W_V \dot{F}} \tag{2-40}$$

时间频率域的调制传递函数为

$$MTF = \left[1 + (f_t/f_\infty)^2\right]^{-1} \tag{2-41}$$

时间和空间频率的转换关系为

$$f_i = f\frac{\alpha}{\tau_1} \tag{2-42}$$

可以推导出电子线路的调制传递函数

$$MTF_c = \left[1 + (f_t/f_0)^2\right]^{-1/2} \tag{2-43}$$

显示器的调制传递函数与显示器上光点分布的标准偏差有关，要想获得相应方向的传递函数，需代入 x 和 y 方向光点分布的标准偏差。通常认为 CRT 上的光点分布是高斯分布，因此显示器的调制传递函数表达式为：

$$MTF_{iv} = \exp(-2\pi^2\sigma^2 f^2) \tag{2-44}$$

人眼的调制传递函数则与空间频率 f 系统角放大率 Γ 以及与显示屏亮度 L 有关的参量 K 相关。

$$MTF_{eyw} = \exp(-Kf/\Gamma) \tag{2-45}$$

人眼能发现的能量起伏为 0.05，即最大能量为 1，最低能量是 0.95 时均能够发现，所以人眼能接收感知的极限调制度为 0.026。

实际上，一种感光材料的调制传递函数不是一个数字，而是一条曲线，在使用时人们常常用 MTF 下降到 50% 时对应的空间频率来描述这条曲线。MTF 下降到 50% 时对应的空间频率越高，材料的分辨能力越强，分辨率参数也越高。虽然分辨率和 MTF 都可以反映感光材料对细节的分辨能力，但是两者之间没有简单的对应关系。分辨率参数与分辨率测试标板的反差相关，对于采用高反差标板测试得到的分辨率，大致相当于 MTF 下降 10%~20% 时对应的空间频率。

2.3.3 分辨率

分辨率决定着红外热成像仪(红外热像仪)画面的清晰度，是红外热像仪的重要性能指标。它与光学像质、光学会聚系统焦距和红外传感器的线性尺寸相关。作为将不可见的红外辐射转换成可测量的信号的器件以及红外整体系统中的核心

关键部件,探测器中有多个探测元,而探测器焦平面上有多少个单位探测元,则用分辨率表示。探测元的尺寸有 25 μm,35 μm 等规格。一般情况下,尺寸越小则成像质量越佳。目前市场主流分辨率为 160×120,384×288 等,此外还有 320×240,640×480 等。分辨率越高,成像结果也就越清晰。

空间分辨率是指红外热像仪能够识别的两个相邻目标的最小距离。通俗可以理解为是热像仪探测器的一个像素点边长,通过光学镜头的缩放,在实际空间中代表的一个角弧度,即热探测的空间密度。因为镜头是光学放大的效果,所以空间分辨率的单位是弧度。在红外热像仪的探测器一定的情况下,空间分辨率只与镜头有关,此时视场角就决定了成像的关键参数空间分辨率,故它的英文名词为 IFOV,即瞬时热像仪的视场角的大小,用毫弧度表示。

空间分辨率为像间距与镜头焦距之比。因为像间距一般无法测得,所以实际计算中,将镜头的视场角/探测器在对应方向的分辨率,同时转换为弧度单位来获得。

比如一个镜头的视场角为 6.0°×4.5°,探测器的分辨率为 768×576,每弧度 ≈ 57.2958°。则该镜头空间分辨率的算法为:

IFOV = 6.0° ÷ 57.2958°/rad ÷ 768 = 4.5° ÷ 57.2958°/rad ÷ 576 ≈ 0.136 mrad

2.3.4　温度变量

温度是影响红外成像的重要因素,如非金属的辐射率会随温度升高而减小,反之金属的辐射率随温度升高而增加。通过实际应用和经验总结,成像的质量主要与灵敏度(NETD)、最小可分辨温差(MRTD)、最小可探测温差(MDTD)这 3 个温度变量相关。

用红外成像系统观察标准试验图案,当红外成像系统输出端产生的峰值信号与均方根噪声电压之比为 1 时目标与背景之间的温差,称为噪声等效温差(NETD)。因为 NETD 是表征红外成像系统受客观信噪比限制的温度分辨率的一种量度,所以又被称作灵敏度。光学系统的焦距和光谱透过率、系统工作波段、目标的光谱辐射出射度、瞬时视场角和观察视场角、探测器的归一化探测度、信息传递速率、入瞳面积均对灵敏度有影响。由此,当其他参数确定时,灵敏度与瞬时视场角和信息传递速率的关系为

$$NETD \propto \frac{\sqrt{F}}{\alpha\beta} \qquad (2-46)$$

这 3 个参数在性能要求上是相互矛盾的,即存在制约关系。亦能发现 NETD 的局限性,首先 NETD 是客观信噪比限制的温度分辨率,没有考虑视觉特性的影响。单纯追求低的 NETD 值并不意味着一定有很好的系统性能。其次 NETD 为系统对低频景物(均匀大目标)的温度分辨率,不能表征系统用于观测较高空间频率

景物时的温度分辨性能。

用来采集环境温度的物体叫作环境温度参照体,它可能不具有当时的真实环境温度,但它具有与被测物体相似的物理性质,并与被测物处在相似的环境中。对于温度的变化,需要通过使用检测仪器来进行观察。用同一检测仪器相继测得的被测物和环境温度参照体表面温度之差叫作温升,用同一检测仪器相继测得的不同被测物或同一被测物不同部位之间的温度差叫作温差。两个对应测点之间的温差与其中较热点的温升之比的百分数为相对温差。表达式如式(2-47)所示,其中 T_0 是环境参照体的温度,T_1 是发热点的温度,T_2 是正常相对应点的温度。

$$\delta_r = \frac{\tau_1 - \tau_2}{\tau_1} \times 100\% = \frac{T_1 - T_2}{T_1 - T_0} \times 100\% \tag{2-47}$$

调节目标相对背景的温差,从零逐渐增大,直到刚能分辨出条带图案为止。温差就是在该组目标空间频率下的最小可分辨温差。分别对不同空间频率的条带图案重复上述测量过程,可得到 MRTD 曲线。

MRTD 是综合评价系统温度分辨率和空间分辨力的重要参数,是景物空间频率的函数。描述了在噪声中成像时,红外成像系统对目标的空间及温度分辨能力。MRTD 的局限性在于它是一种带有主观成分的量度,测试结果会因人而异。此外,未考虑人眼的调制传递函数对信号的影响。

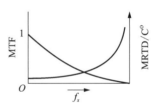

图 2-9 MRTD 曲线

在显示屏上刚能分辨出目标时所需的目标对背景的温差为最小可探测温差(MDTD)。MDTD 是目标尺寸的函数,为综合评价热成像系统性能的重要参数。MDTD 的特点在于它采用的标准图案是位于均匀背景中的单个方形目标,其尺寸 W 可调整,这是对 NETD 与 MRTD 标准图案特点的一种综合。MDTD 和 MRTD 间的关系与调制传递函数以及方块目标经系统所成像 $I(x, y)$ 的相对平均值 I 相关。

$$MDTD(f_x) = \frac{2.14 \times MTF_s(f_x)}{I} MRTD(f_x) \tag{2-48}$$

在目标与背景的温差不变的条件下,目标小于探测器尺寸时的信号按目标面积与探测器面积之比衰减。因此 MDTD 用来估算点源目标的可探测性是有价值的。

测量温度时,致热部位裸露,能用红外检测仪直接检测的缺陷叫作外部缺陷。致热效应部位被封闭,不能直接检测,只能通过设备表面温度场进行比较、分析和计算才能确定的缺陷为外部缺陷。

以上便是噪声等效温差、最小可分辨温差、最小可探测温差的概念和区别,以及与温度相关的一些物理定义。

2.3.5　技术优势

红外成像技术的优势有以下几点。

(1)隐蔽性优,为被动式目标成像与识别,隐蔽性好,不易被发现。

(2)全天时监测,能真正做到 24 小时全天候实时监控,不受白天黑夜影响。

(3)抗电磁干扰,不受电磁影响,能远距离精确地跟踪热目标。

(4)透视性、探测能力强,可穿透烟雾、雾霾、云雾成像,在恶劣天气条件下,成像效果几乎不会受到影响。

(5)辨别力强,通过不同的辐射度,可识别迷彩等伪装并可分辨人体和车辆。

2.4　黑体与发射率

黑体是一个理想化的物体,它能够吸收外来的全部电磁辐射,并且不会有任何的反射与透射。换句话说,黑体对于任何波长的电磁波的吸收系数为1,透射系数为 0。物理学家以此作为热辐射研究的标准物体。它能够完全吸收外来的全部电磁辐射,并且不会有任何的反射与透射,这种物体被叫作绝对黑体,简称黑体。物体表面单位面积上辐射出的辐通量与同温度下黑体辐射出的辐通量的比值即为它的发射率。

2.4.1　热力学定律

1.普朗克定理

黑体是一个理想辐射体,表明它的自身能量可以全部向外界辐射出来,但自然界中并不存在这样的理想黑体。虽然自然界中并不存在真正的黑体,但是为了弄清和获得红外辐射分布规律,在理论研究中必须选择合适的模型。经过不断地实验与研究,德国物理学家马克斯·普朗克于 1900 年建立了黑体辐射定律的公式,并于 1901 年发表。其目的是改进由威廉·维恩提出的维恩位移。维恩位移在短波范围内和实验数据相当符合,但在长波范围内偏差较大;和瑞利勋爵和金斯爵士提出的描述黑体辐射的另一个定律瑞利–金斯公式则正好相反(其建立时间要稍晚于普朗克定律,由此可见瑞利–金斯公式并不是普朗克建立黑体辐射定律的动机)。普朗克得到的公式则在全波段范围内都和实验结果符合得相当好。在推导过程中,普朗克考虑将电磁场的能量按照物质中带电振子的不同振动模式分布。得到普朗克公式的前提假设是这些振子的能量只能取某些基本能量单位的整数倍,这些基本能量单位只与电磁波的频率有关,并且和频率成正比。这就是普朗克提出的体腔辐射的量子化振子模型,又叫作普朗克能量量子化假说。

这一假说的提出比爱因斯坦为解释光电效应而提出的光子概念至少早 5 年。然而普朗克并没有像爱因斯坦那样假设电磁波本身即是具有分立能量的量子化的波束,他认为这种量子化只不过是对于处在封闭区域所形成的腔(也就是构成物质的原子)内的微小振子而言的,用半经典的语言来说就是束缚态必然导出量子化。普朗克没能为这一量子化假设给出更多的物理解释,他只是相信这是一种数学上的推导手段,从而能够使理论和经验上的实验数据在全波段范围内符合。不过最终普朗克的量子化假说和爱因斯坦的光子假说都成了量子力学的基石。根据普朗克的量子化假说,导出了普朗克黑体辐射的定理,即以波长表示的黑体光谱辐射。

$$M_{b\lambda} = \frac{C_1}{\lambda^5} \frac{1}{e^{C_2/\lambda t} - 1} = P_b(\lambda T) \tag{2-49}$$

式中:$M_{b\lambda}$ 为黑体的光谱辐射出射度;$P_b(\lambda T)$ 黑体的辐射功率;C 为真空光速;C_1 为第一辐射常数;C_2 为第二辐射常数;λ 为波长;T 为绝对温度。其中 C_1 的值为 3.7418×10^{-16} W·m², C_2 的值为 3.7418×10^{-12} W·K,黑体光谱辐射出射度的计量单位为 W·m⁻²·μm⁻¹。

式(2-49)说明在绝对温度 T 下,波长 λ 单位面积上黑体的辐射功率为 $P_b(\lambda T)$。根据这个关系可以得到黑体辐射的光谱分析曲线图(图2-10)。

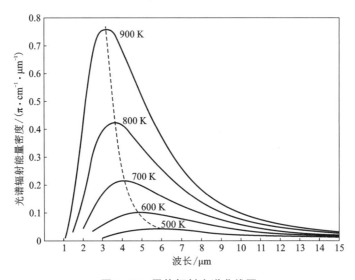

图2-10 黑体辐射光谱曲线图

通过图2-10可以发现黑体辐射光谱曲线的特性:

（1）随着温度的升高，物体所辐射的能量会更强。这是红外辐射理论的出发点，也是单色波段测温仪的设计依据。

（2）随着温度的升高，辐射峰值向短波方向（左边）移动，并满足维恩位移定律 $T \cdot \lambda_m = 2897.8 \ \mu m \cdot K$，峰值处的波长 λ_m 与绝对温度 T 成反比，虚线为波长 λ_m 处峰值连接线。

（3）辐射能量随温度的变化率在短波处比长波处大，即在短波处工作的测温仪的灵敏度更高，抗干扰性更强。

（4）随着温度增加，辐射能量增大而峰值波长减小，波长与温度成反比。

（5）不同温度的辐射曲线永远不会相交，每条曲线都有一个极大值。

2. 朗伯光源

朗伯光源指辐射源各方向上的辐射亮度不变，辐射强度随观察方向与面源法线之间的夹角 θ 的变化遵守余弦定律的辐射源。朗伯光源的符号为 E_e。

理想漫反射源单位表面积向空间指定方向单位立体角内发射（或反射）的辐射功率和该指定方向与表面法线夹角的余弦成正比，这就是朗伯余弦定律。

根据朗伯余弦定律，在夹角 θ 的方向上

$$E_e = \frac{\mathrm{d}\Phi_e}{\mathrm{d}S} \tag{2-50}$$

在法线的方向上有

$$E_{e_-} = \frac{\mathrm{d}\Phi_e}{\mathrm{d}S_\perp} \tag{2-51}$$

$$\mathrm{d}S_\perp = \mathrm{d}S\cos\theta$$

式中：S 为面积；Φ_e 为辐射通量。

如果发光面或漫反射面上的亮度不随方向而改变，则有

$$E_e = E_{e\perp} \cos\theta \tag{2-52}$$

遵从朗伯定律的光源称为朗伯光源，朗伯光源是一种具有各向同性光亮度的光源，只有绝对黑体和理想漫反射体才是朗伯光源。

3. 斯特藩-玻尔兹曼定律

前文已经提到过当物体高于绝对零度时，它的表面都会发生热辐射。任何材料的物体都具有以下特性：反射率 + 透射率 + 吸收率 = 1

因为能量是守恒的，所以吸收率 = 辐射率，对于大多数材料而言，透射率 = 0。所以可得出：反射率 + 吸收率 = 1

当物体全部热能都被辐射，没有反射、没有投射时就是黑体。其表面辐射的热能只由发射率 ε 和温度 T 决定，且与黑体温度 T 的四次方成正比。

$$M_{b\lambda} = \varepsilon T^4 \tag{2-53}$$

这就是热力学中著名的斯特藩-玻尔兹曼定律，本定律由斯洛文尼亚物理学

家约瑟夫·斯特藩和奥地利科学家路德维希·玻尔兹曼分别在 1879 年和 1884 年
独立提出。斯特藩在对实验数据进行归纳总结后，以《论热辐射与温度的关系》为
题在维也纳科学院大会上以报告的形式发表了该定律，而玻尔兹曼则是从热力学
的角度出发，假设以光代替气体作为热机的工作介质，通过实践最终推导出了与
斯特藩相同的结论。

由于实际物体会辐射部分热能，辐射率取决于波长，波长不同辐射率改变会
比较大，因此实际物体与黑体之间会存在区别，它们之间的区别除了发射率不同
外还存在一个热辐射常数 σ。σ 称为斯蒂芬·玻尔兹曼常数，它由自然界中其他
已知的基本物理常数算得，因此它不是基本物理常数，这个常数值约为 5.67×10^{-8} W·m^2·K^4。实际物体的表面辐射功率表达式为：

$$P(T) = \sigma \varepsilon T^4 \tag{2-54}$$

如果在相同条件的情况下，物体在同一波段范围内辐射的功率总是小于黑体
的功率，即物体的单色辐射出射度 $M_{b\lambda}$ 小于黑体的单色黑度 ε_λ，即实际物体的辐
射特性类似黑体，但是辐射率小于 100%，且各波段辐射率相等，只辐射部分热
能，这样的物体就是灰体。可以得出单色黑度 ε_λ 与单色辐射出射度 $M_{b\lambda}$ 两者间
的关系式。

$$\varepsilon_\lambda = P(T)/M_{b\lambda}$$
$$P(T) = \varepsilon_r M_{b\lambda} \tag{2-55}$$

因为单色黑度 ε_λ 是不随波长变化的常数，所以 $\varepsilon_\lambda = \varepsilon$。它随物质不同而不
同，即便是同一种物质，若结构不同值也会不同。只有黑体 $\varepsilon = 1$，而一般灰体 ε
的取值范围为 $0 < \varepsilon < 1$。由此可以推导出所测物体的温度 T。

$$T = \left[\frac{P(T)}{\varepsilon \sigma} \right]^{\frac{1}{4}} \tag{2-56}$$

上面 3 种原理均与黑体有关，为热力学相关的定律。

2.4.2 发射率

1.发射率分类

材料发射率按光谱范围分为全波发射率、光谱发射率和在某光谱范围的积分
发射率。根据辐射方向不同分为半球发射率和定向发射率等；定向发射率中应用
最多的是法向发射率。这些不同的划分可以组合出多种不同发射率参数。常见的
发射率有 4 种，具体如下。

半球全波发射率为物体的辐射出射度与同温度下黑体的辐射出度之比。定向
全波发射率为物体在指定方向的辐射亮度与同温度下黑体的辐射亮度之比。半球
光谱发射率为物体的光谱辐射出度与同温度下黑体的光谱辐射出度之比。定向光
谱发射率为在指定方向的物体的光谱辐射亮度与同温度下黑体的光谱辐射亮度

之比。

光谱发射率通常多指定向光谱发射率,即在指定方向上物体的光谱辐射亮度与同温度下黑体的光谱辐射亮度之比。

2. 测量方法

表面辐射特性的研究工作可以追溯到 18 世纪,早在 1753 年富兰克林就提出不同的物质具有不同的接收和发散热量能力的概念。几百年来人们在理论上、实验中、工程上做了大量的研究工作。随着辐射传热学、红外技术、太阳能研究、材料科学及黑体空腔理论等的发展,近 50 年以来材料发射率的测量方法有了很大的进展。目前在国际上已建立了分别适用于不同温度和状态以及不同物质的各种测试方法和装置。

按照测量物理量划分,发射率测量方法可分为直接测量方法和间接测量方法这两大类。直接测量法即直接利用定义式,以黑体或已知反射率标准样品为参考标准建立装置,测量物体或材料的辐射量信号与同样条件下的黑体之比为发射率。

1) 直接测量法。

直接测量法又可以分为量热法和辐射测量法。量热法为通过测量样品表面的辐射能量,利用能量平衡公式得到发射率,一般多用于半球积分发射率的测量。量热法的基本原理是一个热交换系统包含被测样品和周围相关物体,根据传热理论推导出系统有关材料发射率的传热方程,通过测量样品某些点的温度值得到系统的热交换状态,即求得发射率。量热法又分为稳态量热法和瞬态量热法。Worthing 的稳态加热法采用灯丝进行加热,测量精度达到了 2%,但是样品制作过程复杂,且测量时间长。瞬态法即采用激光或电流等瞬态加热技术,其代表是20 世纪 70 年代美国 NIST 的基于积分球反射计法的脉冲加热瞬态量热装置,其测量速度快,测量上限高达 4000 ℃,能精确测量多项参数,但是被测物必须是导体,这限制了其应用范围。

由于量热法需要精确知道表面的辐射热量,对环境(一般要抽真空)、控温和测温水平要求较高,测量时间长,而且能量平衡状态不容易确定和保持,给测量带来一定困难。因此提出了一种同样基于量热法的非稳态方法,即温度衰减法。温度衰减法是将一个表面积较大而质量很小的样品悬挂在具有冷却内壁的真空室内,并加热到显著高于室内壁温度后停止加热,测量样品冷却速度。根据冷却速度和已知材料样品的表面积、质量、比热计算辐射热损耗速度,从而求出半球积分发射率。

辐射测量法的基本原理是直接利用发射率定义,以黑体或标准样品为参考标准建立装置,测量物体或材料的发射率,根据普朗克定律或斯蒂芬·玻尔兹曼定律和发射率的定义计算出样品表面的发射率。一般采用能量比较法,即用同一探测器分别测量同一温度下绝对黑体及样品的辐射功率,两者之比就是材料的发射率值。辐射测量法多用来测量定向发射率,主要有独立黑体法和红外傅立叶光谱法。

独立黑体法采用标准黑体炉作为参考辐射源,样品与黑体是各自独立的,辐射能量探测器分别对它们的辐射量进行测量。测量材料全波长发射率时,探测器需要选择使用无光谱选择性的温差电堆或热释电等器件;测量材料光谱发射率时,需要选择使用光子探测器并配备特定的单色滤光片。许进堂等人曾采用独立黑体方案设计了一套法向全波长发射率测量装置,精度可以达到3.7%。独立黑体方案的优点在于能够精细地制作标准辐射源,并可精确地计算其辐射特性。其缺点在于等温条件难以得到保证,特别是对不良导热材料。在实际应用中,人们还常常采用整体黑体法和转换黑体法(图2-11)两种能量法测量材料的发射率,即在试样上钻孔或加反射罩,使被测材料变为黑体或逼近黑体性能,从而进行材料发射率的测量。

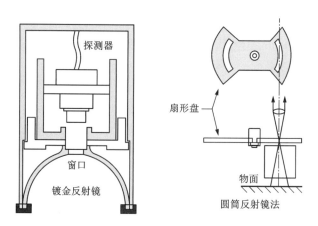

图 2-11　两种转换黑体法示意图

20世纪90年代以来,由于红外傅立叶光谱仪的发展和广泛应用,很多学者都建立了基于该装置的材料光谱发射率测量系统和装置。红外傅立叶光谱仪主要由迈克尔逊干涉仪和计算机组成,其工作原理是光源发出的光经迈克尔逊干涉仪调制后变成干涉光,再把照射样品后的各种频率光信号经干涉作用调制为干涉图函数,由计算机进行傅立叶变换,一次性得到样品在宽波长范围内的光谱信息,这就是红外傅立叶光谱法。因此,红外傅立叶光谱仪在测量红外发射方面是一个功能强大的仪器。近年来,许多国家都进行了基于傅立叶红外光谱仪材料光谱发射率测量的研究工作。最具有代表性的是半椭球反射镜反射计系统,该系统由 Markham 等人研制,曾获1994年美国百项研发大奖。系统的整体结构示意图如图 2-12 所示。

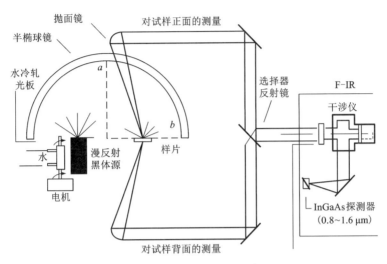

图 2-12 系统整体结构示意图

系统可以同时测量材料的光谱发射率和温度,温度测量范围为 50~2000 ℃,典型测量精度为 5%;光谱测量范围为 0.8~20 μm,典型测试精度为 3%。试样直径为 10~40 mm,试样的有效直径测量范围为 1~3 mm,为保证加热时试样温度的均匀性,试样的最佳厚度为 1~3 mm。

2)间接测量法。

对于不透明的样品,将已知强度的辐射能量投射到透射率为 0 的被测面上,根据能量守恒定律和基尔霍夫定律,通过反射计求得反射能量,得到样品的反射率后即可换算成发射率。以上这种通过测量反射率得到发射率的方法统称为发射率的间接测量方法(图 2-13),一般应用于低温样品的发射率测量。

间接测量法根据样品表面特性又可分为镜面反射样品和漫反射样品的测量。对于漫反射样品,一般应用积分球法,通过先测得材料的反射率,然后根据不透明物体发射率同反射率的关系和已知发射率标准样品的发射率,求得待测材料的发射率。常用的反射计有:Dunkle 等人建立的热腔反射计,该方法能够测量光谱发射率但不适于高温测量;意大利 IMGC 的积分球反射计具有很宽的温度测量范围;激光偏振法只能用于测量光滑表面的发射率。

3)多波长测量法。

多波长测量法又称多光谱法,是可以同时测量温度和光谱发射率的新方法。其基本原理是利用待测样品在多光谱条件下的辐射信息,通过假定的发射率和波长的数学模型进行理论分析计算,得到待测样品的温度和光谱发射率。多光谱法

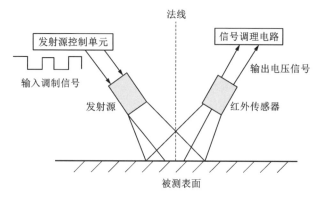

图 2-13　间接测量原理

的优点是测量速度快，设备简单易于现场测量，不需要制作标准样品。很多国家都在研究多光谱法，多波长测量法的原理是通过测量目标多光谱下的辐射信息，建立发射率与波长关系模型及计算理论，同时得到温度与发射率信息值。该方法能够实现现场测量，并且测量温度没有上限，但是测量精度有限，并且对不同材料的适用性差，没有一种算法能适应所有材料。但这是未来的发展方向。

综上所述，各发射率测量方法的优缺点如表 2-3 所示。

表 2-3　发射率测量各方法优缺点

方法	优点	缺点
量热法	装置简易，测量的是半球发射率，精度高，可同时测量其他的热物性参数	被测对象一般只能是导体材料。样品制作麻烦，测试时间较长，不适合在线测量
反射率法	样品制作简便，设备比较简单，测试周期较短，能测量方向发射率，测量温度下限低，适应在线测量	只能测量方向发射率，测量高发射率材料不准确，不能测量透明材料，测量受材料表面粗糙度影响大
辐射能量法	测量理论发展完善，设备比较简单，测量精度高，速度快，不需要测得准确的辐射能量值，可适应在线测量	等温条件难以完全保证，尤其是对不良的导热材料，等效黑体引入误差，需标准的样板做标定
多波长法	不需要标准样板，非常适用于现场在线测量。测温上限特别高，响应快	测量理论不够深入，对材料的实用性差，精度较低

4）双罩测量法。

考虑到红外热像仪和多光谱分析仪较贵，通过不断的实验，最终发明出了

"双罩测量法"这一新方法。在工程上将被测面近似为灰体,灰体的定义是在任何温度下所有各波长射线的辐射强度与同温度黑体的相应波长射线的辐射强度之比等于常数。双罩测量法的基本原理就是将待测样品的辐射能量与处于相同温度下黑体所辐射的能量相比,这样就能够得到待测样品的半球发射率。

　　测量传感器结构如图 2-14 所示,双罩即由半球吸收罩与半球反射罩组成,其中吸收罩内表面为高吸收率材料,反射罩内表面为高反射率材料。为了便于讨论半球罩的检测工作原理,可做如下 3 个假设。一是不考虑透射率(即透射率=0),反射罩的内表面反射率和吸收罩的内表面吸收率均为 1。二是顶部开口面积相对于半球面积可忽略,不需要考虑在开孔处的能量损失。三是罩内表面温度在测量过程中保持不变,因此罩内表面与被测表面间没有相对传热。设被测物体表面的温度为 T_s,发射率为 ε。当半球反射罩扣在被测物体表面上时,反射罩和被测物体表面组成一个闭合腔体,由被测物体表面发射的辐射能被反射罩内表面不断地反射,而被测物体表面却不断地吸收由反射罩反射回来的辐射能。由于辐射是以光速传播,因此上述不断的反射和吸收过程是瞬间完成。

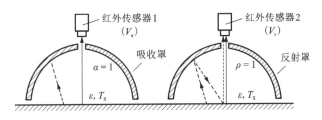

图 2-14　测量传感器结构

　　设 ω_0 为温度 T_s 时的黑体辐射功率,当反射罩对着被测物体表面时,所组成的闭合腔体就成为一个等效黑体。自然敏感元件从小孔中接收到的辐射功率等于黑体辐射功率。设 φ_{12} 为被测物体表面对半球罩顶部小孔的角系数,则由小孔通过的辐射功率为 $E_b=\varphi_{12}\omega_0$。将反射罩换成吸收罩,这时由于吸收罩表面和被测物体表面组成闭合腔体,因此被测物体表面辐射到吸收罩内表面的能量完全被吸收。敏感元件接收到的辐射功率即为被测表面发射的固有辐射功率 $E_s=\varphi_{12}\varepsilon\omega_0$。固辐射功率与黑体辐射功率的比值即为被测面的发射率:

$$\varepsilon = \frac{K\varphi_{12}\varepsilon\omega_0}{K\varphi_{12}\omega_0} = \frac{E_x}{E_b} \tag{2-57}$$

式中:K 为敏感元件的热转换系数。

　　测量传感器结构如图 2-14 所示,由吸收罩与反射罩两部分组成。在理想情况下,被测面为灰体,半球反射罩反射率 ρ 为 1,被测表面能量经反射罩多次反射后由从小孔出射,此时被测面有效辐射率为 1,其辐射能为 $M=\sigma T^4$。同时,理想情况下半球吸收罩的吸收率 α 为1，被测表面向吸收罩辐射的能量均被其吸收，则由小孔出射的能量为被测面自身辐射出的能量 $M = \varepsilon \sigma T^4$。这样从两罩小孔中出射的辐射能比值即为被测表面发射率。实际的反射罩反射率和吸收罩吸收率不可能为1，需要分析其误差影响。这里引入有效发射率的概念，可得半球罩结构下被测表面的有效发射率 ε_{eff} 公式为

$$\varepsilon_{\text{eff}} = \frac{\dfrac{F_1}{F_2}\left(\dfrac{1}{\alpha} - 1\right) + 1}{\dfrac{1}{\varepsilon} + \dfrac{F_1}{F_2}\left(\dfrac{1}{\alpha} - 1\right)} \tag{2-58}$$

式中：α 为罩体吸收率；F_1 和 F_2 分别为被围表面与半球罩面积。

根据有效发射率的定义，对于敏感元件热电堆，半球吸收罩输出 V_a 与半球反射罩输出 V_r 导出表达式为：

$$\begin{cases} V_a = K \oint_{\varepsilon_{\text{E}}} R_k E_0(\lambda, T)\, \mathrm{d}\lambda \\[2mm] V_r = K \oint_{\varepsilon_{\text{Fr}}} R_\lambda E_0(\lambda, T)\, \mathrm{d}\lambda \end{cases} \tag{2-59}$$

式中：ε_{E} 与 ε_{Fr} 分别为吸收罩和反射罩对应被测面的有效发射率，两者比值为电压比。

根据式(2-58)可得实际测量的传感器输出电压比将比被测发射率小，但这部分偏差可通过标定过程补偿。该系统采用4个第三方测定的样板对测量系统进行标定，补偿反射罩和吸收罩特性影响导致的误差。

在长期在线测量条件下，吸收罩和反射罩的温度升高，其自身辐射能也将通过被测面反射后由小孔出射，并且热电堆输出电压随传感器冷端温度升高而变化，从而引起测量误差，通过分析建立了误差因素模型。

$$\begin{cases} V_a' = V_a + K_{a1}\Delta t_4 + K_{a2}\Delta t_{\text{pu}} \\ V_r' = V_r + K_t \Delta t_t + K_2 \Delta t_{\text{pt}} \end{cases} \tag{2-60}$$

式中：K_{a1}、K_{a2} 是吸收罩与其传感器冷端的温度误差系数；K_t、K_2 是反射罩与其传感器冷端的温度误差系数；V_a' 和 V_r' 为将测得电压补偿到一个相对零点后仅含有表面辐射量信息的值。通过误差因素模型计算误差的方法就是双罩计量法。

2.5 黑体炉

黑体炉即为人工制造的性能接近理想黑体的标准辐射源，用于定期对红外测温仪进行检测标定。

黑体是物理学中的一个理论概念。从经典物理学的观点来看,黑体应该是一个等温且完全封闭的空腔。由于封闭腔的黑体辐射是无法获得的,为了利用黑体辐射,1860 年基尔霍夫提出了理想黑体理论:从密闭等温腔体内的任意面元上发出的辐射是等温腔体温度下的黑体辐射。自然界并不存在理想的黑体,基尔霍夫这一理想黑体物理模型为人们研制人工黑体提供了基本方法,即在密闭等温腔体上开一个小孔,从小孔中发出的辐射近似为黑体辐射。尽管这种开孔的方法违背了黑体的条件,但是辐射特性仍然非常接近于黑体辐射。开孔的大小通常与空腔的长度、探测的灵敏度、发射率等因素有关。因为开有小孔的空腔很接近黑体,所以通常就把开有小孔的空腔叫作黑体辐射源(或标准黑体辐射源),它可以作为一种标准来校正其他辐射源或红外系统。

决定黑体辐射源性能的两个因素是黑体辐射源空腔的形状和密闭性以及黑体辐射源温度分布的均匀性。前者描述了辐射源整体偏离理想黑体辐射源的程度,后者决定了辐射源偏离理想黑体辐射谱的程度。黑体辐射源的具体设计主要也是基于这两个方面的考虑。描述黑体辐射源辐射性能的主要技术指标空腔发射率,也主要受这两个方面的影响。空腔发射率的计算既可以指导空腔形状的设计,又可以验证空腔设计的合理性以及部分反映辐射源的性能。

2.5.1 空腔及结构设计

腔体形状的选择基于腔口发射率和实际加工工艺以及经济方面的考虑。黑体辐射源空腔结构通常有以下几种:球形、圆锥形、圆柱形、柱形、双棱锥形、内锥形。空腔底部为了提高发射率采用正锥、倒锥或沟槽结构,在空腔选材上多采用材料发射率较大的材料。对腔体各种形状的发射率计算可采用 Gouffe 理论的经验公式。

$$\varepsilon_0 = \frac{\varepsilon\left[1 + (1-\varepsilon)\left(\frac{A}{S_1} - \frac{A}{S_0}\right)\right]}{\varepsilon\left[1 - \frac{A}{S_S}\right] + \frac{A}{S_S}} \qquad (2\text{-}61)$$

式中:A 为腔体开孔面积;S_1 为空腔整个内表面积(包括开孔面积);$A/S_0 = (R/L)^2$,R 为腔体开孔半径,L 为腔体深度;S_0 为直径等于腔体深度的球体表面积;S_S 为腔体总表面积。在材料发射率、腔体长度和开口半径相同的前提下,由上述经验公式计算出来的发射率由大到小依次为球形、圆锥形、圆柱形、柱形、双棱锥形、内锥形,即腔体内表面积越大,腔孔的发射率越大。球形腔发射率最大,但是难以加工,也不容易均匀加热。圆柱形和圆锥形腔体相对易于加工和均匀加热。

设计腔体深度时,空腔长径比(腔体长度/开口半径)的选择也可以通过

Gouffe 理论公式计算。通过比较，在材料发射率大于 0.78 的情况下，长径比只要大于 6 即可满足发射率 $\varepsilon \geq 0.995$。虽然提高长径比可以提高腔口发射率，但长径比太大会导致加热不均匀。因此实际中的黑体辐射源腔体的长径比一般比较小，在 3 到 6 之间，因此要提高腔口发射率，应尽量使用发射率高的材料，同时对腔体内部做表面加工处理，如在内壁刻凹槽，内表面加工为锯齿状或螺纹状，以及表面加黑处理等。

对于腔芯材料的选择需要做到以下三点。第一点是材料需具有高的热导率，以减小温度梯度；第二点是材料需具有稳定的表面性质，第三点是材料需要具有较高的发射率，材料的发射率越大，腔孔的发射率也越大。如设计高温黑体辐射源时，腔芯材料一般选择耐高温的非金属材料，如石墨或陶瓷；而设计中低温黑体辐射源时，腔芯材料一般选择金属材料，金属材料一般有好的导热性，表面加以处理可以提高发射率。

设计时，根据辐射腔口的口径尺寸，可以对黑体辐射源进行分类。辐射腔口 $\Phi \geq 100$ mm 为大型黑体炉，辐射腔口 $\Phi \approx 30$ mm 为中型黑体炉，辐射腔口 $\Phi \leq 10$ mm 为小型黑体炉。

1. 有效发射率的计算

空腔有效发射率的计算模型从简单到复杂，从理想化到接近实际，大体可以分为：漫射模型、完全镜反射模型、均匀镜漫反射模型、非漫射模型等。在计算方法上总体可以归纳为积分方程理论、多重反射理论、蒙特卡罗方法等。

积分方程理论的基本原理为：漫反射的黑体空腔内壁各点的有效半球辐射等于该点处面元本身的半球辐射加上空腔内其他壁面投射到该面元上的发射辐射。该理论以由 Buckley-Sparrow 理论发展起来的 Bedford-Ma 方法为典型代表。Buckley 给出了一端封闭的等温漫反射圆筒空腔的沿壁面和底面上各点发射率的分布。Sparrow 对 Buckley 理论进行了完善，求得积分方程的数值解。Bedford 和 C. K. Ma 发展了积分方程理论，用梯形区域近似法求解了积分方程。我国东北大学的谢植、高魁明等提出了基于 Buckley-Sparrow 理论的发射率计算新方法——矩形区域近似法，同 Bedford 梯形区域法相比，避开了奇点数值处理问题，可以求得任何轴对称黑体空腔的有效发射率分布。

多重反射理论的基本思想是从空腔内某一微面元出发，沿开口方向发射到腔口外的总的定向辐射强度等于该微面元本身的定向辐射与腔内其他面元直接投射到该微面元和经过一次反射、二次反射及多次反射后投射到该微面元上再沿开口方向反射的定向辐射强度之和。该理论以 DeVos 方法和 Gouffe 方法为典型代表。DeVos 法利用互惠原理，给出了任意腔型的有效发射率的二级近似计算公式。Gouffe 法提出了二次反射理论，该理论运算简单，但误差较大，经常被引证用来验证模拟黑体空腔的设计。

多重反射理论和积分方程理论虽然求解发射率的出发点不同,但随着理论的完善和计算精度的提高,可以证明两种理论最终是统一的。两种方法在非漫反射条件下,都有其局限性。

近年来发展起来的 Monte-Carlo 方法,将概率模型运用到黑体空腔发射率模拟计算中,在均匀镜-漫反射假设的基础上,给出了计算黑体空腔有效发射率的数学模型,并考虑了空腔不等温性和环境辐射对空腔有效发射率的修正。该方法计算的发射率精度高,误差小,是一种较好的评价发射率的方法。

2. 温度均匀性的实现

理想黑体辐射源内部的温度场为均匀等温场,而实际的黑体炉由于加热的不均匀、外界环境影响以及加工精度等原因,黑体炉内部温度场是具有温度梯度的不均匀场。由于这一原因,黑体炉有效发射率随温度分布和波长变化而变化。因此采用各种手段使黑体腔体的温度尽可能均匀,接近理想黑体的温场,是提高黑体辐射源性能的主要途径。

黑体温度的控制直接影响到黑体的性能,因此黑体对温度控制的精度要求很高,整个黑体是恒温的,恒温区长度越大越好,实现黑体恒温的方法有两种,分别是电阻丝加热和改变腔体外形。

被测物体的温度越低,辐射能力就越弱,越不容易被探测器探测到,所以辐射测温方法通常用于高温测温领域。但随着红外探测技术的发展,辐射测温法已经开始向常温甚至是低温应用领域发展。作为辐射测温的校准装置,黑体炉的研制随之也向低温段发展。温度较低时,通常将黑体腔体放入油槽中,油在腔体周围循环,使腔体受热均匀。为了减小辐射源内部的温度梯度,可采用多段加热的控温方式。近年来,热管作为一种导热系数高、内阻小、等温性好的高效传热元件,被越来越多地应用在热管黑体辐射源的设计当中,也确实取得了良好效果。

温度均匀性是黑体辐射源的重要指标之一,是黑体辐射源设计需考虑的重要因素。随着热管技术的发展进步,热管以其优良的性能逐渐被广泛地应用在黑体辐射源的设计上。采用热管技术制作的黑体辐射源控温方便,升温速度快,温度均匀性好,性能优异。因此热管式黑体炉是黑体辐射源的一个重要的发展方向。

对各种光辐射进行接收和探测的器件为光电探测器,光电探测器在军事和国民经济的各个领域有广泛用途。在可见光或近红外波段主要用于射线测量和探测、工业自动控制、光度计量等;在红外波段主要用于导弹制导、红外热成像、红外遥感等方面。红外探测器按照技术类型可分为制冷光子式和非制冷热式两种,分别采用低温恒温器技术和非制冷红外技术。本节将对光电探测器的物理效应与性能系数、红外探测器所运用的技术进行介绍。

2.5.2 效应与性能

光电探测器分为光子探测器和热探测器,分别对应光子效应和光热效应这两种物理效应。

1. 光子效应

光子效应指单个光子的性质对产生的光电子起直接作用的一类光电效应[7]。探测器吸收光子后,直接引起原子或分子的状态的改变,光子能量的大小直接影响内部电子状态的改变。光子效应的特点是对光波频率表现出选择性,响应速度快;又分为外光电效应和内光电效应,相应的探测器如表2-4所示。

表 2-4　外、内光电效应探测器分类

分类	效应种类	相应的探测器
外光电效应	1) 光阴极发射光电子 2) 光电子倍增 　打拿极倍 　通道电子倍增	光电管 光电倍增管 像增强器
内光电效应	1) 光电导(本征和非本征) 2) 光生伏特 　PN 结和 PIN 结(零偏) 　PN 结和 PIN 结(反偏) 　雪崩 　肖特基势垒 3) 光电磁 　光子牵引	光导管或光敏电阻 光电池 光电二极管 雪崩光电二极管 肖特基势垒光电二极管 光电磁探测器 光子牵引探测器

2. 光热效应

光热效应是指探测元件吸收光辐射能量后,并不直接引起内部电子状态的改变,而是把吸收的光能变为晶格的热运动能量,引起探测元件温度上升,温度上升的结果又使探测元件的电学性质或其他物理性质发生变化。光热效应的特点是对光波频率没有选择性,响应速度比较慢。在红外波段上,因为材料吸收率高,光热效应也就变得更强烈,所以光热效应广泛用于对红外线辐射的探测。根据效应种类可分为不同的探测器,如表2-5所示。

光电探测器的主要性能参数有积分灵敏度、光谱灵敏度、频率灵敏度、量子效率、通量阈、噪声等效功率、归一化探测度等。另外光电探测器还有其他一些特性参数,在使用时必须注意到,例如光敏面积、探测器电阻、电容等。光电探测器通常规定了工作电压、电流、温度及光照功率允许范围，使用时要特别加以注意。特别是在极限工作条件下，不允许超过这些指标规定范围，否则会影响探测器的正常工作，甚至使探测器损坏。

表 2-5　光热效应探测器分类

效应种类	相应的探测器
1) 测辐射热计　　负电阻温度系数　　正电阻温度系数　　超导 2) 温差电 3) 热释电 4) 其他	热敏电阻测辐射热计 金属测辐射热计 超导远红外探测器 热电偶、热电堆 热释电探测器 高莱盒、液晶等

半导体材质的光电探测器由于体积小，重量轻，响应速度快，灵敏度高，易于与其他半导体器件集成，是光源的最理想探测器，广泛用于光通信、信号处理、传感系统和测量系统。最近几年，由于超高速光通信，信号处理、测量和传感系统需要使用超高速高灵敏度的半导体光电探测器。为此，发展了谐振腔增强型（RCE）光电探测器、金属半导体-金属行波光电探测器，以及分离吸收梯度电荷和信增（SAGCM）雪崩光电探测器（APD）等。

2.5.3　低温恒温器技术

低温恒温器技术是为使热成像系统正常工作，将其探测器元件冷却至低温或深低温的技术，又称红外热成像制冷技术。这项技术的主要优势有二点，一是通过制冷形成一个合适的低温恒温环境，以保证需要在低温下工作的电子器件或系统功能正常，或提高器件的灵敏度；二是屏蔽或减小来自热成像系统的滤光片、挡板及光学系统本身等带来的热噪声。

制冷器的工作原理包括物理和化学两种方法。根据使用场合和所需要的制冷温度不同，可利用不同原理制成适当的制冷器。热成像系统多使用为物理方法，主要有以下几种技术。

1. 相变制冷技术

相变制冷技术，即利用制冷工作物质相变吸收热能的效应制冷，有液态制冷和固态制冷两种。液态制冷目前广泛用于试验室测量和民用红外系统。固态制冷系统主要用于航天工业，储存的固态冷却剂使用时间根据质量和体积，可分为1 年至 3 年或更长。

2. 焦耳-汤姆逊效应制冷技术

焦耳-汤姆逊效应制冷技术，又称节流式制冷技术，即当高压气体的温度低于本身的转换温度并通过一个很小的节流孔时，气体的膨胀会使温度下降。它于20世纪50年代被发明，在绝大多数情况下使用开环式制冷器，但仍有采用高压压缩机闭式节流制冷器的。早期系统由逆流式热交换机、节流孔和装有高压气体的贮气瓶组成。比如焦耳-汤姆逊制冷器，它的特点是结构简单、可靠性高、质量轻、体积小、无振动、无运动部件、噪声小、成本低、制冷速度快，制冷时间通常只需 15~60 s。为了控制气体消耗量，国外对节流制冷器做了些改进，设计了自调式制冷器。现在国外生产的焦-汤系统几乎都配备了这种自调机构。国外多将该技术用于红外制导、手持式热像仪、车载热像仪、反坦克导弹热瞄具等。如美国得克萨斯仪器公司的 AN/TAS-4 陶式反坦克导弹夜瞄具、科尔斯曼公司的热成像远距离夜间观察仪、英国马可尼公司的 HHT-8 和 MSDS 型手持热像仪、索恩·伊美公司的多用途热像仪和法国的 TRT 公司的 MIRA 型红外热像瞄准具等。

3. 斯特林制冷技术

气体的等熵膨胀制冷技术原理即气体在等熵膨胀时，借膨胀机的活塞向外输出机械功，膨胀后气体的内位能要增加，从而要消耗气体本身的内功能来补偿，致使气体膨胀后温度显著降低。该技术已经有 50 年发展历史，在军事上应用最广泛。最典型的为斯特林闭循环制冷器，其特点是功耗低、尺寸小、质量轻，因此又被称为斯特林制冷器。首先出现的是整体式结构，即压缩活塞和膨胀活塞用一连杆以机械方式连为一体。整体式结构容易产生热和振动影响制冷部分。针对系统存在的不足，国外也做了些改进。自 1972 年以来，该系统有了显著发展，美国休斯飞机公司研制出分置式斯特林制冷器，将压缩机和膨胀器分开安置，中间用一根软管相连。这种结构不仅克服了早期整体式制冷器的缺点，还保持了原有系统结构紧凑、效率高、启动快等优点，因此颇受国外用户重视，发展较快。此外，为了克服原有电机/曲轴这种动态结构产生的磨损而影响寿命的缺点，荷兰飞利浦研究所于 1968 年开始研制用线性电机驱动线性谐振压缩机的斯特林机。迄今为止，线性谐振斯特林机的发展已经经历了三代：1975 年由荷兰飞利浦公司的科学和工业分部研制的 MC-80 型微型制冷器称为第一代，属非军用型，制冷温度为 80 K 时，输出功率为 1 W。1976 年，荷兰和美国同时设计出第二代斯特林机。荷兰飞利浦公司在 MC-80 的基础上使其军用化，最初命名为 MMC-80，后来正式命名为 UA-7011 型；1982 年，在 UA-7011 的基础上，飞利浦公司研制了一系列线性谐振制冷器，称为第三代。它们由标准化压缩机和两个冷指（膨胀器部分）组成，专用于美国 60 元和 120/180 元的探测器/杜瓦瓶装置。制冷功率分别达到 1/4 W 和 1 W，平均无故障时间为 2500 h（小时）。

4. 热电制冷技术

热电制冷技术依据帕尔帖效应制冷，又称为半导体或温差电制冷技术，即用 N 型半导体和 P 型半导体作用偶对，当有直流电通过时电偶对一端发热，另一端变冷。20 世纪 50 年代末期，随着半导体材料技术的大力发展，解决了早期系统制冷效率低的问题。特别是美、英、日、苏等国在这一领域做了大量研究，20 世纪 60 年代用热电制冷即已达到实用阶段。热电质量因素 Z 是用以评价热电材料的因素之一。20 世纪 80 年代末，美国和欧洲一些国家热电材料的 Z 值能达到 $3.5 \times 10^{-3}/K$，苏联能达到 $4.7 \times 10^{-3}/K$。热电探测器的主要优点：全固态化器件、结构紧凑、寿命长；无运动部件，不产生噪声；不受环境影响；可靠性高。缺点是制冷器的性能系数（COP）较低，制冷量小，效率低。目前热电制冷器主要用于手持式热像仪，如美国马格纳沃克斯公司的 AN/PAS-7 型和 HPHTV 型、英国莱赛盖奇公司的 LT1065 型。此外还可用于其他一些观瞄系统，如美国得克萨斯仪器公司的 AN/TAS-5"龙"式反坦克导弹热成像瞄准具、美国马格纳沃克斯公司的 TWS 型热成像瞄准具等。

5. 热辐射交换制冷技术

物体之间的热辐射交换制冷技术是利用外层空间外层宇宙的高真空、深低温来制冷。它的显著特点是无运动部件、长寿命、功耗小、无振动干扰。缺点是对轨道和卫星的构形有要求，对环境要求严格，入轨后需经过一段时间的加热放气后才能工作。

6. 脉管制冷技术

脉管制冷技术由美国低温专家于 1963 年发明，直到 1984 年苏联米库林教授对基本型脉管做了重大改进后，该技术才向实用性方面迈进关键性一步。脉管实际上是斯特林机的变体，膨胀机内无须运动部件，结构更简单可靠，且易于装配和控制振动。

不同的制冷技术所面对的关键技术难点各不相同。对于气体的等熵膨胀制冷技术，它的发展重点在于增加制冷量、加大压缩机和冷指之间分置距离、寻找更灵活的气体通道、减轻压缩机重量、减小体积等。对于热电制冷技术，关键在于提高热电材料的品质因素 Z 和减小冷端热负载。对于闭环节流制冷器，通常高压压缩机是可靠性的薄弱环节，需要加以改善。对于高频小型脉冲管制冷技术，主要考察方向是回热器设计和性能；减少复式入口脉冲管中直流电流的影响；降低脉冲管中的流动性。

2.5.4 非制冷红外技术

非制冷红外焦平面探测器从设计到制造可分成技术原理、微测辐射热计、读出电路、真空封装这四大工艺模块。下面分别对它们进行介绍。

1. 技术原理

非制冷红外技术是利用红外辐射的热效应，由红外吸收材料将红外辐射能转换成热能，引起敏感元件温度上升，使敏感元件的某个物理参数随之发生变化，再通过所设计的某种转换机制转换为电信号或可见光信号，以实现对物体进行探测的技术。基于此技术原理设计制造出了非制冷红外焦平面探测器。该探测器又分为热释电型、热电堆型、二极管型、热电容型、热敏电阻型等类型。

最典型的非制冷红外焦平面探测器就是利用热敏电阻的阻值随温度变化来探测辐射强弱的微测辐射热计。它由许多 MEMS 微桥结构的像元在焦平面上二维重复排列构成，每个像元对特定入射角的热辐射进行测量。测量原理：红外辐射被像元中的红外吸收层吸收后引起温度变化，进而使非晶硅热敏电阻的阻值变化；非晶硅热敏电阻通过 MEMS 绝热微桥支撑在硅衬底上方，并通过支撑结构与制作在硅衬底上的 CMOS 独处电路相连；CMOS 电路将热敏电阻阻值变化转变为差分电流并进行积分放大，经采样后得到红外热图像中单个像元的灰度值。

为了提高探测器的响应率和灵敏度，要求探测器像元微桥具有良好的热绝缘性，同时为保证红外成像的帧频，需使像元的热容尽量小以保证足够小的热时间常数，因此 MEMS 像元一般设计成如图 2-15 所示的结构。

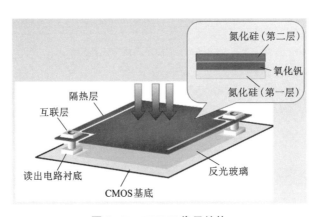

图 2-15　MEMS 像元结构

利用细长的微悬臂梁支撑以提高绝热性能，热敏材料制作在桥面上，桥面应尽量轻、薄以减小热质量。在衬底制作反射层，与桥面之间形成谐振腔，提高红外吸收效率。像元微桥通过悬臂梁的两端与衬底内的 CMOS 读出电路连接。正因如此，非制冷红外焦平面探测器是 CMOS-MEMS 单体集成的大阵列器件。

2. 微测辐射热计

单个微测辐射热计的生产工艺为在硅衬底上通过 MEMS 技术生长出与桥面结构非常相似的像元，也称之为微桥。桥面通常由多层材料组成，包括用于吸收红外辐射能量的吸收层和将温度变化转换成电压(或电流)变化的热敏层。桥臂和桥墩起到支撑桥面,并实现电连接的作用。微测辐射热计的工作原理:来自目标的热辐射通过红外光学系统聚焦到探测器焦平面阵列上,各个微桥的红外吸收层吸收红外能量后温度发生变化,不同微桥接收到不同能量的热辐射,其自身的温度变化就不同,从而引起各微桥的热敏层电阻值发生相应的改变。这种变化经由探测器内部的读出电路转换成电信号输出,经过探测器外部的信号采集和数据处理电路最终得到反映目标温度分布情况的可视化电子图像。

为了获得更好的性能,需要在微测辐射热计的结构设计上做精心的考虑与参数折中处理。主要的设计参数及要求包括:微测辐射热计与其周围环境之间的热导要尽量小;对红外辐射的有效吸收区域面积尽量大以获得较高的红外辐射吸收率;选用的热敏材料应具有较高的电阻温度系数(TCR)、尽量低的 $1/f$ 噪声和尽量小的热时间常数。

为使微测辐射热计与其衬底间的热导尽量小,微桥的桥臂设计需要用低热导材料,并采用长桥臂小截面积的设计。此外,需将微测辐射热计探测器阵列封装在一个真空的管壳内部,以减小其与周围空气之间的热导。

为让微测辐射热计对红外辐射的吸收率尽量高,可从提高填充系数和优化光学谐振腔设计这两个方面入手。

填充系数定义为微测辐射热计对红外辐射的有效吸收面积占其总面积的百分比。微桥的桥臂、相邻微桥之间的空隙、连接微桥与读出电路的过孔等所占的面积都是没有红外吸收能力的。对于单层微桥结构,其填充系数一般为 60%~70%,且随着像元尺寸的减小,单层结构的填充系数会进一步下降。要增加填充系数以获得更高的吸收率,可以采用双层伞形微桥结构,红外辐射吸收材料处于上方第二层,形似撑开的雨伞,桥臂及其他无吸收能力的部分放在伞下的第一层。这种结构的填充系数可做到 90% 左右。

而通过设计光学谐振腔也可以提高微测辐射热计对红外辐射的吸收率。因为有相当一部分入射的红外辐射能量会穿透微桥结构的红外吸收层,所以通常在微桥下方制作一层红外反射面,将从上方透射来的红外辐射能量反射回红外吸收层进行二次吸收。吸收层与反射面之间的距离对于二次吸收的效果有较大影响,如果该距离设计为红外辐射波长的 1/4,就可增加吸收层对反射回来的红外能量的吸收。对 8~14 μm 的长波红外辐射,该距离为 2~2.5 μm。

如图 2-16(a)所示该谐振腔结构的反射面位于读出电路的硅衬底表面,所以微桥的桥面与硅衬底的距离是 1/4 辐射波长;如图 2-16(b)所示该谐振腔结构的反射面位于微桥的下表面,所以微桥的厚度要达到 1/4 辐射波长。

热敏材料的选取对于微测辐射热计的灵敏度(NETD)有非常大的影响,优选具有高温度电阻系数(TCR)和低 $1/f$ 噪声的材料,同时还要考虑到所选材料与读

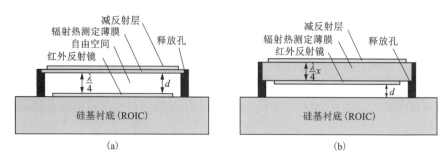

图 2-16　红外光学谐振腔示意图

出电路的集成工艺是否方便高效。目前最常用的热敏材料包括氧化钒、多晶硅、硅二极管等。微测辐射热计的 NETD 主要受限于热敏材料的 $1/f$ 噪声,这种噪声与材料特性密切相关,不同材料的 $1/f$ 噪声可能会相差几个数量级,甚至对材料复合态的细微调整也会带来 $1/f$ 噪声的显著变化。

1)氧化钒。

20 世纪 80 年代初,美国的霍尼韦尔公司在军方资助下开始研究氧化钒薄膜,并于 20 世纪 80 年代末研制出非制冷氧化钒微测辐射热计。氧化钒材料具有较高的 TCR(在室温环境下为 2%/K~3%/K),其制备技术经过多年的发展已很成熟,在微测辐射热计产品中得到了广泛的应用。氧化钒探测器主要的优势是对于红外光线的光电转换效率更高,相比于多晶硅探测器拥有更高的信噪比和强光保护能力。氧化钒探测器的温度稳定性好、寿命长,温度漂移小。氧化钒机芯相对于多晶硅机芯有更好的图像质量和灵敏度,使热像仪有更高的探测和识别距离。它功耗低、启动工作快,开机即可使用。图像清晰度是多晶硅机芯的 3 倍。氧化钒的温度探测灵敏度可以达到 0.03 ℃,而多晶硅机芯只能达到 0.1 ℃。同时氧化钒机芯相比多晶硅机芯寿命更长更耐用。氧化钒焦平面探测器非制冷热像仪在国内是一种比较新型的热像仪。氧化钒材料与多晶硅相比有更好的图像质量和灵敏度,可以更好地满足不同的使用要求。而过去国内生产的热像仪主要采用多晶硅。氧化钒也有多种复合形态,如 VO_2、V_2O_5、V_2O_3 等。单晶态的 VO_2、V_2O_5 的 TCR 高达 4%,但是需要采用特殊制备工艺才能得到;V_2O_5 的室温电阻太大,会导致较高的器件噪声;V_2O_3 的制备技术相对不太复杂,且室温电阻较低,能得到更低的器件噪声,成为重点研究的氧化钒材料。随着热成像技术的日臻成熟,人们的要求也越来越高,对温差的感应、机芯的耐用程度及图像清晰度也有了近乎严苛的要求。传统的多晶硅机芯在安防设备中已经不占优势,而氧化钒则可以弥补多晶硅机芯的短板且有自己独有的优势,已经在安防设备市场中占据了举足轻重的地位。比如某种先进的非制冷凝视型焦平面探测器的微测辐射热计材料便使用了氧化钒。此探测器的规格为单个光敏元的面积较小，仅 38 μm 间距，从而可以减小热像仪系统的体积和重量；该探测器的灵敏度更高，在 f/1.6 时 NETD 可达到 85 mK，在 f/1.0 时，其 NETD 等效为 35 mK，接近一般的制冷型探测器。因而使热像仪具有更高的探测和识别距离；该探测器内部采用了很好的非均匀性补偿电路，因此不需要使用热电制冷器(TEC)来稳定焦平面的工作温度，在-40～75 ℃的工作温度范围内，热像仪具有良好的图像均匀性和动态范围；由于不使用 TEC，热像仪启动工作快，功耗低。2 s 的驱动时间，可以使热像仪随时开机使用，无须等待。而热像仪机芯的功耗可以减小到 1.5 W，延长了电池的工作时间。

2)多晶硅(a-Si)。

多晶硅是单质硅的一种形态。熔融的单质硅在过冷条件下凝固时，硅原子以金刚石晶格形态排列成许多晶核，如这些晶核长成晶面取向不同的晶粒，则这些晶粒结合起来，就结晶成多晶硅。多晶硅被喻为微电子产业和光伏产业的"基石"，它是跨化工、冶金、机械、电子等多学科、多领域的高新技术产品，是半导体、大规模集成电路和太阳能电池产业的重要基础原材料，是硅产品产业链中极为重要的中间产品。它的发展与应用水平，已经成为衡量一个国家综合国力、国防实力和现代化水平的重要标志。法国原子能委员会与信息技术实验室/红外实验室从 1992 年开始研究多晶硅材料的探测器，目前技术上已很成熟。多晶硅的 TCR 与氧化钒相当，也是一种得到较多应用的微测辐射热计材料，其优点是与标准硅工艺完全兼容，制备过程相对简单。但由于多晶硅是无定形结构，呈现的 1/f 噪声比氧化钒要高，所以 NETD 通常不如氧化钒材料。由于采用多晶硅材料的微测辐射热计可以将薄膜厚度控制得非常小，具有较低的热容，因此在保持较低热响应时间的同时也具有较小的热导，可一定程度兼顾图像刷新率和信号响应率的要求。据了解，随着我国微电子产业和太阳能电池产业的高速发展，目前多晶硅在国内国际市场需求量巨大，其价格在不断攀升。

3)硅二极管。

硅二极管正向压降的温度系数特性可用于红外探测器的制造。红外吸收导致的温度变化带来的 PN 结正向压降变化并不显著，等效的 TCR 只有 0.2%/K，比通常的电阻型热敏材料低一个数量级。但硅二极管的优点在于其面积可做比电阻的面积更小，因而能做出尺寸更小的像元，获得更大阵列规模的焦平面。硅二极管微测辐射热计可在标准 CMOS 工艺线上生产，制造更为方便。

4)其他材料。

还有一些材料也可用于微测辐射热计的制造，它们具有某些优异的特性，但也存在较明显的缺点。如钛金属薄膜具有较低的 1/f 噪声，可方便地与 CMOS 读出电路集成，具有较低的热导，但其 TCR 只有 0.35%/K 左右；锗硅氧化物材料(GexSi1-xOy)具有较高的 TCR(可达 5%/K 以上)和较低的热导，但其较高的 1/f

噪声限制了最终器件的性能；硅锗(SiGe)是一种值得关注的材料，可采用标准 CMOS 工艺实现非常薄(如 100 nm)的薄膜制备，并具有较高的 TCR(3%/K 以上)，通过实现单晶态的 SiGe 可得到较低的 $1/f$ 噪声；YBaCuO 是另一种值得关注的材料，有比 VO_x 高的电阻温度系数(约 3.5%/K)及较低的 $1/f$ 噪声，其光谱响应范围很宽(0.3~100 μm)，是未来制造多光谱探测器的潜在材料。

3. 读出电路

读出电路的全称为读出集成电路，英文缩写为 ROIC。ROIC 是模拟混合电路系统。模拟部分包括单元偏置电路、积分电路、采样/保持电路等，数字部分包括中央时序控制、行选控制、列选控制等。ROIC 对微弱的红外辐射信号产生的电信号进行提取、积分、放大、模数转换。甚至具备完成片上非均匀性矫正、片上数模转换功能。

非制冷红外焦平面探测器的读出电路将每个微测辐射热计的微小电阻变化以电信号的方式输出。照射到焦平面上的红外辐射所产生的信号电流非常小，一般为纳安级甚至皮安级，这种小信号很容易受到其他噪声的干扰，因此读出电路的电学噪声要控制得尽量小，以免对探测器的灵敏度指标造成不必要的影响。

传统读出电路的工作原理是先给微测辐射热计的热敏薄膜施加固定的低噪声偏置电压，将其随温度的阻值变化以电流变化的形式得到，再由积分器转换成电压信号，最后经驱动器输出。

探测器制造工艺存在的偏差会导致探测器的输出信号存在非均匀性，早期的非制冷红外焦平面探测器必须使用热电温控器(TEC)来保持焦平面阵列的温度稳定性，这是因为不同像元之间由于制造工艺的偏差会带来阻值的差异，最终表现为阵列的不均匀性：即使所有像元接受同样的黑体辐射，它们各自输出的电压信号幅值也是不同的；即使所有像元面对同样的黑体辐射变化，它们各自所输出的电压信号的变化量也是不同的。上述这种像元之间的差异所导致的阵列不均匀性，还会随着焦平面温度的变化而改变，使得探测器输出信号呈现出复杂的变化，为后续信号处理工作带来困难。

近年来随着读出电路设计水平的提高，在实现传统读出电路的行选列选、积分器、信号驱动等基础功能之外，一些降低读出信号非均匀性的设计方法逐渐在读出电路上得到实现。例如列条纹非均匀性就是一种与读出电路密切相关的形态，这是由于读出电路中有一些部件是焦平面阵列中每一列共用的，如积分器。这种电路结构会给同一列的输出信号引入一些共性特征，不同列之间的特征差异就表现为列条纹。针对列条纹的产生机制，可以通过改进读出电路设计来有效地抑制甚至基本消除列条纹，提高列与列之间的均匀性。目前一些抑制像元输出信号随温度漂移的补偿电路也逐渐用于读出电路设计，从而可以实现无 TEC 应用，使得非制冷红外焦平面探测器在功耗、体积、成本等方面更具备优势。

4. 真空封装

微测辐射热计接收目标红外辐射后的温度变化很微弱,为了使其上面的热量能够维持住,避免接收到的热能与其他介质发生热交换,需要将其置于真空环境下工作。一般对真空度的要求是小于 0.01 mbar(即 0.00001 atm),需要把探测器芯片封装在真空中,并保证良好的气密性。对封装体的具体要求是具有优异且可靠的密闭性,具有高透过率的红外窗口,成品率高,成本低。目前的封装技术可分为芯片级、晶圆级、像元级。

1)芯片级封装。

芯片级封装技术按照封装外壳的不同又可分为金属管壳封装和陶瓷管壳封装。金属管壳封装是最早开始采用的封装技术,技术已非常成熟。由于采用了金属管壳、TEC 和吸气剂等成本较高的部件,金属管壳封装的成本一直居高不下,使其在低成本器件上的应用受到限制。金属管壳封装形式的探测器曾经占据了非制冷红外焦平面探测器的大部分市场,无论国外还是国内的生产厂商都有大量的此类封装产品。随着更低成本的新封装技术的日渐成熟,目前金属管壳封装形式的探测器所占市场份额已经显著减少。陶瓷管壳封装是近年来逐渐普及的红外探测器封装技术,可显著减小封装后探测器的体积和重量,且在原材料成本和制造成本上都比传统的金属管壳封装大为降低,适合大批量电子元器件的生产。陶瓷管壳封装技术的发展得益于目前无 TEC 技术的发展,省去 TEC 可以减小对封装管壳体积的要求并降低成本。

2)晶圆级封装。

晶圆级封装是近两年开始走向实用的一种新型红外探测器封装技术,需要制造与微测辐射热计晶圆相对应的另一片硅窗晶圆,硅窗晶圆通常采用单晶硅材料以获得更好的红外透射率,并在硅窗口两面都镀有防反增透膜。微测辐射热计晶圆与硅窗晶圆通过精密对位,红外探测器芯片与硅窗一一对准,在真空腔体内通过焊料环焊接在一起,最后裂片成为一个个真空密闭的晶圆级红外探测器。

与芯片级封装技术相比,晶圆级封装技术的集成度更高,工艺步骤也有所简化,更适合大批量和低成本生产[8]。晶圆级封装技术的应用为红外热成像的大规模市场(如车载、监控、手持设备等)提供了高性价比的探测器。

3)像元级封装。

超表面是一种亚波长尺度的人工制造的结构,通过对其结构的设计,能够实现对电磁波振幅、频率、相位、偏振等特性的灵活调控。将超表面吸收体集成到微测辐射热计像元上的方法得益于半导体制造工艺水平的提高,极大地推动了超表面的发展与应用,能实现超表面加工尺寸越来越小,精度越来越高,因此此方法更优。图 2-17 是其工艺过程的示意图,其中主要使用到的工艺为镀膜(如电子束蒸发、PECVD、离子束溅射)、刻蚀(如 ICP 等)、图形化(如光刻、电子束曝光等)等。

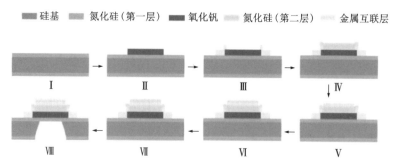

图 2-17　超表面集成式微测辐射热计工艺步骤

　　封装时采用微测辐射热计的 MEMS 工艺步骤，会继续在微桥的桥面上方生长第二层保护层，作为生长红外窗口薄膜的支撑层，待红外窗口薄膜及微盖四壁生长完成后，在真空腔体内通过窗口上的释放孔将前后两次的保护层释放掉，最后封堵住释放孔，完成像元级真空封装。

　　像元级封装技术使封装成了 MEMS 工艺过程中的一个步骤，这极大地改变了目前的封装技术形态，简化了非制冷红外焦平面探测器的制造过程，使封装成本降低到极致，更加贴近民用和消费级应用市场的需求。

　　综上所述。高性能的非制冷红外探测器的实现，关键在于探测器结构的设计以及读出电路的设计，如像元尺寸不断地减小、阵列规模持续增加、包含数字化、非均匀性矫正的片上处理系统的读出电路优化设计。低成本的关键因素取决于探测器结构的加工方式及探测器的封装方式，如晶圆级封装及低成本封装工程化应用。

2.5.5　红外测温技术

1. 红外测温仪的特点

　　红外测温仪采用非接触测量，它不需要接触到被测温度场的内部或表面，因此，不会干扰被测温度场的状态，测温仪本身也不受温度场的损伤。因其是非接触测温，所以测温仪并不处在较高或较低的温度场中，而是工作在正常的温度或测温仪允许的条件下。一般情况下可测量负几十度到三千多度的温度，测量范围广。而且只要接收到目标的红外辐射即可在短时间内定温，响应时间快；响应时间表示红外线测温仪对被测温度变化的反应速度，定义为到达最后读数的95%能量所需要的时间。对于运动的目标和快速加热的目标响应速度快是必需的。当温度变化缓慢时，响应速度快通常是不必要的。红外测温不会与接触式测温一样破坏物体本身的温度分布，因此测量精度高。物体温度只要有微小变化，辐射能量就有较大改变,故易于测出,可进行微小温度场的温度测量和温度分布测量,以及运动物体或转动物体的温度测量,灵敏度高。红外测温仪必须经过标定才能正确地显示出被测目标的温度。如果所用的测温仪在使用中出现测温不准或误差大时,则需退回厂家或维修中心重新标定。

2. 红外测温的方法

20 世纪 50 年代以来,根据使用的测量仪器的不同,利用红外技术测量温度场的方法可分为两类,即红外点温度计法和红外照相法。

红外点温度计法即使用红外点温度计测得的被测点的温度是一定面积上的平均温度,但当前国内外被测点的面积还不能足够小,而且测量点在切削区的坐标位置不易确定。

红外照相法从原理上来说是比较理想的测量方法,可以得出完整的切削区温度场。但是测温系统的响应速度不太理想,在实际应用中有较大局限性。

20 世纪 80 年代后期发展起来的红外摄像法较上述两种方法具有更好的准确性和更快的响应速度。工作原理为物体发出的红外辐射经过摄像镜头后打在红外摄像机内部的红外光敏元件板上,该板将辐射能转化成电压信号,由于温度场内不同温度的各点向外辐射红外线的强度不同,所以经过红外敏感元件板后得到的电压信号的强弱也不同,当这些不同强度的电压信号在摄像机内部转化成为全电视信号并反映在电视监视器上时,就会由于其灰度值的不同而产生亮度依次变化的温度场图像。红外图像中亮度较大的地方,表示该处的温度较高;反之,表示温度较低。这些原始的温度场图像通过录像机记录在磁带上。初期录像结束后,还要对原始图像进行图像处理,主要工作是在带有彩色监视器的个人计算机上完成。原始图像经过图像接口进入计算机,进行滤波、伪着色等处理过程,根据亮度不同,设置 16 个灰度值,将灰度值相等的区域着上同一种颜色,不同颜色代表不同的温度值,这样就可以得到温度场图。

根据黑体辐射定律,在光谱的短波段由温度引起的辐射能量的变化将超过由发射率误差所引起的辐射能量的变化。因此,测温时应尽量选用短波。在高温区,测量金属材料的最佳波长是近红外,可选用 0.9~2.5 μm 的波长。低温区测量一般选择 8~14 μm 波长的红外测温仪。其他温区可选用 1.6 μm、2.2 μm 和 3.9 μm 的波长。

另外确定距离系数这一点也很重要,如果测温仪由于环境条件限制必须安装在远离目标之处,而又要测量小的目标,就应该选择高光学分辨率的测温仪。对于固定焦距的测温仪,光斑最小位置在光学系统焦点处,近于和远于焦点位置光斑都会增大。

在实际应用中,运用红外光学系统以及黑体炉等部件与设备结合传感技术进行过程控制的工程被称为红外工程。

2.6 热电偶

在工业领域的温度测量中，热电偶的应用极为广泛。它具有结构简单、制造方便、测量范围广，精度高和输出信号便于传送的优点，通常和仪表及电子调节器配套使用。热电偶工作时不需要外加电源，它是一种无源传感器，因此常用于炉体或管道内气体及液体温度或固体表面温度的测量。

2.6.1 技术原理

热电偶是一种感温元件，是一次仪表，可直接用于测量温度，它并把温度信号转换成热电动势信号，再通过电气仪表（二次仪表）转换成被测介质的温度。

热电偶测温的基本原理是两种不同成分的材质导体组成闭合回路，当两端存在温度梯度时，回路中就会有电流通过，此时两端之间就存在电动势，即热电动势，这就是所谓的塞贝克效应。

1. 赛贝克效应

1821 年，德国人托马斯·约翰·塞贝克通过实验方法研究了电流与热的关系。他将两种不同的金属导线连接在一起，构成一个电流回路。塞贝克将两条导线首尾相连形成一个结点时突然发现，如果把其中的一个结加热到很高的温度而另一个结保持低温的话，电路周围存在磁场。在接下来的两年时间里，塞贝克将他的持续观察发现报告给普鲁士科学学会，他把这一发现描述为"温差导致的金属磁化"。塞贝克确实已经发现了热电效应，但他却做出了错误的解释：导线周围产生磁场的原因，是温度梯度导致金属在一定方向上被磁化，而非形成了电流。科学学会认为，这种现象是因为温度梯度导致了电流，继而在导线周围产生了磁场。这就是温差电现象，又称作第一热电效应，它是指两种不同电导体或半导体的温度差异而引起两种物质间的电压差的热电现象。在两种金属 A 和 B 组成的回路中，如果使两个接触点的温度不同，则在回路中将出现电流，称为热电流。塞贝克效应的实质在于两种金属接触时会产生接触电势差，该电势差取决于金属的电子逸出功和有效电子密度这两个基本因素。

因为金属的载流子浓度和费尔米能级的位置基本上都不随温度而变化，所以金属的塞贝克效应必然很小，一般塞贝克系数为 0~10 mV/K。虽然金属的塞贝克效应很小，但是在一定条件下还是可观的。于是在实际应用中以金属塞贝克效应为原理制作了检测高温的金属热电偶这一种常用的元件。

将两种不同成分的金属导体制作成热电偶电极，将两根热电偶电极的一端接合成回路，当接合点的温度不同时，就会发生热电效应，在回路中就会产生电动势，而这种电动势称为热电势。热电偶就是利用这个原理进行温度测量的，其中，直接用作测量介质温度的一端叫作工作端或测量端，另一端叫作自由端或补偿端；自由端与显示仪表或配套仪表连接，显示仪表会指出热电偶所产生的热电势。

在如图 2-18 所示的电路中，A 和 B 是两种不同金属导体，1 端称为工作端或测量端，2 端称自由端或参考端，t_1 和 t_0 分别为接点。当两种导体内部的 $N_A > N_B$ 时，会存在电子数密度梯度，导致发生由 A 向 B 的扩

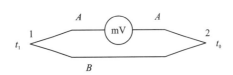

图 2-18　热电偶原理图

散现象，A 失去电子带正电，B 得到电子带负电，接触面会有电场 E 形成。最终，A、B 之间的热电势将通过毫伏表显示，数值的计算公式为：

$$E_{AB}(t, t_1) = \frac{Kt_1}{e}\ln\frac{N_A}{N_B} - \frac{Kt_0}{e}\ln\frac{N_A}{N_B} = \frac{K}{e}[t_1 - t_0]\ln\frac{N_A}{N_B} \qquad (2-62)$$

式中：N_A、N_B 分别为导体 A 和导体 B 的自由电子密度。

热电势的数值要高且稳定，具有重现性，与温度之间满足线性关系，所以两种金属导体材料的选择也非常重要。

对于热电偶的热电势，应注意以下几个问题：

（1）热电偶的热电势是热电偶两端温度函数的差，而不是热电偶两端温度差的函数。

（2）热电偶所产生的热电势的大小，当热电偶的材料是均匀的时，热电势与热电偶的长度和直径无关，只与热电偶材料的成分和两端的温差有关。

（3）当热电偶的两个热电偶丝材料成分确定后，热电偶热电势的大小，只与热电偶的温度差有关；若热电偶冷端的温度保持一定，热电偶的热电势仅是工作端温度的单值函数。

2. 回路性质

热电偶的回路具有以下几个性质特点。一是两种相同材料组成的热电偶，无论两个接点温度如何，热电偶回路中电势均为零。二是热电偶两接点温度相同时，无论热电偶电极材料是否相同，热电偶回路中电势均为零。三是热电偶所产生的热电势的大小与热电偶电极的长短、粗细等几何形状无关，与热电极中间温度分布无关。

热电偶的电极 A、B 两接点通常用电弧焊、电熔焊、锡焊等方式焊接在一起。焊点要求圆滑、直径小、接触好、牢固，可增强热电偶的灵敏度和耐用性。热电偶测温线路有两种接法。t_0 为冷端，t_1 为热端，A、B 为热电偶的正负极，热电偶电极的极性由每种热电偶电极的材料决定。对于仪表导线，测温度时要求仪表导

线与热电偶电极的两接点温度相同,否则会影响热电势的数值。

之所以热电偶自由端的温度要求是恒定的(通常需保持在 0 ℃),是因为当热电偶的一个接点保持在一个恒定不变的温度时,它的热电势仅随另一个接点的温度变化而变化,这样可以保证热电偶的热电势是温度的单值函数。当发现热电偶自由端的数值不为 0 时,应马上进行修正,这是由于其热电特性在使用过一段时间后,发生了变化。只有送检进行校正,才能保证测温的精确性。

2.6.2 材料选择

1. 热电偶种类

热电偶的电极又叫作热电偶丝,如前文所述,热电偶中会有两种热电偶丝,它们为金属导体且材质不同,根据两个热电偶丝搭配不同。热电偶可分为不同的种类,主要有 E 型热电偶、B 型热电偶、K 型热电偶、J 型热电偶、S 型热电偶这5 种。

1)E 型热电偶。

这种热电偶的金属丝材料成分如表 2-6 所示。

表 2-6　E 型热电偶金属丝材料成分表

产品名称	电极极性	代码	名义化学成分/%		
			Ni	Cr	Cu
镍铬合金丝	正极	EP	90	10	—
铜镍合金丝	负极	EN	45	—	55

E 型热电偶的热偶偶丝等级分为Ⅰ、Ⅱ、Ⅲ三级,偶丝推荐使用的温度上限如表 2-7 所示。

表 2-7　E 型热电偶偶丝推荐使用的温度上限表

偶丝直径/mm	长期使用温度上限/℃	短期使用温度上限/℃
0.3、0.5	350	450
0.8、1.0、1.2	450	550
1.6、2.0	550	650
2.5	650	750
3.2	750	850

技术要求方面，偶丝表面质量检测方法为采用体显显微镜进行观测，判断标准是偶丝表面颜色均匀、光洁、无油污、无折叠、无裂纹、无毛刺及夹层。偶丝尺寸的检测方法为用精度不低于 0.01 mm 的千分尺在偶丝同一截面两个垂直的方向上进行测量，每圈(盘)偶丝至少应测试 3 个不同部位。偶丝尺寸的判断标准如表 2-8 所示。

表 2-8　E 型热电偶偶丝尺寸判断标准表　　　　单位：mm

直径	0.3	0.5	0.8	1.0	1.2	1.6	2.0	2.5	3.2
允许偏差	-0.04	-0.05			-0.06		-0.08		-0.10

对于 E 型热电偶中各种规格的偶丝，当参考温度为 0 ℃，测量端温度为表 2-9 规定温度时，整圈正极或负极的不均匀热电动势应不超过表 2-9 的规定。

表 2-9　E 型热电偶偶丝不均匀热电动势表

偶丝直径/mm	测量端温度 /℃	不均匀热电动势/μV		
		Ⅰ级	Ⅱ级	Ⅲ级
0.3　0.5　0.8　1.0　1.2	400	40/50	70/90	—
1.6　2.0	600	55/75	100/140	—
2.5　3.2	700	60/85	115/160	—

测试稳定性的实验方法为将正负极偶丝焊成热电偶，并与标准铂铑 10-铂热电偶捆扎在一起；标准热电偶测量端应套上一段封闭的高温氧化铝管，装入热电偶检定炉内，样品插入炉内深度不少于 300 mm，炉内温度升高到表 2-10 规定的温度后，开始测量其热电动势，且每隔 1 h 测量 1 次；当其热电动势值的变化稳定在 80 μV 范围内时，所测得的热电动势作为第一次测量值 E_0，同时记录时间，作为稳定性实验的起始时间；连续保温并每隔数小时对热电动势进行监测，200 h 内所测电动势值 E 与 E_0 最大差值的绝对值为其稳定性值。

稳定性的判断标准为加热前后在该温度点热电动势变化的绝对值不超过表 2-10 的规定。

表 2-10　稳定性判断标准表

偶丝直径/mm	实验温度/℃	热电动势变化/μV	相当于温度值/℃
0.3　0.5	440±10	272	3.38
0.8　1.0　1.2	540±10	334	4.13
1.6　2.0	640±10	390	4.88
2.5	740±10	445	5.63
3.2	890±10	494	6.38

E 型热偶合金丝性能参数如表 2-11 所示。

表 2-11　E 型热偶合金丝性能参数表

性能参数	镍铬合金丝	铜镍合金丝
熔点/℃	1427	1220
密度/$(g \cdot cm^{-2})$	8.50	8.80
抗拉强度/$(N \cdot cm^{-2})$	≥490	≥390
伸长率$(L=100\ mm)$/%	≥25	≥25

2)B 型热电偶。

这种热电偶的金属丝材料成分如表 2-12 所示。

表 2-12　B 型热电偶金属丝材料成分表

产品名称	电极极性	代码	名义化学成分/%	
			Pt	Rh
铂铑 30 合金丝	正极	BP	70	30
铂铑 6 合金丝	负极	BN	94	6

B 型热电偶的偶丝等级分为 I 、Ⅱ 两级,偶丝推荐使用的温度上限如表 2-13 所示。

表 2-13 B 型热电偶偶丝温度上限表

偶丝直径/mm	长期使用温度上限/℃	短期使用温度上限/℃
0.5	1600	1700

技术要求方面,偶丝表面质量检测方法为采用体显显微镜进行观测,判断标准是偶丝表面颜色均匀、光洁、无油污、无折叠、无裂纹、无毛刺及夹层。偶丝尺寸的检测方法为用精度不低于 0.001 mm 千分尺在偶丝同一截面两个垂直的方向上进行测量,每圈(盘)偶丝至少应测试 3 个不同部位。偶丝尺寸的判断标准见表 2-14。

表 2-14 B 型热电偶偶丝尺寸判断标准表　　　　　　　单位: mm

直径	允许偏差
0.5	−0.015

对于 B 型热电偶中各种规格的偶丝,当参考温度为 0 ℃,测量端温度为表 2-15 规定的温度时,整圈正极或负极的不均匀热电动势应不超过表 2-15 的规定。

表 2-15 B 型热电偶偶丝不均匀热电动势表

偶丝名称	不均匀热电动势/μV		
	Ⅰ 级	Ⅱ 级	Ⅲ 级
铂铑 30 合金丝	10	10	20
铂铑 6 合金丝	12	13	25

测试稳定性的实验方法为将正负极偶丝焊成热电偶,并与标准铂铑 10-铂热电偶捆扎在一起,标准热电偶测量端应套上一段封闭的高温氧化铝管,装入热电偶检定炉内,样品插入炉内深度不少于 300 mm。测完 1500 ℃热电动势后,将其置于(1500+10)℃的高温管状电炉内保温 200 h,取出后再次在 1500 ℃测试其热电动势。

稳定性的判断标准为保温前后在 1500 ℃的热电动势变化的绝对值不超过 46 μV,即 4 ℃。

B 型热电偶合金丝性能参数如表 2-16 所示。

表 2-16　B 型热电偶合金丝性能参数表

性能参数	铂铑 30 合金丝	铂铑 6 合金丝
熔点/℃	1927	1826
密度/($g \cdot cm^{-2}$)	17.60	20.60
抗拉强度/($N \cdot cm^{-2}$)	483	276
伸长率($L = 100\ mm$)/%	30	35
每米偶丝质量/g	3.45	4.04

3) K 型热电偶。

这种热电偶的金属丝材料成分如表 2-17 所示。

表 2-17　K 型热电偶金属丝材料成分表

产品名称	电极极性	代号	名义化学成分/%		
			Ni	Cr	Si
镍铬合金丝	正极	KP	90	10	—
镍硅合金丝	负极	KN	97	—	3

K 型热电偶的热偶偶丝等级分为 Ⅰ 、Ⅱ 、Ⅲ 三级，偶丝推荐使用的温度上限如表 2-18 所示。

表 2-18　K 型热电偶偶丝温度上限表

偶丝直径/mm	长期使用温度上限/℃	短期使用温度上限/℃
0.3	700	800
0.5	800	900
0.5　1.0	900	1000
1.2　1.6	1000	1100
2.0　2.5	1100	1200
3.2	1200	1300

技术要求方面，偶丝表面质量检测方法为采用体显显微镜进行观测，判断标准是偶丝表面颜色均匀、光洁、无油污、无折叠、无裂纹、无毛刺及夹层。偶丝尺

寸的检测方法为用精度不低于 0.01 mm 的千分尺在偶丝同一截面两个垂直的方向上进行测量,每圈(盘)偶丝至少应测试 3 个不同部位。偶丝尺寸的判断标准见表 2-19。

表 2-19 K 型热电偶偶丝尺寸判断标准表　　　　　　　　单位: mm

直径	0.3	0.5	0.8	1.0	1.2	1.6	2.0	2.5	3.2
允许偏差	-0.04	-0.05		-0.06		-0.08		-0.10	

对于 K 型热电偶中各种规格的偶丝,当参考温度为 0 ℃,测量端温度为表 2-20 规定的温度时,整圈正极或负极的不均匀热电动势应不超过表 2-20 规定。

表 2-20 K 型热电偶偶丝不均匀热电动势表

偶丝直径/mm	测量端温度/℃	不均匀热电动势/μV		
		Ⅰ级	Ⅱ级	Ⅲ级
0.3	700	35	70	—
0.5　0.8　1.0	800	40	80	—
1.2　1.6　2.0　2.5　3.2	700	50	100	—

测试稳定性的实验方法为将正负极偶丝焊成热电偶,并与标准铂铑 10-铂热电偶捆扎在一起;标准热电偶测量端应套上一段封闭的高温氧化铝管,装入热电偶检定炉内,样品插入炉内深度不少于 300 mm,炉内温度升高到表 2-21 规定的温度后,开始测量其热电动势,且每隔 1 h 测量 1 次;当其热电动势值的变化稳定在 60 μV 范围内时,所测得的热电动势作为第一次测量值 E_0,同时记录时间,作为稳定性实验的起始时间;连续保温并每隔数小时对热电动势进行监测,200 h 内所测电动势值 E 与 E_0 最大差值的绝对值为其稳定性值。

稳定性的判断标准为加热前后在该温度点热电动势变化的绝对值不超过表 2-21 的规定。

表 2-21 K 型热电偶稳定性判断标准表

偶丝直径/mm	实验温度/℃	热电动势变化/μV	相当于温度值/℃
0.3	790±10	246	6.00
0.5	890±10	270	6.75
0.8 1.0	990±10	292	7.50
1.2 1.6	1090±10	312	8.25
2.0 2.5	1190±10	329	9.00
3.2	1290±10	340	9.75

K 型热电偶合金丝性能参数如表 2-22 所示。

表 2-22 K 型热电偶合金丝性能参数表

性能参数	镍铬合金丝	镍硅合金丝
熔点/℃	1427	1399
密度/$(g \cdot cm^{-2})$	8.50	8.60
抗拉强度/$(N \cdot cm^{-2})$	≥490	≥390
伸长率($L=100$ mm)/%	≥10	≥15

4)J 型热电偶。

这种热电偶的金属丝材料成分如表 2-23 所示。

表 2-23 J 型热电偶金属丝材料成分表

产品名称	极性	代号	名义化学成分/%		
			Ni	Fe	Cu
纯铁丝	正极	JP	—	100	—
铜镍合金丝	负极	JN	45	—	55

J 型热电偶的热偶偶丝等级分为 I 、II 两级,偶丝推荐使用的温度上限见表 2-24。

表 2-24　J 型热电偶偶丝温度上限表

偶丝直径/mm	长期使用温度上限/℃	短期使用温度上限/℃
0.3　0.5	300	400
0.8　1.0　1.2	400	500
1.6　2.0	500	600
2.5　3.2	600	700

技术要求方面，偶丝表面质量检测方法为采用体显显微镜进行观测，判断标准是偶丝表面颜色均匀、光洁、无油污、无折叠、无裂纹、无毛刺及夹层。偶丝尺寸的检测方法为用精度不低于 0.01 mm 千分尺在偶丝同一截面两个垂直的方向上进行测量，每圈(盘)偶丝至少应测试三个不同部位。偶丝尺寸的判断标准如表 2-25 所示。

表 2-25　J 型热电偶偶丝尺寸判断标准表　　　　　单位：mm

直径	0.3	0.5	0.8	1.0	1.2	1.6	2.0	2.5	3.2
允许偏差	-0.04	-0.05		-0.06		-0.08		-0.10	

对于 J 型热电偶中各种规格的偶丝，当参考温度为 0 ℃，测量端温度为表 2-26 规定的温度时，整圈正极或负极的不均匀热电动势应不超过表 2-26 的规定。

表 2-26　J 型热电偶偶丝不均匀热电动势表

偶丝直径/mm	测量端温度/℃	不均匀热电动势/μV	
		Ⅰ级	Ⅱ级
0.3　0.5	300	10/45	20/75
0.8　1.0　1.2	400	10/50	20/90
1.6　2.0	500	10/60	25/115
2.5　3.2	600	20/75	35/140

测试稳定性的实验方法为将正负极偶丝焊成热电偶，并与标准铂铑 10-铂热电偶捆扎在一起，标准热电偶测量端应套上一段封闭的高温氧化铝管，装入热电偶检定炉内，样品插入炉内深度不少于 300 mm，炉内温度升高到表 2-27 规定的

温度后，开始测量其热电动势，且每隔 1 h 测量 1 次，当其热电动势值的变化稳定在 60 μV 范围内时，所测得的热电动势作为第一次测量值 E_0，同时记录时间，作为稳定性实验的起始时间；连续保温并每隔数小时对热电动势进行监测，200 h 内所测电动势值 E 与 E_0 最大差值的绝对值为其稳定性值。

稳定性的判断标准为加热前后在该温度点热电动势变化的绝对值不超过表 2-27 规定。

表 2-27 J 型热电偶稳定性判断标准表

偶丝直径/mm	实验温度/℃	热电动势变化/μV	相当于温度值/℃
0.3 0.5	390±10	225	3.00
0.8 1.0 1.2	490±10	246	3.75
1.6 2.0	590±10	263	4.50
2.5 3.2	740±10	278	5.63

J 型热电偶合金丝性能参数如表 2-28 所示。

表 2-28 J 型热电偶合金丝性能参数表

性能参数	纯铁丝	铜镍合金丝
熔点/℃	1402	1220
密度/(g·cm^{-2})	7.80	8.80
抗拉强度/(N·cm^{-2})	≥240	≥390
伸长率($L=100$ mm)/%	≥20	≥25

5)S 型热电偶。

这种热电偶的金属丝材料成分如表 2-29 所示。

表 2-29 S 型热电偶金属丝材料成分表

产品名称	极性	代号	名义化学成分/%	
			Pt	Rh
铂铑 10 合金丝	正极	SP	90	10
铂丝	负极	SN	100	—

　　S 型热电偶的热偶偶丝等级分为Ⅰ、Ⅱ两级，偶丝推荐使用的温度上限如表 2-30 所示。

表 2-30　S 型热电偶偶丝温度上限表

偶丝直径/mm	长期使用温度上限/℃	短期使用温度上限/℃
0.5	1100	1600

　　技术要求方面，偶丝表面质量检测方法为采用体显显微镜进行观测，判断标准是偶丝表面颜色均匀、光洁、无油污、无折叠、无裂纹、无毛刺及夹层。偶丝尺寸的检测方法为用精度不低于 0.001 mm 千分尺在偶丝同一截面两个垂直的方向上进行测量，每圈(盘)偶丝至少应测试三个不同部位。偶丝尺寸的判断标准如表 2-31 所示。

表 2-31　S 型热电偶偶丝尺寸判断标准表　　　　单位：mm

直径	允许偏差
0.5	−0.015

　　对于 S 型热电偶中各种规格的偶丝，当参考温度为 0 ℃，测量端温度为 800~1200 ℃时，不均匀热电动势应不超过表 2-32 的规定。

表 2-32　S 型热电偶不均匀热电动势表

偶丝名称	不均匀热电动势/μV		
	标准级	Ⅰ级	Ⅱ级
铂铑 10 合金丝	9	9	18
铂丝	3	3	16

　　S 型热偶合金丝性能参数见表 2-33。

表 2-33　S 型热电偶合金丝性能参数表

性能参数	铂铑 10 合金丝	铂丝
熔点/℃	1847	1769
密度/(g·cm^{-2})	20.00	21.46
抗拉强度/(N·cm^{-2})	314	137

续表2-33

性能参数	铂铑10合金丝	铂丝
伸长率($L=100$ mm)/%	35	40
每米偶丝质量/g	3.94	4.21

2.套管材质

为了防止作为金属导体的两根热偶电极在自由端和工作端之间相触连接,导致形成多个回路,需要用绝缘材料将两根热偶电极隔开。除了内部套管,热电偶的外部还需要有保护套管。热电偶保护套管的材料性能影响热电偶的长期稳定性和使用寿命等各项性能指标,特别是在高温下工作的热电偶,对其材料有更高的要求。比如钢水连续测温,热电偶保护套管不但要承受高温,还要受到炽热钢水的腐蚀和冲击。而在循环流化床锅炉中测温时,不但有高温氧化和高温腐蚀,还有流动性粉体的高温冲蚀磨损。考虑到热电偶采用接触的电量式测温方法,因此绝缘材料还需要耐高温,具有较高的熔点。通常采用耐高温、抗氧化,但不抗冲击,性脆易碎,热响应敏感性差的非金属材料。制作套管用的非金属材料及种类如表2-34所示。

表 2-34　用作套管的非金属材料及种类表

材质	使用温度/℃	特点及用途
碳化硅	900	热导率高,抗热震性好,气密性和机械强度差
氮化硅	1000	具有较好的抗铝溶液的冲刷能力,机加工性能好,适用于铝液的温度测量
石英	1200	气密性、耐腐蚀性和抗热震性好,适用于氧化性氛围
刚玉	1600	耐高温剧变,化学性能稳定,高温下的绝缘性能好,适用于测量高温的热电偶保护。广泛应用于炉窑和钢铁行业测温
氧化镁	1600	具有良好的高温绝缘能力,导热性好,抗还原性差,机械性能较差,极易受潮。用于高温且对绝缘性要求高的炉窑
二硅化钼	1600	抗氧化性和抗腐蚀性强,气密性好,有一定的耐高温剧变性能,适用于在含有硫的介质中进行测量
氧化锆	1600	具有耐高温、耐磨损、耐腐蚀、电绝缘性能好等优点,广泛用于石油化工、纺织造纸、粉末冶金、机械电子行业
氧化铍	1700	热导率高,气密性和抗热震性好,但制造困难且价格昂贵
石墨	1800	导热性、耐腐蚀性和抗热震性好,极易氧化,机械强度低,常用于熔融金属测量

通常热电偶的内部套管会选择刚玉材料，而外部保护套管的材料会选择石英材料或者如铠装式热电偶用的合金材料。热电偶保护管合金材质及常用温度范围见表 2-35。

表 2-35　合金材质及常用温度范围表

材质代码	组成	常用温度/℃	特性
304	00Cr18Ni10	−200~800	碳含量低，具有良好的耐晶间腐蚀性，通常作为一般耐热钢使用
304L	00Cr18Ni10	−200~800	
310S	25Cr20NiFe	−200~1000	具有高温抗氧化性，耐腐蚀型通常作为热钢使用
316	00Cr17Ni14Mo2	−200~750	低碳含量，具有良好耐晶间腐蚀性，作为耐腐蚀钢使用
316L	1Cr18Ni12Mo2Ti	−200~750	超低碳含量，具有良好耐晶间腐蚀性，作为耐腐蚀钢使用
321	1Cr18Ni9Ti	−200~800	具有高温耐腐蚀性，一般作耐热钢使用
GH3030		0~1100	耐热冲击好，但强度低；耐酸性好，耐碱性差，在氢气及还原性气体中气密性差

2.6.3　结构设计

1. 单芯热偶

热偶的前端为测量端区，测量端区在结构形式上分为接壳型、绝缘型、分离绝缘型和共端绝缘型。测量端区外套管的直径及其偏差如表 2-36 所示。

表 2-36　外套管直径及其偏差表　　　　单位：mm

直径	0.5	1.0	1.5	2.0	2.5	4.0	4.5	5.0	6.0
允许偏差	±0.025				±0.030	±0.040	±0.045	±0.050	±0.060

热偶的测量端截面图见图 2-19，其中 d 为套管直径，C 为热电偶的偶丝直径，T 为套管壁厚，I 为绝缘层厚度，它们的计量单位均为 mm。

当套管直径确定时，套管壁厚、热电偶的偶丝直径、绝缘层厚度的最小值分别如表 2-37 所示。

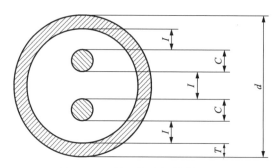

图 2-19　单芯热电偶横截面图

表 2-37　套管壁厚、偶丝直径、绝缘层厚度表　　　　单位：mm

d	T_{min}	C_{min}	I_{min}
0.5	0.05	0.08	0.04
1.0	0.10	0.15	0.08
1.5	0.15	0.23	0.12
2.0	0.20	0.30	0.16
3.0	0.30	0.45	0.24
4.0	0.40	0.60	0.32
4.5	0.45	0.68	0.36
5.0	0.50	0.75	0.40
6.0	0.60	0.90	0.48
8.0	0.80	1.20	0.64

依据表 2-37 选型，在测量端将两根偶丝焊接，用封头和绝缘材料保护便可完成单芯热偶的设计。

2. 铠装热偶

铠装热电偶的基本结构主要由接线盒、接线端子和铠装热电偶元件等组成，并配以各种安装固定装置。安装固定装置供用户安装时使用。铠装热电偶有无固定装置、固定卡套式、可动卡套式、固定法兰式、可动法兰式 5 种结构型式。固定卡套式只供一次性固定使用，可动卡套式可多次固定使用。它的主要特点就是测温范围宽，性能比较稳定，同时结构简单，动态响应好，能够远传 4～20 mA 的电信号，便于自动控制和集中控制。另外，热响应时间少，减少了动态误差；可弯曲安装使用；测量范围大；机械强度高，耐压性能好。

硅基卧式工艺炉的配套产品设计考虑到设备的控温精度及净化要求,从避免合金产生金属污染的角度出发,最后确定了如图 2-20 所示的结构,选用石英作为保护套管的六段式铠装热电偶。

1—热偶丝;2—固定组件;3—把手;4—保护套管。

图 2-20 铠装热电偶

图 2-20 中 1 为热偶丝,由两个热电极加上将之绝缘分离的双孔细刚玉套管组成。其外部结构,有 3 个部分,其中 2 为固定组件、3 为把手,4 为保护套管,充氮后密封实现一体化封装。用具有与所接的热偶的热电性相同的一对相互绝缘的导线与电子调节器相连接,这对导线就是补偿导线,它们的作用是补偿热电偶接线端至显示与控制仪表之间由温差所产生的热电动势。

3. 柔性新型

国家光伏装备工程技术研究中心新研发了一款大口径,炉体高度超过 2 m 的立式硅基工艺炉。如何制作一款能够与设备配套,便于安装和进行温度测量的热偶自然成了重要的设计任务工作。考虑到炉体的高度和管径,为了便于拆卸维修,设计师们决定从热电偶的外部开始改造,最终设计出热偶保护套管和石英管合为一体的新型反应管以及整体可拆卸的柔性结构热偶[9]。具体的外部结构在卧放下的示意图如图 2-21 所示,其中 1 为石英管,热偶套管通过焊接方式与石英管成为一个整体,热偶套管的端面与热偶固定座通过图 2-21 中 3 的双密封圈结构实现固定,热偶固定座上面的沉头孔用于热偶丝的定位和导向,沉头孔的端面能实现控制热偶监测点相对应于反应管固定位置的作用。

因为本装置为立式炉,热偶丝的放置方向为竖直方向,在重力作用下能自动实现导向作用,所以在热偶的固定组件中制作了弹性张紧装置。如图 2-21 所示,4 为前端装置,5 为后端装置。在固定组件中,单根热偶丝的固定先通过前端装置实现前端的固定,再通过后端装置实现后端的固定,以保证热偶与石英管的相对位置不变。同时弹性接头对于脆性的刚玉套管而言,在面对非正常的抖动时,还能起到一定的保护作用。

外部结构制作完成后,接着需要考虑的便是如何制作柔性且易于更换的热偶丝。相较于可拉伸的金属热电极,作为避免热电偶偶丝与被测介质接触而以保护

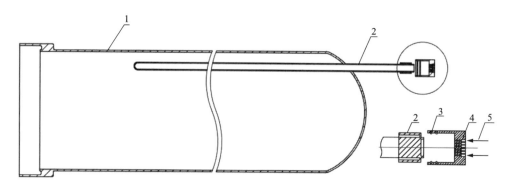

1—石英管；2—热偶一体套管；3—双密封圈；4—前端装置；5—后端装置。

图 2-21　卧放立式反应管

措施存在的刚玉套管的改造设计则成了工作的重点。通过一段时间的研究，最终制作出了分段式刚玉套管结构的热偶丝，如图 2-22 所示。

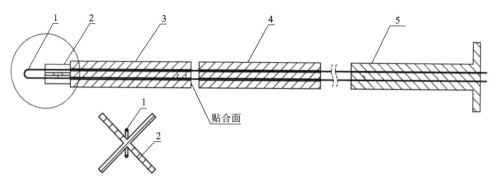

1—热电极；2—刚玉插件；3—首端刚玉套管；4—中间刚玉套管；5—尾端刚玉套管。

图 2-22　分段式刚玉套管内部结构示意图

　　和传统的热偶丝不同，此款设计将刚玉套管内部分为多段，首段刚玉套管前、后部和中间刚玉套管的后部有片状的凸起接口，中间刚玉套管和尾端刚玉套管的前部有片状的凹槽，各刚玉套管之间通过力的作用即可实现贴合，相互嵌入固定。各段刚玉套管中开两孔用于插热电极，且每个刚玉套管的这两个孔位之间留有足够间隙，保证两根热偶丝不会相互接触造成热偶失效。图 2-22 中只有一个中间刚玉套管，但在实际应用中，如果热偶丝继续增长，还可以在现有基础上加入中间套管，数量视长度而定。尾端刚玉套管的根部设有法兰盘，使其能实现在固定座上的固定。在刚玉套管的首端，选择如图 2-22 所示的垂直交叉构造，末端采用片状凹槽的刚玉插件作为隔离装置,将两根金属导体材质的电极分开。两根热电极在刚玉插件前方,通过焊接连接在一起。

此套结构相较于传统的热电偶有很大的优势。首先在性能上,由于此款热偶使用的装置为立式炉,外部结构为套管和石英管一体化,相较于传统的充入惰性气体的一体化式热偶,灵敏度更高。其次在成本上,除对其外部结构进行优化,在内部结构设计上进行了改进,维修时更换刚玉套管更加方便,可根据需要分段更换;热电极属于昂贵的金属材料,此款设计,便于烧断偶丝的取出,进行二次利用,不管是对人或者对物都非常方便。

在热工装备中,作为传统的温度探测器件,热电偶常与温度调节器搭配使用。本节详细介绍了热电偶原理、种类、结构与制造的相关内容。

第 3 章　调节技术及应用

3.1　调节控制规律

3.1.1　概述

PID 控制中 PID 是比例的英文单词 proportional、积分的英文单词 integral、微分的英文单词 derivative 的首个字母的大写结合，是比例微分积分控制的简称，又称为 PID 调节。

在生产过程自动控制的发展历程中，PID 控制是历史最久、生命力最强的基本控制方式[10]。在 20 世纪 40 年代以前，除在最简单的情况下采用开关控制外，它是唯一的控制方式。此后，随着电子计算机的诞生和科学技术的发展，涌现出许多新的控制方法。虽然有很多新的控制方法，可直到现在，传统的 PID 控制由于其自身的优越性，仍旧是应用最广泛的基本控制方式。

PID 控制的原理简单，使用方便。PID 控制在实践过程中经历了机械式、液动式、气动式、电子式等发展阶段。它的适应性强，基于 PID 控制的自动调节器早已商品化，广泛应用于化工、热工、冶金、炼油、造纸、纺织等行业生产部门。PID 控制品质对被控对象特性变化不太敏感，控制过程中系统鲁棒性强；即使是目前最新式的过程控制计算机，它的基本控制功能仍然是 PID 控制。

由于 PID 控制具有诸多优点，因此在过程控制中，人们首先想到的总是 PID 控制。一个大型的现代化生产装置的控制回路可能多达一二百个甚至更多，其中绝大部分都采用 PID 控制。由此可见，在过程控制中，PID 控制的重要性十分明显。

在反馈控制系统中，自动调节器和被控对象构成一个闭合回路。当系统中连接出闭合回路时，可能出现正反馈和负反馈这两种情况。正反馈的作用是加剧被控对象流入量、流出量的不平衡，从而导致控制系统不稳定；负反馈的作用则是缓解对象中的不平衡，这样才能达到自动控制的目的。PID 控制是负反馈控制中的一种。

生产过程的典型控制系统分为控制器和广义对象两部分，包括调节器、被控对象和测量变送元件在内的广义对象的传递函数是控制器的传递函数。按仪表制造业的规定，进入控制器运算部分的偏差信号为给定值与被控量的测量值之差。

负反馈和控制器的作用方式是两个不同的概念。控制系统必须是负反馈，而在实际控制系统中，由于控制器的信号输入通道的连接方式不同，为了实现负反馈控制，往往需要调整控制器的作用方式。

为了适应不同被控对象实现负反馈控制的需要，工业控制器中都设置有正、反作用开关，以便根据需要将控制器置于正作用方式或者反作用方式。判断控制器正反作用的基本原则是控制器的入口偏差与出口控制作用变化方向是否一致。所谓正作用方式是指偏差信号与控制器的输出信号的变化方向一致，即如果偏差信号为增加的量，同时控制器的输出信号是增大的作用，在此情况下整个控制器的增益为正，这时控制器为正作用。反之，当控制器的偏差信号为增加的量，而控制器的输出信号是减小的作用且此情况下整个控制器的增益为负，这时控制器为反作用。对于一个实际的生产过程，它的广义被控对象的增益可以是负数也可以是正数，适当选取控制器的作用方式，就可以保证系统工作在负反馈控制方式下。

3.1.2　调节原理

自动控制系统由被控对象和自动控制设备组成。自动控制设备是构成自动控制系统的核心部分，它主要包括测量变送单元、控制单元和执行单元。测量变送单元主要对生产过程参数进行测量和信号转换，控制单元发出控制指令，使执行单元实施动作，最终使生产过程自动地按照预定的控制规律运行。由于测量变送单元和执行单元的动态特性一般都可以近似为比例运算环节，因此控制单元特性将直接影响自动控制系统的品质指标。

根据自动控制系统组成原理，它的控制质量主要取决于组成控制系统的被控对象和控制器的动态特性。一般情况下，被控对象的动态特性是很难通过人为地调整加以改变的。所以，为了得到满意的控制过程，通常根据被控对象的动态特性选择合适的控制器及控制规律。控制器的动态特性也称为控制器的控制规律，是控制器的输入信号（一般为被控量与给定值的偏差信号）与输出信号之间的动态关系。

常用的调节器以比例、积分、微分这三种基本调节作用为基础，按不同的调节控制规律将基本调节作用互相结合，可分为比例调节器、比例积分调节器、比例微分调节器、比例积分微分调节器。以下将分析和比较不同的基本调节作用和各类调节器。

1. 基本调节作用

比例作用是指调节器的输出控制信号 $\mu(t)$ 与它的输入信号 $e(t)$ 之间的比例关系，比例作用的动态方程式为

$$\mu(t) = K_p e(t) \tag{3-1}$$

或者

$$\mu(t) = \frac{1}{\delta} e(t) \tag{3-2}$$

$$\delta = \frac{1}{K_p} \tag{3-3}$$

式中：$\mu(t)$ 为调节器的输出信号，执行机构的位移；$e(t)$ 为调节器的输入信号，为给定值与被控量的偏差；K_p 为比例系数或比例的增益；δ 为比例系数 K_p 的倒数，即调节器内部机关完全改变后偏差应该有的改变量，称为比例带。

根据比例作用的动态方程式可以看出，比例作用的规律是输入信号越大，调节器内部执行机关的位移越大，调节器的输出信号也越大。输入信号的变化速度越快，调节器内部执行机关的移动速度也越快。这说明比例作用无惯性、无迟延、动作快，而且调节动作的方向正确。因此，比例作用在控制系统中是促使控制过程稳定的因素。比例作用的传递函数式为

$$W_p(s) = \frac{\mu(s)}{E(s)} = K_p \tag{3-4}$$

当采用比例作用调节器时，调节器内部执行机关位移量 $\mu(t)$ 与被控量或相关变量的数值之间必然存在着一一对应的关系，其中，t 为时间，S 为变化速率。因此，在不同负荷（即对应不同的控制机关位置）时，被控量与给定值之间的偏差也不同；简单地说，当调节过程结束时，被控量总是有偏差的。合理确定比例带，一般总能使系统达到稳定。比例带 δ 越大，对提高稳定性愈有利，而在调节过程速度越慢的情况下，静态时被控量与设定值偏差也越大。

积分作用是指调节器内部机关位移量的变化速度 $\dfrac{\mathrm{d}\mu(t)}{\mathrm{d}t}$ 与偏差信号 $e(t)$ 两者之间的比例关系，积分作用的动态方程式为

$$\mu(t) = K_I \int_0^t e(t)\,\mathrm{d}t \tag{3-5}$$

式中：K_I 为积分作用的比例系数。从式(3-5)中可以看出，如果被控量不等于给定值，即偏差信号不为零时，执行机构就不会停止动作；只有当偏差消失时，执行机构才会停止动作；因此，在调节过程结束时，被控量必定是无偏差的。

调节器内部机关位移量的变化速度计算公式为

$$\frac{\mathrm{d}\mu(t)}{\mathrm{d}t} = K_{\mathrm{I}}e(t) \tag{3-6}$$

式(3-6)说明积分作用不能判断偏差信号 e 的变化趋势，即调节器内部执行机关的移动速度只与偏差信号 e 的大小成正比，无须考虑偏差变化速度的大小和方向。这一特点使积分调节作用有时会产生方向错误，容易引起调节过程振荡，所以积分作用在控制系统中是使控制过程振荡的因素。这种控制作用很少单独使用，它的传递函数为 $W_{\mathrm{I}}(s)$。

$$W_{\mathrm{I}}(s) = \frac{\mu(s)}{E(s)} = \frac{K_{\mathrm{I}}}{s} \tag{3-7}$$

微分作用是指调节器内部执行机关位移量 $\mu(t)$ 与偏差信号 $e(t)$ 的变化速度之间的比例关系。微分作用的动态方程式为

$$\mu(t) = K_{\mathrm{D}}\frac{\mathrm{d}e(t)}{\mathrm{d}t} \tag{3-8}$$

式中：K_{D} 为微分作用的比例系数。由微分作用的动态方程式可知，当调节过程结束时，偏差 e 不应该再变化，$\frac{\mathrm{d}e(t)}{\mathrm{d}t}$ 必须等于零，故调节器内部执行机关的位置不会有变化，即执行机构的位置最后总是恢复到原来的数值，这样就不能适应负荷的变化，不能满足控制的要求。因此，微分作用对恒定不变的偏差是没有克服能力的，仅有微分作用是不能执行控制任务的，微分作用也只能是调节器控制作用的一个组成部分。微分作用的传递函数为 $W_{\mathrm{D}}(s)$。

$$W_{\mathrm{D}}(s) = \frac{\mu(s)}{E(s)} = K_{\mathrm{b}}s \tag{3-9}$$

式中：K_{b} 为传递函数的比例系数；s 为变化速率。

微分作用的特点是它的控制作用与偏差的变化速度成正比。在调节过程的开始阶段，被控量虽然偏离给定值不大，但如果其变化速度较快，微分作用可以使执行机构产生一个较大的位移。通俗地说微分作用较比例作用和积分作用超前，它加强了控制作用，限制了偏差的进一步增大，因此微分作用可以有效地减少动态偏差。简单而言，微分作用在控制系统中能提高控制过程的稳定性。

综上所述，比例作用可以使控制过程趋于稳定，但单独使用时，被控量会产生出静态偏差；积分作用只有在对象自平衡能力大、惯性和迟延很小等极少的情况下才能够单独应用，否则会使控制过程变得振荡甚至不稳定，但积分作用可以消除静态偏差；微分作用能有效地减小动态偏差，提高系统的稳定性，但是不能单独使用。工业应用中，根据比例作用、积分作用、微分作用各自的特点，会按照实际情况将它们单独或组合使用。

2. 比例调节器

比例调节器只包含比例作用,它的动态方程式和传递函数都与比例作用相同。

比例调节器的阶跃响应曲线如图 3-1 所示。δ 是可调的,为表示比例作用强弱的参数,δ 越大比例作用越弱;δ 越小比例作用越强。可以看出输出信号对输入信号的响应无迟延、无惯性。由于调节方向正确,比例调节器在控制系统中是使控制过程稳定的因素。当控制对象的负荷发生变化之后,执行机构必须移动到一个与负荷相适应的位置才能使控制对象再度平衡。因此,调节的结果是有差的,比例调节器又被称为有差调节器。

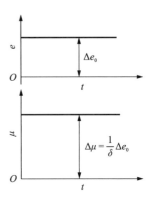

图 3-1 比例调节器的阶跃响应曲线

3. 比例积分调节器

比例积分调节器的作用是比例作用和积分作用的叠加,它的动态方程式为

$$\mu = K_p\left(e + \frac{1}{T_I}\int_0^t edt\right) \tag{3-10}$$

$$\mu = \frac{1}{\delta}\left(e + \frac{1}{T_I}\int_0^t edt\right) \tag{3-11}$$

调节器的传递函数为

$$W_{PI}(s) = \frac{\mu(s)}{E(s)} = \frac{1}{\delta(1 + T_I s)} \tag{3-12}$$

式中:T_I 是积分时间。比例积分调节器的阶跃响应曲线如图 3-2 所示。

阶跃响应曲线的方程式为

$$\mu = \frac{1}{\delta}\Delta e_0 + \frac{1}{\delta T_I}\Delta e_0 t \tag{3-13}$$

比例积分调节器有两个可供调整的参数,即 δ 和 T_I。T_I 越小,表示积分作用越强;反之,T_I 越大,表示积分作用越弱。δ 不但影响比例作用的强弱,而且影响积分作用的强弱。由于比例积分调节器是在比例调节的基础上又加上积分调节,相当于在粗调的基础上再加上细调,能使控制过

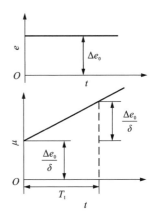

图 3-2 比例积分调节器的阶跃响应曲线

程结束后没有静态偏差。当 T_I 趋近于无穷大时,比例积分调节器便成为比例调

节器；当 δ 趋近于零时，比例积分调节器便成为积分调节器。

4. 比例微分调节器

比例微分调节器的作用是比例作用和微分作用的叠加。理想的比例微分调节器的动态方程式为

$$\mu = K_{\mathrm{p}}e + K_{\mathrm{D}}\frac{\mathrm{d}e}{\mathrm{d}t} = K_{\mathrm{p}}\left(e + \frac{K_{\mathrm{D}}}{K_{\mathrm{p}}}\frac{\mathrm{d}e}{\mathrm{d}t}\right) \tag{3-14}$$

或者

$$\mu = \frac{1}{\delta}\left(e + T_{\mathrm{D}}\frac{\mathrm{d}e}{\mathrm{d}t}\right) \tag{3-15}$$

比例微分调节器的传递函数为

$$W_{\mathrm{PD}}(s) = \frac{\mu(s)}{E(s)} = \frac{1}{\delta}(1 + T_{\mathrm{D}}s) \tag{3-16}$$

比例微分调节器的阶跃响应曲线如图 3-3(a) 所示。由于微分作用，当输入信号阶跃变化时，输出信号 μ 立即升至无穷大并瞬时消失，余下比例作用的响应曲线。

比例微分调节器有两个可供调整的参数，即 K_{D} 和 K_{P} 或 δ 和 T_{D}。微分时间越长，表示微分作用越强；微分时间越短，表示微分作用越弱。δ 不但影响比例作用的强弱而且也影响微分作用的强弱。

为了明显地看出微分的作用，可画出其在输入信号等速度变化时的响应曲线，如图 3-3(b) 所示。

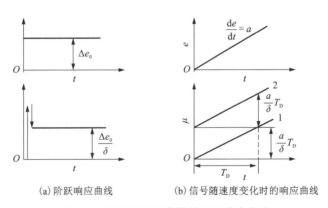

(a) 阶跃响应曲线　　(b) 信号随速度变化时的响应曲线

图 3-3　比例微分调节器的阶跃响应曲线

当输入信号的变化速度 $\dfrac{\mathrm{d}e}{\mathrm{d}t}=a$，且调节器只有比例作用时，响应曲线 1 的方程式为

$$\mu = \frac{e}{\delta} = \frac{at}{\delta} \tag{3-17}$$

当加入微分作用后，比例微分调节器响应曲线 2 的方程式为

$$\mu = \frac{1}{\delta}\left(e + T_{\mathrm{b}}\frac{\mathrm{d}e}{\mathrm{d}t}\right) = \frac{1}{\delta}at + \frac{1}{\delta}aT_{\mathrm{b}} \tag{3-18}$$

比较图 3-3(b)的两条响应曲线 1 和 2 可以发现，当偏差 e 以等速度变化时

$$T_{\mathrm{D}}'\frac{\mathrm{d}\mu}{\mathrm{d}t} + \mu = \frac{1}{\delta}\left(e + T_{\mathrm{D}}\frac{\mathrm{d}e}{\mathrm{d}t}\right) \tag{3-19}$$

有了微分作用后，调节器的内部执行机构在一开始立即有一个位移 $\mu = \dfrac{aT_{\mathrm{D}}}{\delta}$，而在没有微分作用时，这个位移要经过时间 T_{D} 才能达到。因此，这个时间 T_{D} 被称为导前时间。导前作用能有力地抑制偏差变化，减少动态偏差，提高系统的稳定性。当偏差不变化时，微分作用将消失，控制过程结束后系统会存在静态偏差。

5. 比例积分微分调节器

比例积分微分调节器简称 PID 调节器。理想的 PID 调节器的动态表达式为

$$\mu = \frac{1}{\delta}\left(e + \frac{1}{T_{\mathrm{I}}}\int_0^t e\mathrm{d}t + T_{\mathrm{D}}\frac{\mathrm{d}e}{\mathrm{d}t}\right) \tag{3-20}$$

PID 调节器的动态方程式为

$$T_{\mathrm{D}}'\frac{\mathrm{d}\mu}{\mathrm{d}t} + \mu = \frac{1}{\delta}\left(e + \frac{1}{T_{\mathrm{I}}}\int_0^t e\mathrm{d}t + T_{\mathrm{b}}\frac{\mathrm{d}e}{\mathrm{d}t}\right) \tag{3-21}$$

式中：T_{D} 为调节器的微分时间；T_{D}' 为调节器的微分惯性时间。

比例积分微分调节器的传递函数为 $W_{\mathrm{PID}}(s)$。

$$W_{\mathrm{PID}}(s) = \frac{\mu(s)}{E(s)} = \frac{1}{\delta}\left(1 + \frac{1}{T_{\mathrm{I}}s} + T_{\mathrm{D}}s\right) \tag{3-22}$$

由 PID 调节器的传递函数可知，PID 调节作用就是比例、积分、微分三种调节作用的叠加。

PID 调节器的阶跃响应曲线如图 3-4 所示。可以看出，PID 调节器在阶跃输入下，开始时微分作用的输出变化最大，使总的输出大幅度地变化，产生一个强烈的超前调节作用，

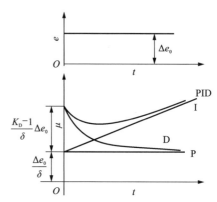

图 3-4 PID 调节器的阶跃响应曲线

可把这种调节作用看成预调。接着，微分作用消失，积分输出逐渐占主导地位，

只要静态偏差存在，积分作用就会不断地增加，可把这种作用看成细调。直到静态偏差完全消失，积分作用才有可能停止。而在 PID 调节器的输出过程中，比例作用是自始至终与偏差相对应的，它是一种基本的调节作用。

PID 调节器中，δ、T_I 和 T_D 这三个参数都是可调整的。适当地选择或调整这三个参数的数值可以得到良好的调节质量。

6. 调节器比较

如图 3-5 所示为同一对象分别搭配比例调节器、积分调节器、比例积分调节器、比例微分调节器、比例积分微分调节器组成的控制系统，各调节器在阶跃扰动作用情况下其被控量的变化过程曲线。

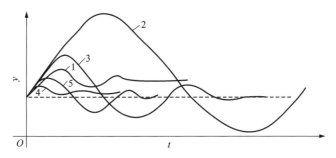

1—比例调节器；2—积分调节器；3—比例积分调节器；4—比例微分调节器；5—比例积分微分调节器。

图 3-5　各调节器的变化过程曲线

由图 3-5 可知，曲线 1 为配比例调节器的控制过程。因为比例作用的控制规律具有控制及时的特点，所以控制过程时间较曲线 2 短，动态偏差也较小，因此控制过程结束时存在静态偏差。通过减小调节器的比例系数可以减小静态偏差，但会使系统的稳定性下降。曲线 3 是配比例积分调节器的控制过程。由于积分作用的控制规律能消除静态偏差，因此控制作用最终能消除扰动对被控量的影响，实现无差调节；然而若积分作用控制不及时，则会使控制过程的动态偏差增大，过渡过程的时间与曲线 1 相比加长了，相对而言系统的稳定性下降。因此，引入比例调节器后，调节器的比例带应适当增大，以弥补积分作用对控制过程稳定性的影响。曲线 5 是搭配比例积分微分调节器的控制过程。

3.1.3　整定方法

热工自动控制系统的优化与稳定运行十分重要，为了实现系统的稳定运行，调节器的参数需要重新整定。

调节器的参数整定就是合理地设置调节器的参数，使控制仪表的特性和控制对象的特性相配合，从而使控制系统的运行达到最佳状态，取得最好的控制效果。在热工生产过程中,通常要求控制系统具有一定的稳定裕量,即要求过程有一定的衰减率;以此为前提,要求调节过程具有一定的快速性和准确性,换而言之,就是稳定性是首要的。所谓准确性就是要求控制过程的动态偏差的超调量和静态偏差应该尽量小,而快速性则是要求控制过程的时间尽可能短。

调节器的整定方法有理论计算法和工程整定法。理论计算法是指基于一定的性能指标,结合组成系统各环节的动态特性,通过理论计算求得调节器的动态参数设定值;而工程整定法则是源于理论分析,结合试验、工程实际经验等的一套工程上的方法。在热工生产过程中,比较实用的是现场整定法,即通过现场调试来选择调节器的参数。但是现场整定也要在正确的理论指导下才能有效地进行并解决所发现的问题,若事先不经过任何理论计算和分析,盲目地实践可能会延误时机,甚至带来问题。因此,计算还是有必要的。不过计算分析不必要求取得精确的结果,而是利用一些经验性的图表,先粗略估计调节器参数的取值范围,从而给现场整定提供参考。常用的工程整定方法和应用将在后文中做相关介绍。

1. 广义频率特性法

广义频率特性法是指通过调整调节器的动态参数,使控制系统的开环频率特性具有规定相对稳定度的衰减频率特性,从而使闭环系统响应满足规定衰减率的一种参数整定方法。利用广义频率特性法计算调节器参数的前提是获得控制对象的传递函数,这一点会给工程实际应用带来困难。此外,该方法的计算工作量也较大,故在热工自动控制系统中不常用。

2. 临界比例带法

临界比例带法又称边界稳定法,它的要点是将调节器设置成纯比例作用,将系统设定为自动运行并将比例带由大到小改变,直到系统产生等幅振荡为止。这时控制系统处于边界稳定状态,记下此状态下的比例带值(即临界比例带)以及振荡周期,然后根据经验公式计算出调节器的各个参数。它的特点是不需要知道控制对象的动态特性,而直接在闭环系统中进行整定。

临界比例带在热工系统中通过调节器调整的具体步骤如下:

(1)先将调节器的积分时间置于最大(设 T_I 为正无穷),再将微分时间 T_D 置为零,最后把比例带 δ 置于一个较大的值。

(2)先将系统闭环运行,等待系统稳定后再逐渐减小比例带 δ,直到系统进入等幅振荡状态。一般振荡持续 4~5 个振幅即可,最后记录下运行过程的曲线。

(3)根据记录曲线得到振荡周期 T_K 和此状态下的调节器比例带 δ_K,按表 3-1 计算出调节器的各个参数(此表为临界比例带参数表,表中比例带 δ 有两个数据,上面的数据适用于无自平衡能力的对象,下面的数据适用于有自平衡能力的对象)。

表 3-1　临界比例带参数表

控制作用	调节器传递函数	比例带 δ	积分 T_I	微分 T_D
P	$W_T(s) = \dfrac{1}{\delta}$	$2\,\delta_K$ $2.4\,\delta_K$		
PI	$W_T(s) = \dfrac{1}{\delta}\left(1 + \dfrac{1}{T_1 s}\right)$	$2.2\,\delta_K$ $3.0\,\delta_K$	$0.85 T_K$	
PID	$W_T(s) = \dfrac{1}{\delta}\left(1 + \dfrac{1}{T_1 s} + T_{bs}\right)$	$1.67\,\delta_K$ $2.1\,\delta_K$	$0.5 T_K$	$0.25 T_K$

(4) 完成计算后,将计算好的参数值在调节器上设置好,再做阶跃响应试验,并观察系统的调节过程,接着根据实际情况适当修改调节器的参数,直到调节过程满意为止。

临界比例带法在实际应用中存在一定的局限性,有些生产过程中根本不允许产生等幅振荡,如发电厂锅炉系统的汽包水位控制;此外,某些惯性较大的单容对象搭配比例调节器又很不容易产生等幅振荡,得不到临界状态下调节器的比例带 δ_K 及振荡周期 T_K,故无法应用临界比例带法。

3. 衰减曲线法

衰减曲线法是在总结临界比例带法基础上发展起来的,当生产过程不允许出现等幅振荡时,可将试验过程中出现的闭环控制过程改为有一定衰减率 ψ 的衰减振荡过程。它利用比例作用下产生的 4:1 衰减振荡($\psi = 0.75$)过程的调节器比例带 δ_S 及过程衰减周期 T_S,或 10:1 衰减振荡($\psi = 0.9$)过程的调节器比例带 δ_S 及过程上升时间 T_R,再根据表 3-2 中的经验公式计算出调节器的各个整定参数。

表 3-2　衰减曲线法计算表

衰减率	控制规律	比例带 δ	积分 T_I	微分 T_D
0.75	P PI PID	δ_S $12\,\delta_S$ $0.8\,\delta_S$	$0.5 T_S$ $0.3 T_S$	$0.1 T_S$
0.9	P PI PID	δ_S $1.2\,\delta_S$ $0.8\,\delta_S$	$2 T_R$ $1.2 T_R$	$0.4 T_R$

对于扰动频繁的控制系统,往往得不到闭环系统确切的阶跃响应曲线,导致

无法得到准确的调节器比例带 δ_S 和过程衰减周期 T_S(或过程上升时间 T_R),这时采用衰减曲线法不容易得到满意的效果

4. 实际经验法

如果控制系统在运行中经常受到扰动影响,那么要得到闭环系统准确的阶跃响应曲线就很难,因此使用临界比例带法和衰减曲线法都不能得到满意的结果。

通过长期实践,人们总结了一套参数整定的经验,称为实际经验法。实际经验法可以说是根据经验进行参数试凑的方法,它首先根据经验设置一组控制器参数,然后将系统投入闭环运行,待系统稳定后做阶跃扰动试验,观察控制过程。如果控制过程令人不满意,则修改控制器的参数,再此进行阶跃扰动试验,观察控制过程。重复上述试验,直到控制过程令人满意为止。

实际经验法的步骤具体如下:

(1)将调节器改成纯比例作用,并根据经验设置比例带 δ 的数值。将系统投入闭环运行,稳定后作阶跃扰动试验,观察控制过程,当过渡过程有希望的衰减率 ψ 的数值范围为 0.75~0.9 即可;否则改变比例带值,重复上述试验过程。

(2)将调节器的积分时间 T_I 由最大值调整到某一值,由于积分作用的引入,系统的稳定性会下降,这时应将比例带 δ 适当减小,一般为纯比例作用的 5/6。再做阶跃扰动试验,观察控制过程,修改积分时间,重复试验过程直到满意为止。

(3)保持积分时间 T_I 不变,改变比例带 δ 的大小,看控制过程有无改善,若有改善则继续修改比例带 δ 的值,若无改善则反方向修改比例带 δ 的数值直到满意为止。保持比例带 δ 不变,修改积分时间 T_I,同样反复试凑直到满意为止。如此反复,直到获得一组合适的比例带 δ 和积分时间 T_I 数值。

(4)采用比例积分微分的调节器在进行完上述调整试验后,将微分时间 T_D 由小到大地调整,反复测试,观察每次试验过程,直到获得满意的数值为止。

上述整定方法可直接应用于单回路控制系统。

3.1.4 其他环节

除 PID 参数整定以外,在实际的热工控制系统中,正确设置其他环节也是同样重要的,如其他环节整定不准确,也会前功尽弃,这些环节主要有以下几个方面。

1. 死区

人为增加的死区有两种,一是测量值与设定值之间的偏差死区;二是控制指令与位置反馈之间的偏差死区。从控制的角度看,增加死区对控制不利,实时性差。但从保护执行机构的寿命来说是有必要的,而且系统投入自动后可取得很好的效果。死区的大小要视不同的系统来定,例如在协调控制系统中,汽轮机既控制负荷又控制压力时,若控制压力的死区取得太小会导致负荷不稳,而太大又会

不起作用。死区在工程上的实现需要使用死区函数或者偏差模块。

2. 阻尼

阻尼实际上就是一个一阶惯性环节。惯性环节具有"通低频，阻高频"的特性，现场有用的信号一般变化平稳，但强电、强磁和市电产生的干扰信号杂乱无章，一般频率较高。当被控参数波动较大时，阻尼可以较好地滤除干扰。

惯性环节的时间常数 T 的取值要适中，一般取 $T = 2 \sim 3$ s。

工程中给水、风量、炉膛负压等参数波动较大，如果不加阻尼作用，系统各执行机构的动作就会十分频繁，导致工况不稳定。所以，增加阻尼是切实可行且非常重要的一种方法。

3. 标准转换

热工系统的控制参数包括温度、压力、流掀、液位、成分等，它们的单位和量程范围不同，而分散控制系统接收和处理的信号是统一的[11]。如温度 $0 \sim 600$ ℃对应 $4 \sim 20$ mA，压力 $0 \sim 16$ MPa 对应 $4 \sim 20$ mA。转换时需要将过程变量的实际值和设定值乘以系数 k，一般取 $k = 100/$变送器量程。以炉膛负压为例，若变送器量程范围为 $-2000 \sim 3000$ Pa，$k = 0.02$。k 的大小直接影响系统的稳定性，太小控制作用慢，太大则系统稳定性降低，甚至会发散振荡。

4. 正反作用

调节器有正作用和反作用，控制系统中调节器的正反作用方式选择的原则是使闭环系统在信号关系上形成负反馈。正作用调节器，即当系统的测量值减少而给定值增加时，调节器的输出也增加；反作用调节器，即当系统的测量值减少而给定值增加时，调节器的输出减小。控制器的正反作用必须在系统投入自动之前设定。工程上确定正反作用的方法很简单，以锅炉热水供应的水位控制为例，若补水控制阀在流入侧，水位高则关门，水位低则开门，因此控制器应设定为正作用；若补水控制阀在流出侧，水位高则开门，水位低则关门，因此控制器应设定为反作用。

5. 限幅

限幅是指对控制指令的限制，新设备投入运行前很少对控制参数进行理论整定，都是先参照同类型设备的运行经验，结合运行人员手动操作时摸索出的工控特性预置一组通用 PID 参数，然后给系统加 $2\% \sim 4\%$ 的扰动，观察被控参数的变化趋势，再对控制参数实施优化。如果机构大开大关，影响系统的稳定性，则再进行调整。限幅的实施可在 PID 模块上实现。如投入自动前的控制指令为 70%，则将限幅范围设定为 $60\% \sim 80\%$，等到参数优化好后再全部开放。

6. 静态配合

静态配合即协调设备在不同工况下系统中各部分的主要控制量及相互关系。实际上，静态配合可以看成对系统的"粗调"；而控制器的控制作用仅为"细调"，属于在某一工况下，当系统波动时进行的控制。不能过分地强调控制器的动态控制作用，而忽视系统各部件之间、部件内部各环节之间的静态配合。

3.2 串级控制系统

在热工生产过程中，最基本而且应用最多的就是单回路控制系统，其他各种复杂的控制系统都是在单回路控制系统的基础上发展起来的。对于一些较复杂的控制过程，要想得到较高的控制质量，仅用简单的控制系统是难以实现的。为了得到满意的控制效果，就需要通过改进控制结构、增加辅助回路或添加其他环节，组成更为复杂、更为先进的控制系统。比如炉体的温度控制就需要通过串级控制系统来实现。

3.2.1 结构和工作原理

串级控制系统的原理框图如图 3-6 所示。外面的闭合回路称为主回路，也叫作外回路；里面的闭合回路称为副回路，也叫作内回路。一次扰动指不包括在副回路内的扰动，二次扰动指包括在副回路内的扰动。$W_{T1}(s)$ 和 $W_{T2}(s)$ 分别为调节器在主回路和副回路的传递函数，$W_Z(s)$ 为执行器的传递函数，$W_f(s)$ 为系统扰动的传递函数，$W_{D1}(s)$ 和 $W_{D2}(s)$ 分别为主回路和副回路控制对象的传递函数，$W_{m1}(s)$ 和 $W_{m2}(s)$ 为主回路和副回路测量变送器的传递函数。

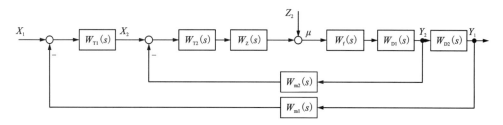

图 3-6 串级控制系统原理框图

串级控制系统的主副参数在调节器中设定时，要掌握"内快外慢"的原则，即内回路控制作用要强，把回路整定为一个快速的随动控制系统，使内回路可以快速消除控制侧的扰动[12]。系统中主参数为起主导作用的被控参数；副参数是给定值随主调节器的输出而变化的，是能反映主信号数值变化的中间参数，这是一个为了提高控制质量而引入的辅助参数。主对象是由主参数表征其特性的生产过程，也称为惯性区或者惰性区，它的输入量为副参数，输出量为主参数。副对象为由副参数作为输出的生产过程，也称为导前区，其输入量为控制量。主调节器是按主参数的测量值与给定值的偏差进行工作的调节器，其输出作为副调节器的给定值。副调节器是按副参数的测量值与主调节器输出的偏差进行工作的调节器，其输出控制调节阀动作。

3.2.2　特点分析

串级控制是一个定值控制系统，主参数在干扰作用下的控制过程与单回路控制系统的控制过程具有相同的指标和形式，相较于单回路控制系统，串级控制系统具有如下特点。

（1）对副回路所受到的扰动具有很强的克服能力。从图 3-6 中可看出，进入副回路的扰动为 Z，副参数对扰动 Z 的响应相当快，主参数对扰动 Z 的响应相对就比较慢。如果没有副回路，扰动影响就需由主参数的变化来克服，有了副回路，扰动的影响就可以由副参数的变化通过副调节器快速加以克服。

（2）调节阀和执行器的非线性对调节的不利影响。在实际使用中的调节阀均会有一定程度的非线性情况，如来回的间隙、死区、饱和区等。像来回的间隙误差，正常 PID 运算结果由于调节阀和执行器非线性没有作用到系统，只有当进一步地运算偏差结果，才使阀门位移产生作用，这种情况严重迟延了调节作用，对调节控制非常不利。有了副回路就可以将副回路看作一个随动系统，主调输出作为它的指令（给定），通过副调节器的调节克服非线性情况，使辅助被控量快速逼近指令。

（3）能够改善系统调节对象特性。当将副回路看作一个随动系统时，它的传递函数近似为 1，系统对象特性由主回路调节对象和副回路调节对象变为仅主回路调节对象一项，调节对象特性能得到改善。

（4）串级控制系统可减小副回路的时间常数，改善对象动态特性，提高系统的工作频率。

（5）串级控制系统具有一定的自适应能力。

因为串级调节系统具有上述这些优点，所以它在热工自动控制中被广泛地应用。

3.2.3　系统设计

串级控制系统主要应用于以下场合：用于克服被控过程较大的容量滞后；用于克服被控过程的纯滞后；用于抑制变化剧烈而且幅度大的扰动；用于克服被控过程的非线性。应用串级控制系统可以得到较好的控制效果，串级控制系统必须合理设计，使其作用得到充分发挥。

1. 主、副回路的选择

(1)参数的选择应使副回路的时间常数小，控制通道短，反应灵敏。通常串级控制系统被用来克服对象的容积迟延和惯性。因此在设计串级控制系统时，应该设法找到一个反应灵敏的副参数，使得干扰在影响主参数之前就得到克服，副回路的这种超前控制作用必然使控制质量有很大提高。

(2)副回路应包含被控对象所受到的主要干扰。串级控制系统对进入副回路的扰动有很强的克服能力。为发挥这一特殊作用，在进行系统设计时，副参数的选择应使得副回路尽可能多地包括一些扰动。但这将与副回路控制通道短、反应快的要求相矛盾，需要在设计中加以协调。在具体情况下，副回路的范围取决于整个对象的容积分布情况以及各种扰动影响的大小。副回路的范围也不是越大越好，副回路本身的控制性能差，如果太大就可能会同时导致主回路的控制性能恶化。一般需要使副回路的频率比主回路的频率高很多，如果副回路的时间常数加在一起超过主回路，在这个时候采用串级控制就没有什么效果。

(3)主、副回路工作频率应适当匹配。串级系统中主、副回路是两个相互独立又密切相关的回路。如果在某种干扰作用下，主参数的变化进入副回路，就会引起副回路中副参数振幅增加，而副参数的变化传到主回路后，又迫使主参数变化幅度增加，如此循环往复，便会使主、副参数长时间大幅度地波动，这就是所谓串级控制系统的"共振现象"。一旦发生了共振，系统将失去控制，不仅使控制品质恶化，如果不及时处理，有可能导致生产事故，引起严重后果。

为确保串级系统不发生共振现象，通常使主回路震荡周期为副回路震荡周期的3~10倍。

2. 主、副控制器规律的选择

(1)若主参数控制质量要求不十分严格，在对副参数的要求也不高的情况下，为了两者兼顾可采用串级控制方式，主、副调节器均可采用比例控制。

(2)要求主参数波动范围很小，且不允许有稳态误差，此时副调节器可采用比例控制，主调节器采用比例积分控制。

(3)主参数要求高，副参数亦有一定要求，这时主、副调节器均可采用比例积分控制。

综上，对主、副调节器控制作用的选择，应该根据生产工艺的要求与实际情况，通过具体分析来确定。

3.2.4 系统整定

串级控制系统主回路是一个定值控制系统，要求主参数有较高的控制精度，它的品质指标与单回路定值控制系统一样。副回路是一个随动系统，只需副参数能快速而准确地跟随主调节器的输出变化即可。在工程实践中，串级控制系统常用的整定方法有逐步逼近法和两步整定法等。

1. 逐步逼近法

它是一种依次整定副环、主环，然后循环进行，逐步接近主环、副环的一种最佳的整定方法，具体步骤如下。

(1)首先整定副环。此时断开主环，按照单回路整定方法，求取副调节器(即副环)的整定参数，得到第一次整定值，记作[GC2]1。

(2)整定主环。将刚整定完获得的副环作为主环中的一个环节，仍按单回路整定方法，求取主调节器(即主环)的整定参数，记作[GC1]1。

(3)再次整定副环，注意此时副回路、主回路都已闭合。在主调节器(主环)的整定参数为[GC1]1的条件下，按单回路整定方法重新求取副调节器的整定参数[GC2]2。至此已完成一个循环的整定。

(4)重新整定主环。在两个回路都闭合、副调节器整定参数为[GC2]1的情况下，重新整定主调节器，得到[GC1]2。

(5)如果上述调节过程完成后依旧未达到品质要求，则按上面(3)(4)步骤继续进行，直到获得满意的控制效果为止。

通常情况下，完成第(3)步甚至只要完成第(2)步就能满足控制所需的品质要求，无须继续进行后续步骤。

2. 两步整定法

该方法是一种先整定副环，后整定主环的一种方法，具体步骤如下。

(1)先整定副环。在主、副环均闭合，主、副调节器都置于纯比例作用条件下，将主调节器的比例带 δ 置于 100%，再按单回路整定法整定副环，此时能得到副调节器的衰减率 $\psi = 0.75$ 时的比例带 δ_{2S} 及副参数振荡周期 T_{2S}。

(2)整定主环。主、副环仍然保持闭合，将副调节器置于 δ_{2S} 值上，用同样方法整定主调节器，得到主调节器在衰减率 $\psi = 0.75$ 时的比例带 δ_{1S} 及被控量的振荡周期 T_{1S}。

(3)依据上面两次整定得到的 δ_{1S} 与 δ_{2S}，T_{1S} 与 T_{2S}，按所选调节器的类型，运用"衰减曲线法"进行计算，分别求出调节器的整定参数值。如果计算出来的整定参数运用于控制系统时不能够满足要求，便需要继续试验，适当修正参数，直到符合要求为止。

热工控制系统中由于热电偶和补偿导线的精度差别，不同加热器的功率差别以及人工的装配都可能会对设备的一致性造成影响，因而多数情况下，同一调节器装到不同的设备或者同一台设备不同的炉管上，温控效果都会有所不同。为了比较好地控制效果，不需要花费很长时间重新调整控制参数，优质的调节器都会带有一键自整定功能，可根据实际工控自动且快速地对串级控制系统进行整定。

3.3 智能算法

3.3.1 智能控制

工业控制系统中，PID 控制由于具有算法简单、可靠性高等特点成了当前最为普遍和应用最广泛的控制算法。但是当被控对象具有明显的非线性时，常规 PID 控制就不能适应系统的动态变化，难以实现系统最优调节，无法满足控制系统鲁棒性的要求，这时候就需要用到以算法为基础的智能控制技术。智能控制是近 30 年发展起来的一门新兴学科。智能控制技术是控制理论发展的高级阶段，是一门融合了控制理论、计算机科学、运筹学、生物学等专业知识的交叉学科，主要用来解决那些用传统方法难以解决的复杂系统的控制问题，比如难以用数学模型进行准确描述的大规模和复杂的非线性系统，这些系统需要引入人的经验才能进行有效控制。控制目标通常被分解成多个子系统进行分析，这些系统通常是时变和不确定的，需要像人那样根据经验进行学习、推理和决策。智能控制理论的研究和应用是现代控制理论在深度和广度上的拓展，20 世纪 80 年代以来，信息技术、计算机技术的快速发展及其他相关学科之间的渗透，有效推动了控制科学与工程研究的不断深入，控制系统向智能控制系统发展已成为一种趋势。

智能控制简单地说就是在传统的控制理论中加入逻辑、推理和启发式规则等因素，使其具有某种智能特性。它的基本思想是利用机器来模拟和实现人类的智能，进而实现脑力劳动的自动化。对于如何实现人工智能，主要有符号主义、连接主义和行为主义这三种学派。符号主义认为人脑和计算机都属于物理符号系统，可以用计算机来模拟人的智能。计算机经过数值和逻辑的符号推理，从外部功能上模拟人的智能。这是人工智能最具代表性的观点，基于符号的信息处理是其主要特征。人工智能的符号主义观点使该学科沿着从启发式程序到专家系统，再到知识工程的轨迹发展，并在取得了重大的研究成果，成为人工智能的主流派。连接主义主张从仿生学的角度来建立人脑模型，用于模拟人脑的结构和功能。人工神经元网络是连接主义学派的标志性成果，取得了巨大的发展，已在自动控制、信息处理、模式识别、电力系统智能化等诸多领域得到了成功应用。

智能控制的研究真正取得突破是在模糊逻辑和神经网络提出和发展以后，然而这两种方法的发展都经历了艰难的历程。20 世纪 60 年代，学术界崇尚精确性和严密性，模糊集合理论无法得到学术权威的认可，他们认为模糊隶属度函数的确定具有主观臆断和经验技巧色彩，是不可靠的。因此模糊理论的发展非常缓慢。直至 1974 年，伦敦大学的 Mamdani 将模糊集合理论成功应用于锅炉蒸汽机，模糊理论才逐渐得到了重视和认可。与模糊控制相似，神经网络的发展也经历了曲折的过程，自 1943 年提出后，经过数学上的深入分析，认为简单的神经网络能进行线性分类和求解一阶函数问题，而不能处理像异或等高阶函数问题。这使得神经网络的研究在整个 20 世纪 70 年代都处于一个低潮。神经网络研究的转机出现在 20 世纪 80 年代，美国物理学家 J. J. Hopfield 提出了一种反馈型的神经网络模型，并定义了一个能量函数，该模型可以用来处理联想记忆和组合性优化问题，叫作 Hopfield 网络。在 1986 年，D. E. Rumelhart 等人又提出了多层前馈网络的误差反向传播学习算法，即 BP 算法，使具有隐藏单元的多层感知器网络能有效解决异或等非线性问题。Hopfield 网络和 BP 算法的提出使得研究人员看到了神经网络的前景和希望，掀起了研究热潮。现如今，神经网络和神经网络控制已经得了很大的发展和应用。智能控制与传统控制方法有着密切的联系，并不是相互排斥的，智能控制常常利用常规控制方案来解决问题。相对于常规控制，智能控制有如下优势。

（1）智能控制适用于不确定的或难定义的过程控制、复杂非线性对象、随时间变化控制等。

（2）智能控制能利用自适应、自组织、自学习等方式提高控制效果。

（3）智能控制能综合运用各种技术，单纯的技术难以实现智能模拟，单纯的控制方式也不行，必须结合各种其他技术。其中应用较多的有模糊逻辑、神经网络、专家系统、遗传算法等算法和自适应控制、自组织控制、自学习控制等技术。

随着智能控制技术的迅速发展和在工业中的广泛应用，为实现热工控制系统的性能优化，研究者们从不同方向开展了对装备相关智能控制的研究。

3.3.2　退火算法

热处理是指在材料固态范围内，通过加热、保温、冷却等工序的有机配合，改变材料内部组织而得到所需性能的工艺，与它配套的设备便是热工装备。因为在热处理的工艺过程中对温度控制的要求在不断变化，所以温控调节十分重要。而根据加热和冷却方法的不同，热处理可以分为很多种类，如退火、正火、淬火、回火、表面淬火、掺杂、沉积等。

在各种热处理的方法中，退火是最基本的方法。它是将材料加热到适当的温度，保温一段时间，然后让材料缓慢冷却的一种工艺过程，它能够消除或克服材料所存在的内应力、成分不均匀、组织不稳定等缺陷。为达到工艺过程控制的效果，科研人员经过不断的努力开发出了模拟退火算法，其他热处理工艺可以在这个算法的基础上通过修改加热、保温、冷却的时间与 PID 调节等途径达到不同工艺所需的技术指标。对于高精度控制要求的热工装备，通常都需要搭配以模拟退火算法为基础的改进算法，可以理解为热工装备中算法是选配的，与过程控制的技术指标有关。本节将对模拟退火算法进行具体介绍。

1. 固态退火过程

理解算法的第一步便是学习工艺控制过程。将固体高温加热至熔化状态，再让其徐徐冷却凝固成规整晶体的热力学过程称为固体退火（又称物理退火）。

固体退火过程可以视为一个热力学系统，是热力学与统计物理的研究对象。前者从经验总结出的定律出发，研究系统宏观量之间的联系及其变化规律；后者通过系统内大量微观粒子统计平均值计算宏观量及其涨落，更能反映热运动的本质。

固体在加热过程中，随着温度的逐渐升高，固体粒子的热运动不断增强，能量在逐渐提高，于是粒子偏离平衡位越来越大。当温度升至熔化温度后，固体熔化为液体，粒子排列从较有序的结晶态转变为无序的液态。这个过程被称为熔化，其目的是消除系统内可能存在的非均匀状态；使随后进行的冷却过程以某一平衡态为起始点。熔化过程中系统能量随温度升高而增大。

冷却时，随着温度徐徐降低，液体粒子的热运动逐渐减弱而趋于有序。当温度降至结晶温度后，粒子运动变为围绕晶体格子的微小振动，由液态凝固成晶态，这个过程称为退火。

在退火过程中，金属加热到熔化后会使其所有分子在状态空间中自由运动。随着温度徐徐下降，这时分子会逐渐停留在不同的状态。为了使系统在每一温度下都达到平衡态，最终达到固体的基态，退火过程必须徐徐进行，这样才能保证系统能量随温度降低而趋于最小值。

2. 基本思想

模拟退火算法是一种通用的全局优化算法，在工程与装备领域均获得了广泛的应用，如生产调度、控制工程、机器学习、神经网络、图像处理、模式识别及超大规模集成电路等领域。模拟退火算法是根据物理中固体物质的退火过程与一般组合优化问题之间的相似性，为解决组合优化而提出的。最早是由 Metropolis 在 1953 年提出的，而后由 Kirkpatrick 等人在 1983 年将其用于组合优化问题，它模拟了金属材料高温退火液体结晶的过程。

金属高温退火液体结晶的工艺过程可分为高温过程、降温过程、结晶过程三个阶段。

1）高温过程。

在加温过程中，粒子热运动加剧且能量提高，当温度足够高时，金属熔化为液体，粒子可以自由运动和重新排列。

2）降温过程。

随着温度下降，粒子能量减少，运动减慢。

3）结晶过程。

粒子最终进入平衡状态，固化为具有最小能量的晶体。

模拟退火算法有两个主要操作，一个是热静力学操作，用于安排降温过程；另一个是随机张弛操作，用于搜索在特定温度下的平衡态。模拟退火算法的优点在于它具有跳出局部最优解的能力。在给定温度下，模拟退火算法不但能进行局部搜索，而且能以一定的概率"爬山"到代价更高的解答，以避免陷入局部最优解。

3. 数学模型

模拟退火算法的数学模型由解空间、目标函数和初始解这三部分组成。

模拟退火算法的解空间为关于一个问题所有可能的解（可能包括不可行的解）的集合，它限定了初始解选取的范围和新解产生的范围。对于无约束条件的优化问题，以求解最大解问题为例，其求得的任一可能解都为可行解，因为此时的解空间就是所有可能产生的解的集合；但对于大多数实际生活中的组合优化问题，如独立集问题、图着色问题等，这些问题中的解不但需要满足目标函数值最优这一要求，而且还需要满足另外一些特别的约束，因此在解集中就可能包含一些不可行的解。解决这一问题的一种方法是，在产生新解时就考虑到问题对解的特殊约束，即将解空间直接限定为所有可行解的集合；另一种方法是，允许在解空间中包含不满足约束的不可行解，在目标函数中增加罚函数对产生的不可行解进行惩罚。

目标函数是对问题的优化目标的数学描述，通常表述为若干优化目标的一个和式。目标函数的选取必须正确体现对问题的整体优化要求。例如，上文所述的当解空间包含不可行解时，目标函数总应包含对不可行解的罚函数项，借此将一个有约束的优化问题转化为无约束的优化问题。此外，目标函数式应当是易于计算的，这将有利于在优化过程中简化目标函数差的计算以提高算法的效率。

初始解是算法开始迭代的起点。初始解的选取应使得算法导出较好的最终解。但大量的试验结果表明，模拟退火算法是一种"健壮"的算法，即算法的最终解并不会十分依赖初始解的选取。

4. 运作流程

模拟退火算法的具体运作流程如下。

（1）给定一个温度值，设置变化范围并对其进行初始化，对解进行初始化，并计算与初始解相对应的当前目标函数值，这是模拟退火算法迭代的起点。初始温度的选取要特别注意，如果温度的初始值过小，则容易导致算法陷入局部最优无法跳出而达不到最优解，特别是当求解问题的规模比较大的时候；另外，温度的初始值不可选取过大，如果取值过大，会导致算法的迭代次数过多，直接影响算法的执行效率。

（2）对每一温度下迭代的次数 L 进行初始化，L 的选取原则是如果待解决问题的规模不大，L 可以稍微选取得小一些，以减少算法的迭代次数，提高算法效率；如果待解决问题规模较大，L 可以选取得大一些，以保证在每个温度 T 下都可以进行充分的迭代。

（3）设一个整数 K 用来记录每一温度下迭代的次数，根据已进行的次数，K 的取值范围在 0 到 L 之间，在每一温度下，循环 K 次第 4 至 7 步。

（4）产生一个新解，根据目标函数分别计算当前解和新解所对应的目标函数值，并计算目标函数值之差。

（5）如果目标函数值之差小于 0，则新解代替当前解作为新的当前解，与新解所对应的目标函数值则作为新的当前目标函数值；如果目标函数值之差大于 0，则需要计算新解的接受率，若算得的新解接受率大于当前解的接受率，则可以接受新解作为新的当前解，这里所说的接受率为一个介于 0 到 1 之间的数值。

（6）如果迭代满足终止条件，则输出当前解作为最优解，此时结束程序并终止算法。终止条件通常为设定的迭代次数或连续若干个新解都没有被接受或温度达到终止条件，合理的算法终止准则既能保证算法收敛于某一近似解，又能使最终解具有一定的全局性。

（7）逐渐降低温度控制参数 T。如 T 依然大于 0，转至第（3）步继续进行，直至满足终止条件为止。

需要说明的是模拟退火算法中新解的产生和接受机制由以下四个步骤构成。

（1）按某种随机机制（如产生函数或扰动机制）由当前解产生一个新解，通常为了简化后续计算和方便接受，减少计算时间，一般通过对当前解进行一些扰动来产生新解。扰动的做法是以目前解为中心，对部分或整个解空间随机取样产生的一个解（图 3-7）。可能产生的新解构成当前解的邻域。可见，对产生函数或扰动机制的选择直接影响着当前解的邻域范围，进而对冷却进度表也有着一定程度的影响。

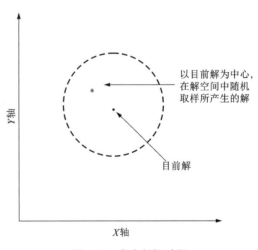

图 3-7　产生新解过程

（2）计算新解所对应的目标函数值与当前解与所对应的目标函数值之间的差值，因为这个差值是由于当前解进行简单扰动变换产生的，所以一般使用变换过程中改变的部分直接计算得到。实践证明,在绝大多数应用中,这样可以快速准确地计算出目标函数的差值。

(3)根据 Metropolis 接受准则来判断是否接受新产生的解。当新产生的解相较于当前解更优时,或新解虽然恶化但满足接受准则时,则可以接受新产生的解。对于有限定的解空间,则需先判断新产生解的可行性。

(4)当新产生的解满足接受准则时,用新产生的解替换当前解,一般是参照新解对当前解进行相应的简单变换,同时对当前目标函数值进行修正。此时,当前解和目标函数值就实现了一次迭代。当新产生的解不满足接受准则时,则以当前解为基础继续进行下一轮的变换比对试验。

综上可以得出模拟退火算法就是从一个初始解出发,不断重复迭代产生新解,对新解进行判定、舍弃,最终取得令人满意的全局最优解的计算方法。

5. 降温策略

模拟退火算法的全局搜索性能与温度控制参数降低策略(即退火速度)是密切相关的。一般来说,同一温度下的"充分"搜索是相当必要的,但这必然需要以计算时间作为代价。在实际应用中,要针对具体问题的性质和特征设置合理的温度控制参数降低策略。常见的温度控制参数降温策略有对数降温策略、快速降温策略、直线降温策略、指数降温策略四种。

这四种降温策略中温度降低的速度是不同的,如果温度下降速度太快,则可能错过极点值;若温度下降速度过慢,则又会大大降低算法的收敛速度。比如对数降温策略,因为它的温度下降速度较为缓慢,所以其降温效率也较低。而快速降温策略在高温区的时候,温度降低较快;在低温区的时候则温度降低较慢。直线降温策略在高温和低温状态下,降温速度都是相同的。指数降温策略是现阶段最常使用的温度降低策略,该策略中的温度降低较有规律,计算方式是新解等于当前解的 a 倍。温度变化直接与数值 a 有关,数值 a 的取值一般在 0.5 到 0.99 之间,是一个趋近于 1 的常数,它直接决定着降温的过程。

3.3.3 结合预测

1. 算法特点

模拟退火算法进行最优解搜索时,可能会往好的方向搜索,也有可能会往差的方向搜索,导致获得局部最优解。使用模拟退火算法可以跳出局部最优解的陷阱,搜索到全局的最优解。在模拟退火算法执行期间,随着温度控制参数 T 的减小,这个算法返回全局最优解的概率会逐渐增大,返回非全局最优解的概率将单调减小。模拟退火算法与初始值无关,即算法求得的解与初始解(状态或算法迭代的起点)的选取无关。模拟退火算法具有渐近收敛性,并已经在理论上被证明是一种以概率 1 收敛于全局最优解的全局优化算法。而且,模拟退火算法的计算过程简单、通用性佳、鲁棒性强，适用于并行处理，因此可用来求解复杂的非线性优化问题。

但是模拟退火算法也存在一些不足，如返回一个高质量的近似解会花费较多的时间，当问题规模不可避免地增大时，难以承受的运行时间将导致算法丧失可行性。如果降温过程足够缓慢，这样得到的解的性能会比较好，但与此相对的是计算速度太慢；如果降温过程过快，很可能得不到全局最优解。

因为这些不足，对于实际应用中即刻调节技术是一个不小的问题，所以必须探求改进算法性能、提高算法执行效率的可行途径，具体途径如下：

（1）改变算法进行过程中的各种变异方法，比如在算法中加入记忆器，记住算法进行过程中曾出现过的最优近似解。

（2）对算法进行大规模的并行计算，真正缩短计算时间。

（3）将模拟退火算法与其他智能搜索机制的算法（如机器学习算法等）相融合，取长补短。

简而言之，模拟退火算法为最基础的热处理算法。为能够快速且准确地得到最优解，在热工装备的实际应用中，需要根据技术指标在算法中加入预测控制等逻辑对算法进行改良。

2. 预测控制

预测控制是一种新兴控制手段，它充分利用预测控制对模型的不敏感性，其算法一般为采样控制算法而不是连续控制算法。它的技术依据是预测原理，基本思想是用常规方法得到控制对象的输出预测值，以此预测值为基础，得到预测误差，通过操作人员的经验来自动修正采用的控制策略，以减小目标偏差到容许的范围[13]。其核心是在线误差预测及执行决策，从而能够快速地修正原有的控制输入量。

当温度控制对象具有纯滞后和较大热惯性等特征时，采用预测控制能准确地预测温度的变化趋势和高低。有助于合理地给出控制量，提高控制精度，缩短调节时间。

热工控制系统的输出量 $y(t+1)$ 可用非线性离散模型来预测，计算方法为

$$y(t + 1) = f[y(t), \cdots, y(t - n + 1), u(t - d + 1), \cdots, u(t - d - m + 1)]$$

$$(3-23)$$

其中，n 和 m 分别为输出 $y(t)$ 和输出 $u(t)$ 的阶次；d 为非线性系统的时滞。

利用式（3-23），通过递推可得到至 b 步超前预测的输出量 $y(t+b)$。

$$y(t + b) = f[y(t + b - 1), \cdots, y(t + b - n), \cdots, u(t), \cdots, u(t - m)]$$

$$(3-24)$$

式（3-24）使用了 t 时刻以后的预测值 $y(t+i)$，当 $i=1, \cdots, b-a$ 对 t 时刻和 t 时刻以前的预测值，显然可用其真实值代替，具体公式为

$$y(t + i - k) = y(t + i - k),\ i - k \leqslant 0,\ k = a,\ \cdots,\ n \tag{3-25}$$

仅 $k=i$ 时

$$y(t + i - k) = y(t) \tag{3-26}$$

设预测时域为 N，则有

$$y(t + i) = f[y(t + i - 1),\ \cdots,\ y(t + i - n),\ u(t + i - d),\ \cdots,\ u(t + i - d - m)] \tag{3-27}$$

其中 $i = 1,\ \cdots,\ N$。

由于 $f(t)$ 很难预先求得，采用式(3-27)时，需要用递推最小二乘或其他方法在线辨识，因而计算复杂，运算量大，容易因干扰及环境和被控对象的时变性造成较大的辨识误差，甚至使预测完全失去意义。考虑到温度是一个连续缓变量，可在 t_k 点，对于输出量 $f(t)$ 进行二阶泰勒展开。

$$y(t) = y(k) + y'(k)(t - t_k) + y''(k)/[2(t - t)^2] + O(|t - t_k|^3) \tag{3-28}$$

其中，$O(|t - t_k|^3)$ 为 $|t - t_k|^3$ 的同阶小量，$y'(k)$ 和 $y''(k)$ 可用数值微分形式近似表示。

$$y'(k) = (y_k - y_{k-1})/y_0 \tag{3-29}$$

$$y''(k) = (y_k - 2y_{k-1} + y_{k-2})/y_0^2 \tag{3-30}$$

将 $y'(k)$ 和 $y''(k)$ 及 $y = y_k + my_0$ 代入式(3-30)，可得输出量计算式

$$y^2(k + m) = 1 + m + (m^2/2) \cdot y(k) - (1 + m) \cdot m \cdot y(k - 1)$$
$$+ (m^2/2) \cdot y(k - 2) \tag{3-31}$$

对当前状态，在选定控制策略下，通过给定值 $y'(k+m)$ 和预测输出向量 $\mathbf{y}(\mathbf{k+m})$，得到目标误差预测值 $\hat{E}(k)$。

$$\hat{E}(k) = y'(k + m) - y(k + m) \tag{3-32}$$

按预测的 $\hat{E}(k)$ 和操作者经验，自动修正采用的控制策略以减小目标偏差到容许值范围，来得到修正量。

$$\Delta_u(t) = F\{\hat{E}(k)\} \tag{3-33}$$

其中，F 表示校正系数，对于误差预测值区间的不同，计算系统中有对应的经验值。据此可得 $t+1$ 时刻的控制输入修正值。

$$u(t + 1) = u(t) + \Delta u(t) \tag{3-34}$$

由式(3-34)的推导可知，通过预测控制便能实现在线修正，可建立一个预测模型。将预测控制搭配模拟退火算法反复验证就可以让热工自动控制系统实现精确控温。如果温控精度范围在 2 ℃以内，使用此法短时间内难以达标，可再结合 PID 调节，能快速地达到要求。相较于其他的调温方法，这套智能算法速度快、精度佳，是最优方案。

3.4 部件选择

探测器件通常是将微小的模拟量信号接入调节器中再经过信号处理电路进行反馈,通过一块厚膜集成电路板实现。为了避免失真,电路板的性能与硬件结构质量保障都十分重要。考虑到自制的调节器具有差异性存在技术风险,因此在实际应用中决定购买成品调节器。选择调节器除了考虑其独立使用的要求,还需考虑其是否符合搭配可编程控制器及通信耦合器单元的条件,通过综合对比及评审,最终确定欧姆龙 NX 系列的温度控制单元符合技术要求且具有经济优势。此产品可连接 CPU 单元及通信耦合器单元,无须通过 CPU 单元或工业用 PC 创建 PID 运算及时间分配比例输出等温度控制专用的用户程序。其接口为圆孔,通过使用棒形端子直接插入即可完成接线,无须螺丝固定,可大幅减少安装工时。温度控制单元的所有的功能块如图 3-8 所示,其中,使用通道选择功能规定了不使用的通道的控制运算处理、异常检测处理及输出处理将无效,输入功能、控制运算功能、调节功能、控制输出功能、异常检测功能这几个功能模块才是实现过程控制的根本,后面将做详细介绍。

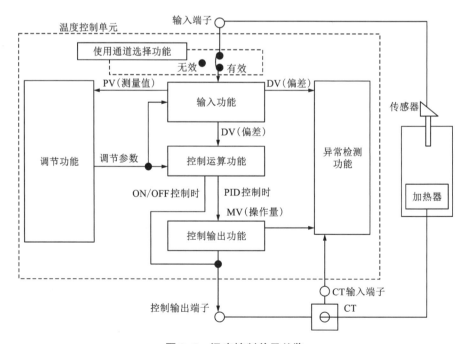

图 3-8　温度控制单元总览

各功能中所提到的相关专业术语缩写中文对照表见表 3-3。

表 3-3　术语缩写对照表

英文缩写	中文专业术语
Ch	通道
PV	当前值
SV	实际值
SP	设定点
ST	自调节
AT	自动调节
LBA	回路断线报警
HB	加热器断线
HS	电平输出故障
RSP	远程设定
LSP	本地设定
MV	最大上限值
CT	电流互感器
FF	自由运行
ON	开启
OFF	关断

3.4.1　输入功能

输入功能模块如图 3-9 所示。

1. 输入类型设定

首先设定与温度控制单元连接输入的传感器的输入品种，再设定输入类型和设定项目。输入设定范围为可设定 SP 的范围。输入指示范围为可测量 PV 的范围。传感器主要为铂电阻和热电偶。

2. 温度单位设定

设定测量值的温度单位，选择℃（摄氏）或℉（华氏）。设定的温度单位将应用于测量值及目标值等带温度单位的参数。℃（摄氏）与℉（华氏）的关系式为华氏测量值（℉）＝摄氏测量值（℃）×1.8+32，目标值等带温度单位的参数需根据温度

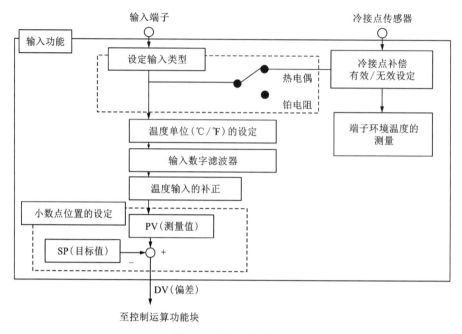

输入端子　　　　　　　　　　　　　冷接点传感器

输入功能

设定输入类型　　　　　　　　　　　冷接点补偿
　　　　　　　　　　热电偶　　　　　有效/无效设定

　　　　　　　　　　铂电阻

温度单位（℃/℉）的设定　　　　　　端子环境温度的
　　　　　　　　　　　　　　　　　　测量

输入数字滤波器

温度输入的补正

小数点位置的设定

PV（测量值）

SP（目标值）　　－　　＋

DV（偏差）

至控制运算功能块

图 3-9　输入功能模块

单位进行设定。温度控制单元无法根据温度单位进行数值转换。

3. 小数点位置的设定

用于设定测量值和目标值参数小数点以后的显示位数。控制器固定使用测量值及目标值的小数点位置及替换其他公司温度控制单元时，可减少小数点位置相关设计的变更时间。选择"依照输入类型的小数点位置"时，参数值不转换，为输入类型的小数点位置。选择"无小数点"及"1 位小数"时，如果与输入类型规定的小数点以后的位数不相同，参数值则根据设定的小数点位置进行转换。

4. 冷接点补偿有效/无效设定功能

使用热电偶输入时，基于端子台上安装的冷接点传感器的要选择冷接点补偿有效或无效，通常设定为"有效"。此外，无论冷接点补偿有效/无效的设定如何，都要在不拆下交付时附带的冷接点传感器的状态下直接使用。冷接点补偿为"有效"时，通过端子台上安装的冷接点传感器进行冷接点补偿的测量值。冷接点补偿为"无效"时，不通过端子台上安装的冷接点传感器进行冷接点补偿的测量值。

5. 温度输入补正功能

此功能需要在传感器存有偏差或与其他测量仪器的测量值不同时使用。补正分为 1 点补正和 2 点补正。

1 点补正：传感器测量范围内的所有点按照 PV 输入偏移量转换测量值。例如，需将测量值增加 1.2 ℃时，在 PV 输入偏移量中设定"1.2"，则测量范围内所有点的测量值均将增加 1.2 ℃（图 3-10）。

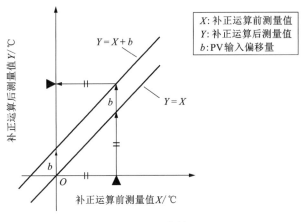

图 3-10 1 点补正

2 点补正：对测量值设定以 0 ℃或 0 ℉为起点的斜率的基础上，按照 PV 输入偏移量进行转换（图 3-11）。

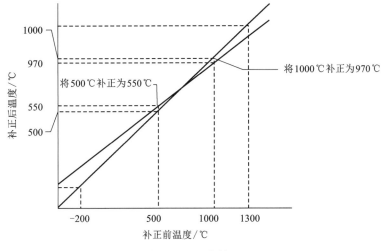

图 3-11 2 点补正

6. 输入数字滤波设定

它的用途为去除混入测量值的干扰成分，此功能设定应用于一次延迟运算滤波器的时间常数。通过使用自动滤波器调节功能，可以自动设定输入数字滤波器。将输入数字滤波器的设定值设定为"0.0"，作为低通滤波器运行，可降低高频干扰。

7.端子环境温度的测量功能

测量温度控制单元的端子环境温度的功能：通过监视温度控制单元环境温度的趋势，监视控制柜内的异常发热等异常。在温度控制单元上安装的冷接点传感器计算出的温度被视作端子的环境温度。测量出的端子环境温度可使用以下 I/O 数据进行确认。当 I/O 数据未登录初始值时，需要在 I/O 入口映射中追加相对应的 I/O 入口。

3.4.2 控制运算功能

控制运算功能模块如图 3-12 所示。

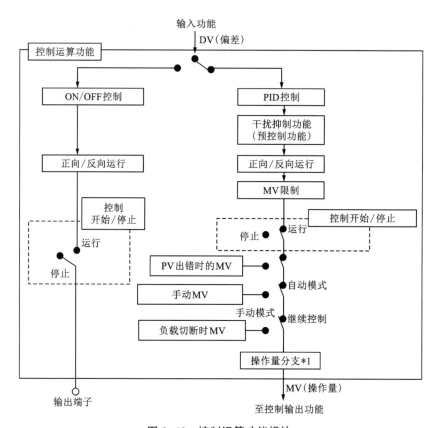

图 3-12 控制运算功能模块

温度控制单元的控制运算功能主要有 PID 控制和开/关控制这两种，其余功能为这两种控制附带的控制运算功能。

1. PID 控制

PID 常数通过 AT（自动调节）或手动调节进行设定，PID 控制调节功能符合 3.1 节所述，要注意超调、欠调和波动。

比例控制规律对控制品质的影响为纯比例调节时，可看成一个比例调节器。比例调节是有差调节，比例系数越大、比例带越小，则比例作用越强。比例调节器的衰减率越小，稳定性越差，快速性越强，静态偏差越小。

积分控制规律对控制品质的影响为当积分作用加入时可以有效消除静态偏差，但积分作用增强（积分时间越小积分作用越强）会降低系统的稳定性，增加调节过程所需要的时间。

微分控制规律对控制品质的影响为微分作用可以克服大惯性、大死区特性，但是要避免作用过强而引发系统产生的高频振荡，导致稳定性下降。

2. 开/关控制

开/关控制是指预设"目标值"，在控制过程中温度达到该目标值时，控制输出变为"OFF"的控制方式。开/关控制在需执行允许偏差等不要求精度的自动控制时使用。加热控制的情况下，测量值大于目标值时执行"OFF"动作，小于目标值时执行"ON"动作。控制输出为"OFF"时温度开始下降，控制输出重新为"ON"。该动作将在某一位置反复执行。此时，在"滞后"中设定相对目标值降温多少度时重新将控制输出设为"ON"。

在开/关控制中，进行"ON"与"OFF"切换时产生滞后现象，从而使动作稳定。滞后现象的宽度称为"滞后"。控制输出（加热侧）功能和控制输出（冷却侧）功能分别通过"滞后（加热）"和"滞后（冷却）"来设定。相较于标准控制型无论是加热还是冷却控制，均为"滞后（加热）"的设定，此温度控制单元作了区分，可在标准控制型和加热冷却型中自由选择，性能更具优势。

3. 加热冷却控制

控制加热和冷却的功能在只通过加热，难以对控制对象进行温度控制时使用。可通过加热和冷却 2 种输出对 1 个温度输入进行温度控制。

加热冷却控制型可使用"死区"和"加热冷却调节方法"。可单独设定加热侧和冷却侧的 PID 常数。加热侧和冷却侧 PID 常数可在"加热冷却调节方法"中，选择与冷却特性相应的调节方法，并通过实行 AT（自动调节）进行自动设定。此外，备有挤压成型机用功能"LCT 冷却输出最小 ON 时间"和"水冷输出调节功能"。

对于"死区"（图 3-13），当死区设为负值时，会在超调区中动作。在超调区中，手动模式与自动模式切换时的无冲击功能可能不起作用。

使用加热冷却调节方法的前提是首先要选择与冷却特性相应的调节方法。在实行 AT（自动调节）时，将自动设定与冷却特性相应的 PID 常数。在系统中将加

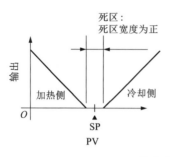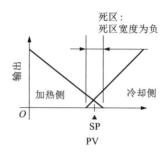

图 3-13 死区

热冷却调节方法选择为"水冷"时,可使用水冷输出调节功能。"风冷"及"水冷"在挤压成型机使用,"线性"为挤压成型机以外的设备用,相关的冷却特性如图 3-14 所示。

4.控制开始/停止功能

可发出温度控制开始/停止指令。开始(RUN)温度控制时,输出使当前温度跟踪目标值的 MV。停止(STOP)温度控制时,将 MV 设为 OFF。默认的规定是本指令在重新接通电源或重启时将恢复初始值。

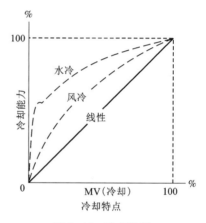

图 3-14 冷却特性

5.正向/反向运行

指定反向运行和正向运行的功能,切换到加热控制和冷却控制时使用。当为冷却控制时,需要根据测量值的增加执行增加 MV 的控制,指定正向运行;如果为加热控制,则根据测量值的减少而执行减少 MV 的控制,指定反向运行。

6.手动 MV

需要手动指定 MV 时使用,是仅在 PID 控制时有效的功能。

PID 控制时,在手动模式下使用本功能。手动控制称作手动模式,自动控制称作自动模式。手动模式下,按照 I/O 数据"Ch□手动 MV"指定的 MV 进行输出。自动模式下,不会按照指定 MV 输出。对模式进行切换时,需对 I/O 数据"Ch□动作指令"的"自动/手动"位进行操作。

为防止 MV 急剧变化,从自动模式切换至手动模式时,可沿用 MV,防止 MV 急剧变化。操作步骤如下。

(1)在自动模式状态下,将 I/O 数据"Ch□动作指令"的"手动 MV 反映"位指定为"不反映"后，切换至手动模式[图 3-15 中(a)]。此时，输出的 MV 将变为切换至手动模式时的 MV[图 3-15 中(b)]。

(2)切换至手动模式后变更 MV 时，在将"手动 MV 反映"位指定为"反映"前，请通过 I/O 数据的"Ch□MV 监控"读取 MV。请在 I/O 数据的"Ch□手动 MV"中指定该值[图 3-15 中(c)]。指定读取的 MV 后，将"手动 MV 反映"位指定为"反映"后，将沿用操作量[图 3-15 中(d)]。

(3)沿用 MV 后，请慢慢变更手动 MV[图 3-15 中(e)]。

(4)断电后，重新接通时的 MV 将依照"Ch□手动 MV"[图 3-15 中(f)]。

(5)从手动模式切换至自动模式时，将沿用切换前的 MV，执行 PID 控制[图 3-15 中(g)]。

(6)自动模式下，无论"手动 MV 反映"位设置的指定值如何，"手动 MV"均不会反映[图 3-15 中(h)]。

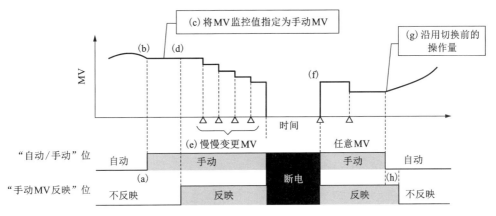

图 3-15 手动 MV 示意

7. 异常 MV

异常 MV 分为"PV 出错时的 MV"和"负载切断时的 MV"这两种。发生传感器断线异常时，将输出"PV 出错时的 MV"。负载切断时输出设定为输出"负载切断时的 MV"，"负载切断时的 MV"优先于"PV 出错时的 MV"进行输出，均仅在 PID 控制时有效。"PV 出错时的 MV"是在传感器断线异常情况下输出固定 MV 的功能，可指定发生传感器断线异常时输出的 MV。

"负载切断时 MV"是在温度控制单元因 NX 总线异常、配套 CPU 单元的 WDT 异常导致无法接收 CPU 单元的输出设定值时，执行预设输出动作的功能。从站终端因温度控制单元与通信耦合器单元的上位之间的通信异常及 NX 总线异常等，导致温度控制单元无法接收输出设定值时，就会执行预设输出动作的功能，可指定继续控制或者是输出事先指定的 MV。

8. MV 限制

MV 限制是对 PID 控制计算出的 MV 进行限制并输出的功能。MV 的限制动作因温度控制单元的控制类型而异。标准控制型的 MV 限制动作为使用 MV 上限和 MV 下限对 PID 控制运算计算出的 MV 进行限制；加热冷却控制型的 MV 限制动作为 MV 上限用于限制加热侧 MV。MV 下限用于限制冷却侧 MV。

9. 操作量分支

为某个 Ch 的操作量输出至其他 Ch 的功能。可以分支源的操作量为基础，将对斜率值及偏差进行运算的操作量输出至分支目标的 Ch。能够减少输入传感器、电缆、施工成本。

以"Ch≤操作量分支动作"的设定中选择的 Ch 操作量为基础，使用"Ch≤操作量斜率值"和"Ch≤操作量偏差"值进行运算，并输出计算出的操作量。运算方法为分支目标 Ch 的操作量等于分支源 Ch 的操作量乘以分支目标 Ch 操作量斜率值再加上分支目标 Ch 操作量偏差。

10. 负载短路保护功能

连接控制输出的外部连接设备短路时，需要对温度控制单元的输出电路进行保护，为带电压输出的温度控制单元所附带的功能。

如图 3-16 所示，控制输出 ON 时，晶体管 ON，产生输出电流。温度控制单元输出电路的晶体管在流经输出电流时会发热。

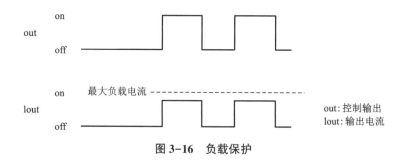

图 3-16 负载保护

当负载短路时，如果输出电流超出了负载的额定工作电流，则执行负载短路保护电路动作，将输出电流限制为负载额定电流的约 120%。

11. 预控制功能

预控制功能根据 FF 等待时间、FF 动作时间、FF 段操作量 1~4 的参数进行动作，这些参数通过执行 D-AT（干扰自动调节）自动计算。会在扰动导致温度变动前，对温度控制单元计算出的操作量加上或减去预设的操作量，通过将触发信号输入温度控制单元实现。在使用开/关控制时无法使用本功能。

　　预控制功能有两种模式。一种是使用 D-AT 模式，自动调整预控制功能的参数后，切换至 FF 模式进行使用。另一种是 FF 模式，在 FF 模式的状态下根据干扰原因的动作时间，通过 I/O 数据的"Ch ≤ 动作指令 2"的"FFn/D-ATn 执行"位执行 FF，温度控制单元将在 FF 等待时间后加上或减去 FF 操作量。如图 3-17 中 (a) 所示，在发生温度变动前变为消除温度变化的操作量，可抑制温度变动。在明确干扰发生时间时执行 FF 则效果显著。FF 操作量、FF 等待时间、FF 动作时间的参数则通过执行 D-AT 自动设定。

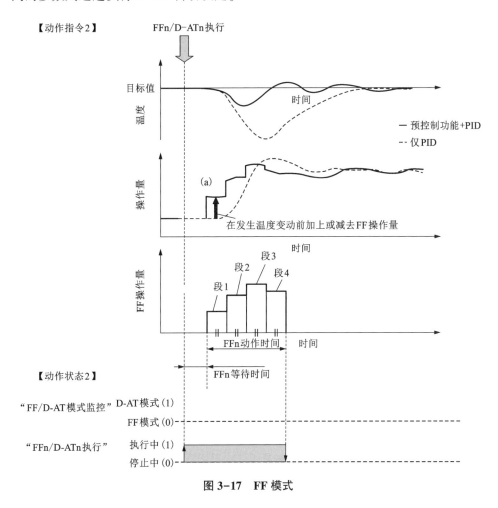

图 3-17　FF 模式

3.4.3　调节功能

　　调节功能是指温度控制单元根据温度控制对象的系统，自动计算控制所需的调整值并确定设定值的功能。调节功能块如图 3-18 所示。

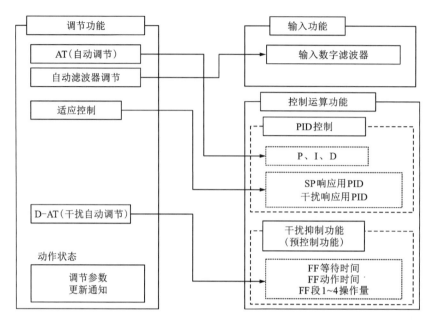

图 3-18 调节功能块

1. 自动调节

自动调节又称 AT，即自动整定。实行 AT 时，将自动计算相对于实行时目标值的最佳 PID 常数。执行 PID 控制前，如果不了解控制特性，可以先实行 AT。温度控制单元采用通过强制更改操作量来获得控制对象特性的有限周期法。

AT 分为 100%AT 和 40%AT 两种。100% 和 40% 表示产生有限周期用的操作量。100%AT 与开始实行 AT 时的偏差（DV）无关，如图 3-19 所示。如果要缩短 AT 实行时间，需要执行 100%AT。要注意的是 100%AT 超调比 40%AT 大。

40%AT 可减小有限周期升温时的超调。温度控制的装置可能会因 100%AT 超调而发生故障时使用。40%AT 的执行时间比 100%AT 长。40%AT 开始时的偏差（DV）为 10%FS 以上时，将在测量值达到目标值之前执行一次有限周期，计算暂定的 PID 常数。在达到目标值前，使用该 PID 常数进行控制以免超调，并执行有限周期。40%AT 开始时的偏差（DV）小于 10%FS 时，直接执行有限周期。

AT 执行中的设定数据变更为即使在 AT 执行中变更了设定数据，也不会在单元中反映。

执行方法和执行状态的确认为"AT"运行时，通过 I/O 数据"Ch□动作指令"的"100%AT"位或"40%AT"位操作动作指令。需取消 AT 时，通过"AT 取消"位操作动作指令。AT 的实行状态可通过 I/O 数据"Ch□动作状态"的"100%AT"位

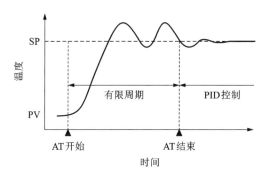

图 3-19　AT 过程

或"40%AT"位进行确认。

在 AT 执行中发出了控制停止指令时的动作，I/O 数据"Ch□动作指令"的"运行/停止"位设为"停止"时，AT 将取消，控制也将停止。即使"运行/停止"位再次设为"运行"，也不会重新实行 AT。如果重新执行 AT，需要在设定为"运行"后，使用动作指令实行 AT。当发生负载切断时的动作，AT 会取消。

2. 自动滤波器调节

当温度控制单元完全满足表 3-4 条件下动作时，可执行本功能。任一条件不满足，则无法执行。

表 3-4　自动滤波条件

动作条件	可确认动作条件的设定项目及状态
PID 控制	"Ch□PID · OXOFF"的设定为"1 : 2 自由度 PID 控制"
自动模式	"Ch□动作状态"的"自动/手动"位为"0：自动模式"
运行中	"Ch□动作状态"的"运行/停止"位为"0：运行"
AT 停止中	"Ch□动作状态"的"100 GAT"位为"0：100%AT 停止中"且"Ch□动作状态"的"40%AT"位为"0：40%AT 停止中"
未发生传感器断线异常	"Ch 输出、报警状态"的"传感器断线异常"位为"0：未发生"

执行自动滤波器调节功能时，"Ch□输入数字滤波器"的设定值将自动设定。

自动滤波器调节执行中的设定数据变更即使在自动滤波器执行中变更了设定数据，也不会在单元中反映。自动滤波器调节功能的执行时间在执行自动滤波器调节的时间为动作开始后。

自动滤波器调节执行中所接收到的动作指令为"自动/手动""运行/停止"

"自动滤波器调节取消""100% AT""40% AT"时，可在自动滤波器调节执行中接收。

"自动滤波器调节取消"为以下情况时，将取消自动滤波器调节。此时，调整中的输入数字滤波器的值不会保存至温度控制单元。具体如下：

(1)通过"Ch□动作指令"的"自动/手动"发出"手动模式"指令时。

(2)通过"Ch□动作指令"的"自动滤波器调节取消"发出"取消"指令时。

(3)通过"Ch□动作指令"的"运行/停止"发出"停止"指令时。

(4)通过"Ch□动作指令"的"100% AT"发出"100% AT 实行"指令时。

(5)通过"Ch□动作指令"的"40% AT"发出"40% AT 实行"指令时。

(6)"Ch□输出、报警状态"的"传感器断线异常"为"发生"时。

(7)不能控制温度波动时。

(8)重新接通电源或重启时。

(9)发生负载切断时。

自动滤波器调节有计算期间的限制，即从执行功能后到测量值未达到目标值附近期间将不会计算输入数字滤波器值。当此项功能与适应控制同时使用时，需要先完成适应控制的准备。

3.适应控制

适应控制是指环境变化或设备老化而导致系统变动时，仍可追踪该变化，且始终保持最佳温度控制的控制方式。适应控制具备可实现比以往 AT 更高的控制性能和在装置长期运转期间，即使发生环境变化、设备老化等影响系统特性的各种温度变化，也能根据该变化保持较高的控制性能这两个特点。

适应控制大致分为以下两种功能。

(1)利用最符合系统特性的 PID 常数控制的功能。

(2)随系统特性变化保持最佳状态的功能，也可以仅使用求取最符合系统特性的 PID 常数的功能。

利用最符合系统特性的 PID 常数控制的功能：使用适应控制进行温度控制时，在升温过程中将对系统性能进行评价。图 3-20 中(a)为系统性能评价完成时设定自动计算出的适应控制用 PID 常数。适应控制用的 PID 常数与 AT 计算出的 PID 常数相比，可调整成使用最适合系统特性的 PID 常数进行控制的状态。对目标值及干扰的响应均会变佳。

随系统特性变化保持最佳状态的功能：每当计算出适应控制用 PID 常数，启动装置时，实施系统性能评价，更新为对应变化的适应控制用 PID 常数。因此，随着时间的推移即使加热器等老化，系统性能缓慢变化，也可利用最佳 PID 常数进行控制。

实施系统性能评价后，判断 PID 常数需更新时，I/O 数据"Ch□动作状态"的

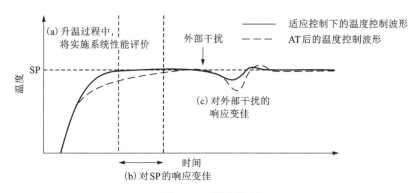

图 3-20　适应控制

"适应控制通知中"位变为"1：有通知"，通知环境变化及设备老化。"适应控制通知中"位在执行第 3 次系统性能评价后进行判定。系统变动较小时，会变为"0：无通知"，适应控制用 PID 常数为计算中状态。该状态可通过"Ch□动作状态"的"适应控制 PID 可更新"位进行确认。需更新 PID 常数时，将"Ch□动作指令"的"适应控制 PID 更新"位从"0"变为"1"进行更新。

适应控制功能为"通知"时，判断是否通知的基准值由"Ch□系统变动标准偏差"设定。通过系统性能评价算出的比例带变化率超过该基准值时，将通过"Ch□动作状态"的"适应控制通知中"位发出发生了系统变动的通知。用于检测系统变动的标准比例带是第 2 次系统性能评价中计算出的 SP 响应用比例带。在"Ch□系统变动标准比例带"中自动设定。当适应控制计算出的 SP 响应用比例带与系统变动标准比例带相比，在系统变动标准偏差以上时判断为发生了系统变动。"Ch□系统变动标准比例带"保存在单元内的非易失性存储器中，因此更换单元时不会沿用。更换单元后实施 3 次系统性能评价后，"Ch□系统变动平均偏差"将自动设定。

执行系统性能评价的开始温度则根据开始控制时测量值和目标值之间的关系，判断适应控制的系统性能评价可否动作的设定项目为"Ch□适应控制可动作偏差"。将从 0 ℃到目标值的温度范围设为 100%，以%为单位表示实施系统性能评价的温度范围。初始值为 50.0%。为保持适应控制功能的性能，请勿将"适应控制可动作偏差"设定成小于 50%的值。"适应控制可动作偏差"为 50%时，开始温度为 0 ℃到目标值的 50%以上时，适应控制的系统性能评价不动作。调节示例如图 3-21 所示。目标值（SP）为 280 ℃时，适应控制可动作的温度上限值为 140 ℃。适应控制开始时的温度为 140 ℃以下时，适应控制动作。高于 140 ℃时适应控制不动作。

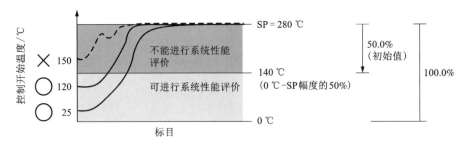

图 3-21　调节示例

适应控制功能为"通知"时，从使用适应控制运行系统开始至当前状态下系统的变动程度可通过"Ch□系统变动平均偏差"进行考察。"Ch□系统变动平均偏差"在实施 AT 及 PID 更新时将初始化为 0.0%。"Ch□系统变动平均偏差"保存在单元内的非易失性存储器中，因此更换单元时不会沿用。更换单元后实施 3 次系统性能评价后，"Ch□系统变动平均偏差"将自动设定。

适应控制将控制状态分为过渡状态和常规状态，分别通过单独的 PID 常数进行控制。SP 响应用 PID 和干扰用 PID 这 2 组 PID 常数及 SP 响应用系数编号通过系统性能评价，随装置的变化自动计算出最佳数值，无须设定。2 组 PID 常数与控制状态的关系如图 3-22 所示。

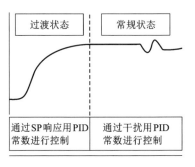

图 3-22　控制状态

4. 干扰自动调节

干扰自动调节的缩写为 D-AT，D-AT（干扰自动调节）是指自动计算并设定预控制功能的 FF 等待时间、FF 动作时间、FF 段 1~4 操作量的调节功能。在使用预控制功能前，需要先执行 D-AT。D-AT 分为正常时动作、异常时动作和干扰时的温度变化幅度较小时这 3 种情况。

1）正常时动作。

在 D-AT 模式下根据干扰原因的动作时间，通过 I/O 数据的"Ch≤动作指令 2"的"FFn/D-ATn 执行"位执行 D-AT 时，温度控制单元将测量干扰导致的温度变动，如图 3-23 中（a）所示。调节完成时将自动计算 FF 等待时间、FF 动作时间、FF 段 1~4 操作量的参数，I/O 数据"Ch≤动作状态 2"的"D-AT 完成"位将变为"1：完成"，见图 3-23 中（b）。在接通电源、重启、D-AT 执行的动作指令或切换至 FF 模式前，将保持"1：完成"状态，如图 3-23 中（c）所示。执行 D-AT 的动

作时间请在与预控制功能的同一时间实施。需与通过"FFn/D-ATn 执行"位执行
D-AT 后至发生干扰(温度变动)的时间一致。

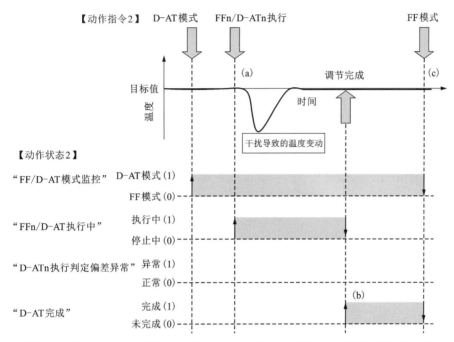

D-AT 在执行中取消时,"Ch□ 动作状态 2"的"FFn/D-AT 执行中"位将从"1:执行中"变为"0:停止中"。
此时,"Ch□ 动作状态 2"的"FF/D-AT 模式监控"位将保持"1:D-AT 模式"。

图 3-23　正常时动作

2)异常时动作。

D-AT 执行时,若测量值大于"Ch≤D-AT 执行判定偏差"设定的阈值,则不
会执行 D-AT,如图 3-24 中(a)所示。此时,I/O 数据"Ch≤动作状态 2"的
"D-ATn 执行判定偏差异常"位将从"0:正常"变为"1:异常",如图 3-24 中
(b)所示。在接通电源、重启、D-AT 执行的动作指令或切换至 FF 模式前,将保
持"1:异常"状态,如图 3-24 中(c)所示。

3)干扰时温度变化幅度较小时。

D-AT 的动作:执行 D-AT 后,当测量值(PV)与目标值(SP)之差的绝对值在
"D-AT 执行判定偏差"的状态持续 200 s 以上时,将自动判断为无须使用预控制
功能,并结束 D-AT,FF 等待时间、FF 动作时间、FF 段 1~4 操作量的参数值将
初始化。

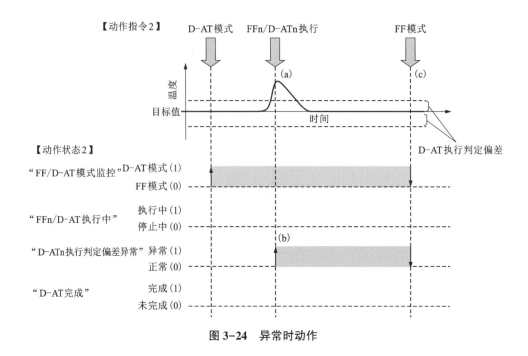

图 3-24 异常时动作

5. 参数更新通知

温度控制单元自动通知更新了调节参数的功能。用于判断是否需要保存单元参数。执行相关功能后，将更新调节参数。通知的确认方法为通过 I/O 数据"Ch□动作状态"的"调节参数有更新"位确认有无通知。当温度控制单元自动调节且更新了参数时，将"Ch□动作状态"的"调节参数有更新"位设为"1：调节参数有更新"进行通知。

电源重新接通或重启时，I/O 数据"Ch□动作状态"的"调节参数有更新"位仍会保持在温度控制单元中。

通知的解除方法为保存 NX 单元的参数时，通知将解除。通知解除后，I/O 数据"Ch□动作状态"的"调节参数有更新"位将变为"调节参数无更新"。NX 单元参数保存的实施方法取决于系统构成。例如，连接 NX 系列 CPU 单元及连接与 NJ/NX/NY 系列控制器连接的 EtherCAT 耦合器单元时，通过系统控制指令的"NX 单元参数保存"执行保存。

3.4.4 控制输出功能

温度控制单元的控制输出功能模块如图 3-25 所示。

1.控制输出最小 ON/OFF 幅

本功能仅温度控制单元为电压输出及 PID 控制有效时可用，是指定加热侧控制输出或冷却侧控制输出的最小 ON/OFF 幅的功能。使用本功能，在连接输出端子的致动器上使用机械继电器时，可防止机械继电器的老化。建议根据控制输出的外部连接设备的动作条件，设定最小 ON/OFF 幅。

温度控制单元计算出的 MV 小于"Ch□控制输出最小 ON/OFF 幅"的值时，输出为 0%，如图 3-26 中(a)所示。温度

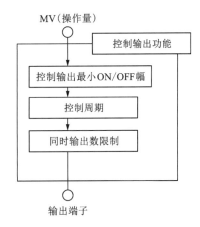

图 3-25　控制输出功能模块

控制单元计算出的 MV 大于 100%，即"Ch□控制输出最小 ON/OFF 幅"的值时，输出为 100%，如图 3-26 中(b)所示。当"Ch□加热冷却调节方法"为"风冷"或"水冷"进行使用时，需要将"Ch□控制输出最小 ON/OFF 幅"设为"0"。

2.控制周期

为在时间分配比例动作中，设定改变电压输出的 ON 和 OFF 时间及周期的功能。本功能仅温度控制单元的输出类型为电压输出型时可用，在 PID 控制时有效。控制周期越短控制性能越佳，考虑到输出端子连接的致动器寿命，需要根据寿命变更周期。

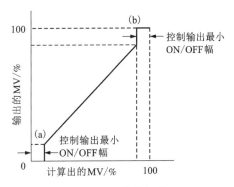

图 3-26　输出幅值

3.同时输出数限制功能

此功能在 PID 控制时有效，是通过改变各输出的控制周期，限制 MV 的上限，以限制同时 ON 的输出数的功能。在输出端子连接致动器的整体峰值电流作限制时使用，可设定考虑了输出切换时产生的输出设备动作延迟的输出间延时。

当"Ch□同时输出上限数"为"无限制"以外时，对于各 Ch 控制输出的控制周期，2Ch 单元为改变成原来的"1/2"，4Ch 单元为改变成原来的"1/4"，通过限制输出 MV 来限制同时 ON 的输出数。基于同时输出上限数且同 ON 输出数及控制输出的 MV 限制值如表 3-5 所示。

表 3-5　输出数限制

同时输出上限数的设定值	同时 ON 的输出数		各 Ch 控制输出的 MV 限制值	
	2Ch 单元	4Ch 单元	2Ch 单元	4Ch 单元
无限制	2	4	100%	
3 输出	2①	3	100%	75%*2
2 输出	2①	2	100%	50%②
1 输出(无同时 ON)	1(无同时 ON)		50%②	25%②

①2Ch 单元时,与"无限制"的动作相同。

②将输出间延时设为 0 ms 以外时,为减去 1 输出间延时后的 MV 限制值。

基于 Ch1 控制周期的 MV 限制为同时输出上限数为"无限制"以外时,Ch2~Ch4 的控制周期将无效,无论"Ch1 有效/无效"及"Ch1 PID·ON/OFF"的设定如何,"Ch1 控制周期"的设定值均为温度控制单元整体的控制周期。

与 MV 限制并用时,当 MV 限制有效,MV 将受限于 MV 上限与各 Ch 控制输出的 MV 限制值中较小的值。例如,4Ch 单元将 MV 上限设为"50%"、MV 下限设为"0%",同时输出上限数设为"1 输出"时,MV 限制为 25%。此时,MV 下限为"30%"时,操作量将固定为 25%。

设定输出间延时的控制周期在同时输出上限数设为"无限制"以外时有效。设定了输出间延时,将在各 Ch 的输出间赋予输出 OFF 区间。因此,设定了输出间延时,实际控制周期将比设定的控制周期长。例如,4Ch 单元将控制周期设为"10 s"、同时输出上限数设为"1 输出"、输出间延时设为"1000 ms(1 s)"时,会对 4 个输出赋予各 1 s 的输出间延时,因此实际控制周期为 14 s。

使用 AT 等调节时,在实施调节前请务必设定同时输出上限数。避免在调节后设定本功能时,导致控制性能降低。"Ch□有效/无效"设为无效的 Ch 的 MV,无论同时输出数限制功能的 MV 限制如何,均按照 0.0% 动作。

3.4.5　异常检测功能

异常检测功能块如图 3-27 所示,包括温度和与传感器连接相关的异常检测。

1. 传感器断线检测

此项功能检测传感器是否断线以及检测测量值是否超出了输入指示范围。

温度传感器的断线包括未连接传感器、传感器的错误接线。当温度传感器断线或测量值超出输入指示范围时,测量值将变为输入指示范围的上限值。传感器断线原因解除时,将变为通常测量值,"Ch□输出、报警状态"的"传感器断线异常"位将 OFF。当输入数字滤波器设为有效时,将并用。对输入数字滤波器处理

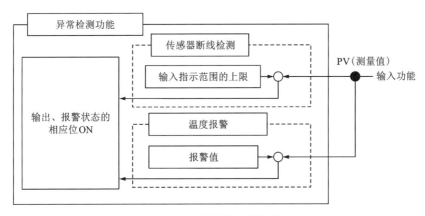

图 3-27 异常检测功能块

前的输入值进行断线检测。

2.温度报警

属于把温度偏差或测量值异常作为报警进行检测的功能。通过选择"报警类型",可根据用途执行报警动作。在报警动作的设定上,各 Ch 均有 2 点报警功能,通过"Ch≤报警 1 类型"及"Ch≤报警 2 类型"设定报警动作。能够设定的报警类型有偏差上/下限、上限、下限、上下限范围、偏差上/下限待机序列 ON、偏差上限待机序列 ON、偏差下限待机序列 ON、绝对值上限。

需要说明的是,"待机序列"是指测量值一旦偏离报警范围后,到下一次进入报警范围内之前,不进行报警检测的功能。例如在"下限"时,通常接通电源时的测量值小于设定点,因此在报警范围内,将直接检测报警。如果选择了"偏差下限待机序列 ON",则测量值高于报警设定值而偏离报警范围,在再次低于报警值时,才会首次检测报警。测量值一旦偏离报警范围,待机序列将被解除,然后在开始操作时(含接通电源及重启时),变更了报警值(报警上/下限)或在 PV 输入偏移量、PV 输入斜坡系数及 SP 等条件下,重启(复位)待机序列。

报警值表示检出报警的温度。可根据报警类型设定报警动作后,设定报警值(X)、报警上限(H)、报警下限(L)3 种值即为报警值。对 I/O 数据的"Ch≤报警值 1""Ch≤报警值 2""Ch≤报警上限 1""Ch≤报警上限 2""Ch≤报警下限 1"或"Ch≤报警下限 2"进行设定。

检出因根据报警类型设定的报警值或报警上下限而发生的报警时,I/O 数据中"Ch * 输出、报警状态"的"报警 1 检测"位或"报警 2 检测"位 ON 做"报警检测"动作。

当报警检测在进行如图 3-28 所示的 ON/OFF 切换时,可设定报警滞后。

图 3-28　报警滞后

结合上述功能, 加以合理运用, 才能使调节控制功能达到最初的技术期望。

3.5　实际应用

掺杂是材料改性的重要手段之一, 在基底材料中掺入其他原子和离子, 可以使材料性质和性能发生相应的改变, 以达到与环境匹配和实用的要求。目前掺杂材料已成为锂电池材料、光催化材料、光学材料、光伏电池材料、信息材料、热电材料等材料的重要组成部分, 而在材料制作的工艺过程中通常需要使用热工装备。温度是影响掺杂的重要参数, 温度的变化会引起物质掺杂能力的变化, 从而影响掺杂速率。

首先, 温度会影响物质的移动速度。随着温度的升高, 物质移动的速度和掺杂速率也随之提高。当达到一定的温度时, 物质移动的速度将达到最高值, 此时掺杂率也将达到最高。但当温度太低或太高时, 物质移动速度会降低, 从而影响掺杂速率; 处于常规状态下的均匀控制过程时, 温度的变化幅度要小, 这样才能保持掺杂速率的稳定性。其次, 当温度过高时, 不仅会影响物质移动, 还会影响物质的性质。如果温度过高, 可能会使物质分解、溶解或发生反应, 影响掺杂速率[14]。而当温度过低时, 物质中的活性物质会凝固或成固态, 降低掺杂速率。最后, 温度对掺杂的影响取决于物质的类型、状态和环境条件。物质的性质决定了它的掺杂速率, 温度的变化会影响物质的活性, 间接影响掺杂速率。此外, 温度变化也会影响环境条件, 如温度过低或过高, 也会对掺杂速率产生影响。综上所述, 通过使用温度调节器, 根据实际情况选择合适的控制方式, 实现正确的温度控制对掺杂过程有重要意义。

众多用于掺杂工艺的热工装备可根据设定的工艺流程实现自动升温、恒温、成膜、降温等过程, 控温技术指标及单独温度重复性均在±0.5 ℃之内, 应用于硅基晶圆的金、铂掺杂的金属掺杂炉是其中最为典型的高精度温控设备。因此, 对金属掺杂炉工艺过程技术指标的测试，是验证欧姆龙温度控制系统性能的最佳途径，本节将对金属掺杂炉控温的具体情况进行阐述。

3.5.1 基础情况

1. 整体结构

金属掺杂炉上一般有多个加热管，可以同时进行掺杂工艺，每个加热管之间是独立的，相互之间基本不存在温度的干扰，即工作过程中可以不考虑其他炉管是否正在工作。一台金属掺杂炉通常有两个以上加热管，管径通常为 260～330 mm，恒温区长度一般在 1020 mm 至 1600 mm 之间，炉管通常有 3~5 个温区。因为炉管内温度比较高，约 1100 ℃，甚至更高，故采用较为昂贵的 S 型或 R 型热电偶进行测温。

原有系统主要是采用温控仪表进行温度控制，采用工业计算机系统+采集板卡进行其他辅助设备的控制，例如电机启停、气体流量控制等。在设计的新的控制方式中，本次采用过渡性的系统替换，只替换主要的温控部分，所以采用的是欧姆龙 NX 系列温度控制系统替代原有的温控器部分，而辅助设备的控制暂时仍由计算机控制，而不移交至可编程控制器。

2. 工艺要求

金属掺杂炉的温度控制系统在工艺制造方面需要符合下列要求。

(1)炉管各温区的目标温度在同一时间可能要求相同，也可能要求不同。大多数情况下，5 个温区在同一时间使用同一条温控曲线，在特殊情况下，也可能每个温区使用各自的温控曲线。根据实际要求，选择相应的某种曲线数据以及相关的 PID 参数，把该数据下载到温度控制单元中，进行控温；即温度控制单元中只有当前工艺要求的相关数据，更换工艺时，需要重新通过计算机把数据送入温度控制单元中。

(2)在计算机上能够实现温度控制系统自整定的启动和停止。

(3)使用计算机软件来设置原始的过程曲线数据，对于不同规格的硅片，工艺曲线会有所区别。这个数据由使用者来决定，针对各种情况，需要将曲线提前保存在计算机的数据库中，以备实际生产时选择。

(4)切换工艺时，需进行加热测试。以如图 3-29 所示的工艺曲线为例，首先关闭炉管，再通入氮气等保护气体，充气完成后，从温度值为 820 ℃ 的恒温状态开始加热，升温至目标值 1020 ℃ 时停止加热。要求炉管最中间的温区先达到目标值温度，然后其余温区需要在 300 s 内达到该温度值。到温后，每个温区要求在 100 s 内达到稳定，且过冲不超过 3 ℃。

(5)对于温度的单点稳定性测试，在 1020 ℃ 恒温控制时，需确认连续 4 h 内的温度波动不超过±0.5 ℃。

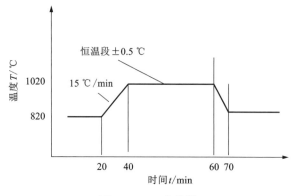

图 3-29 工艺曲线

3. 控制方式

金属掺杂炉的控制方式有多段曲线 PID 控制和串级 PID 控制两种。

多段曲线 PID 控制没有明显的温度滞后,即加热体温度、采集温度、控制的目标温度,这三者相同。但是对系统的要求高,即无论是升温、降温还是恒温过程,在固定的时间内要求系统的温度是确定的。由于工艺中有多段的恒温过程,每一个阶段都可能需要不同的 PID 参数,因此系统需要能够随时切换并修改 PID 参数,以满足每一段曲线的要求。

串级 PID 控制,顾名思义由两个 PID 运算单元串联,共同进行控制。主回路的 MV 控制次回路的 SP,从而达到滞后系统的控制要求。一般情况下,是先独立进行次回路的自整定,自动计算 P、I、D 三个参数,确定次回路 PID 参数后,再将主次回路串级,进行主回路的自整定,确定 PID 参数。在后文中,如果没有特殊说明,则后缀 1 代表主回路的参数,后缀 2 代表次回路的参数,例如 PV1 代表主回路的 PV,SP2 代表次回路的 SP。

3.5.2 影响因素

影响温度控制效果的主要因素如下。

1. 热导率

由于炉体与实际控制目标距离较远,且两者间有石英等填充物,因此炉体与控制目标之间存在较大的温差,尤其是升温阶段温差可能达到几百摄氏度。两者温度之间存在滞后,不能以加热体温度来替代目标温度。这是导致超调、欠调以及稳定恒温时波动的主要因素。

2. 控制精度

工艺反应时,炉体为一个中空的管道,且内部有气体流通。如图 3-30 所示,把该炉体管道分为不均匀的 a、b、c、d、e 五部分，对应每一个温区。

图 3-30　炉体管道分区

在恒温稳定的状态下，每一温区的温度可能不同，但控制精度要求高，如在±0.5 ℃之内。

3. 温度平衡

管内的温度稳定后，一般情况下各温区的温度是相同的，即维持在同样的温度。但在某些特殊要求下，可能会有所差异，即要求稳定在不同的温度，此时需要将各温区调节到所期望的温度，当管内温度振荡时，可适当设置 MV 的阈值，使炉体始终处于微弱加热方式。

4. 超调与欠调

超调或者欠调，对温度的稳定时间有很大的影响，都会导致温度稳定时间变长。

5. 升温与稳定时间

为了尽快地升温，升温阶段一般采用满功率加热，以获得最短的升温时间。而在温度曲线的拐点处，可能会存在超调或者欠调，调整过程会影响到稳定时间。

6. 采集精度

温度采集精度会影响到温度控制，提高采集精度是保证控制精度的关键点之一。干扰会导致温度跳动，必要时可以在温度控制系统中编写程序实现滤波功能。内外热偶拆卸安装后可能会松动，导致测温不准，因此需要用带屏蔽的补偿导线，并检查接线是否牢固。

3.5.3　调试验证

1. 模型概述

由于炉管内外温差较大，且炉管内外温度有明显滞后，故金属掺杂炉的温度控制系统采用串级 PID 控制。

温控模型把整个温控过程分为三段，分别是升温段、拐点段和恒温段。

在升温段，为了得到尽可能的加热速率，一般采用单级 PID，即次回路不受主回路的影响，此时次回路的 PV 与 SP 相差较大，一般会 100% 地输出。如果对升温段的升温速率也有要求（小于最大升温速率），此时一般对次回路的 MV 加以限制，即计算输出为 100，而实际输出为 70(参考数据)，从而达到控制升温速度的目的。

拐点段即升温段到恒温段的过渡阶段，也是该系统控制的难点，其控制效果对恒温段的控制有直接的影响，此时一般要做特殊处理，即根据主、次回路的 PV、SP、MV 的相互关系对次回路的 SP 进行限制或修正，进而控制次回路 MV 在理想的范围内。目的有二，其一为限制超调或者欠调幅度，其二为缩短恒温段的稳定时间。如果没有严格要求，第二点可以不做考虑。

恒温段是温度长时间保持在固定值的阶段，受拐点段效果影响。该段主要保证 a、b、c、d、e 各温区相互之间的温差在额定的范围内。需要注意的是，前文已经阐述了各温区的目标温度可能不同；拐点段的温控效果理想的话，可能在恒温段不需要再做处理，即可满足恒温段的要求。

在串级 PID 控制中，SP2 受 MV1 影响，如何由 MV1 控制 SP2 是串级 PID 控制的难点。升温段为了节约时间和成本，一般是全功率加热，以获取最短升温时间。换句话说，就是对升温速度没有严格要求。所以，采用单级 PID 控制，即次回路不受主回路的影响。可以推导出 SP 之间的关系式：

$$SP2 = SP1 + F \qquad\qquad (3-35)$$

其中，F 为有符号的修正系数，该参数为管内温度恒定时，管内外温度的差值。

对于修正系数 F，当管内的温度都基本恒定在 400 ℃ 时，记录管外温度，此时内外温差即为修正系数 F。为了方便，实际的确定过程略有不同，即在炉外温度单级 PID 控制稳定的情况下，只控制次回路，设置炉外温度的 SP2 为 400 ℃，稳定 2 h(经验数据，一般认为 2 h 会把炉管全部热透，达到可接受热平衡)后，记录管内温度数据 SP1，以计算的出差值 F 为基础数据。由于升温过程是在各温区管外温度相同、管内温度不同的情况下进行的，而金属掺杂炉的工作情况是管内温度相同、管外温度不同，正好相反，因此最先确定的修正系数和最终使用的修正系数可能会略有误差。但实际应用时发现，因为 PID 本身具有调节功能，该误差可以被 PID 的调节功能补偿，所以它不需要人为处理。

SP2 的确定方法，用 SP1 作为基准。如果 MV1 积分面积大，且容易过冲到 100，则需要适当把 SP2 的数值调大，即减小修正系数。

2. 外温控制

炉外温度控制采用单级 PID 控制，且进行单路多次 PID 自整定，即每一个回路的自整定独立进行，而不是同时进行 5 路自整定。

首次 PID 自整定一般是采用经验值，在 PV 基本等于 SP 时(视情况而定，相差几摄氏度即认为基本相等)，轮流对 5 个温区进行 PID 自整定，进行的顺序一般是从中间到两边。

如图 3-31，发现即使进行完第一轮 PID 自整定后，温度仍然有较大的波动，放大后的曲线如图 3-32 所示。注意纵坐标，会有大于 1 ℃的波动。此时，有必要进行第二轮自整定。这就是几个温区相互之间的影响，导致温控波动较大，效果不好。

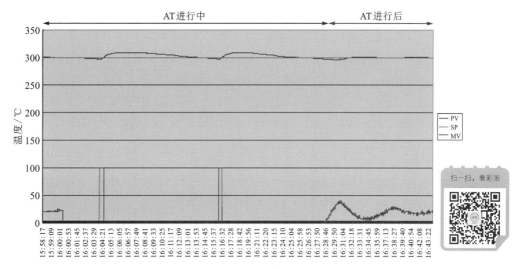

图 3-31 外温一轮自整定结果

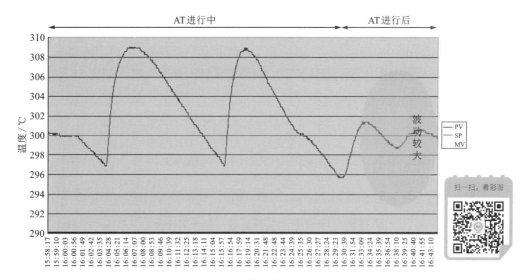

图 3-32 放大曲线

进行完第一轮 PID 自整定后，需要稳定一段时间，一般要稳定半小时以上。此时温度振荡幅度会远远小于第一轮自整定之前的幅度，在此基础之上结合算法分别进行各个温区的自整定，会有更好的效果，如图 3-33 所示。最终结果请注意纵坐标，基本稳定在±0.3 ℃以内，符合技术指标。

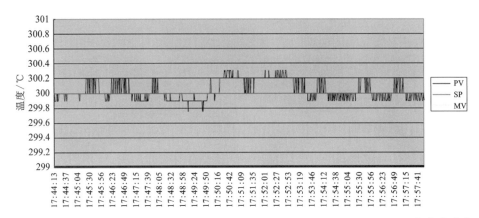

图 3-33　外温二轮自整定结果

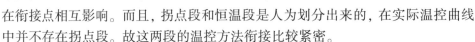

3. 内温控制

炉内温度控制时需要就如何控制升温段、拐点段和恒温段三个温度段进行分别论述。需要注意的一点是，三段温控既独立又在衔接点相互影响。而且，拐点段和恒温段是人为划分出来的，在实际温控曲线中并不存在拐点段。故这两段的温控方法衔接比较紧密。

升温段为节约时间和成本，一般是全功率加热，以获取最短升温时间。换句话说，就是对升温速度没有严格要求。炉管加热体的最大加热速度为 15 ℃/min。所以，采用单级 PID 控制，即次回路不会受主回路的影响。如何确定升温段与拐点段的分割点也是重要的一环，因为在这个分割点的前后，控制方式发生了变化，由单级 PID 转换为串级 PID。在这个分割点之前，此时次回路单级 PID 控制方式基本稳定。引入一个新的变量 $D1$，如果主回路的 PV1 大于 SP 与 $D1$ 之差，则认为进入拐点段。

拐点段的主要目的是为了抑制升温段到恒温段的超调和欠调，从而达到缩短恒温段稳定时间和提高恒温段的控制精度的目的。可以说，理想的拐点段温控效果就等价于理想的恒温段的温控效果。

确定 SP2 的基本方法如下：

（1）等待 PV1 稳定，一般情况下 PV1 大于 SP1 与 $D1$ 之差，则 SP2 的值为 SP1 与修正系数 F 之差。

（2）为了避免超调过大，会适当修正 SP2，即把 SP2 调低，可以通过把修正系数 F 调大实现。

（3）如图 3-34 所示，修正 PID 的参数 $\alpha(0.65)$ 和 $\beta(1.00)$ 值，修改后 $\alpha=0$，$\beta=0$。

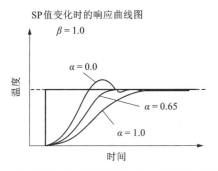

SP 值变化时的响应曲线图

当 α 值减小时，升温速率会变大，但会发生超调。（降低 β 值对 SP 的梯度变化无影响。）

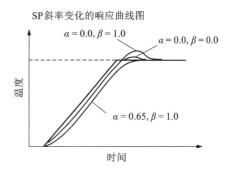

SP 斜率变化的响应曲线图

当 α 值减小时，升温速率会变大，但会发生超调。降低 β 可减小 SP 斜率变化中的过冲发生。

图 3-34　参数修正

恒温带各点温度的稳定是第一要务，必须达到技术指标，即现场要求 PV1 =（SP1±0.5）℃。

一般认为，PV1 = SP1±D1，且 PV2 = SP2±D2 时，进入恒温区控制，此时开始动态调节 SP2，同时抑制 MV2。

1）如果 PV2 在 SP2 的上下限之间，则根据 MV1 的输出值，设定一阈值，MV1>阈值，SP2 动态调整，即根据 MV1 在 SP2 的上下限范围内调整 SP2。

2）抑制 MV2。当 PV2 超过 SP2 的最大上限（由 SP1 修正后确定），此时强制 MV2=0；如果 PV2 在 SP2 的上限与最大上限之间，此时 MV2 等于恒定值，该值较小，一般不超过 30。

图 3-35 为内温控制结果。如图 3-35 所示，温区 c 温度控制稳定，很快达到 SP 且稳定。而温区 b 和温区 d 受到相邻温区 a 和温区 e 影响，出现了较大的超调和欠调。

严格来说，恒温段和拐点段没有仔细地区分。在本金属掺杂炉温度控制系统中，最后的实现方式是恒温段和拐点段混合在一起处理，即上述描述的控制方法，PID 控制在恒温段和拐点段同时起作用。由图 3-35 可知温度最终控制在了 ±0.5 ℃以内，符合技术指标。

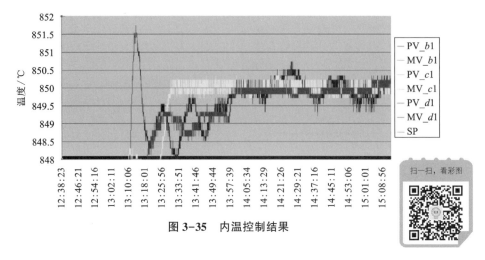

图 3-35 内温控制结果

完成调试后又将金属掺杂炉进行了连续 15 天的工艺效果验证，过程重复性好、温度稳定性佳，C-V 测试等各项技术指标均能达到要求。该结果充分证明了这套欧姆龙温度控制系统的硬件性能和工控效果均符合最初的选型期望。

第 4 章　功率电子线路

　　热工炉的加热通常由调功装置或固态继电器来实现，其中调功装置是最常用的，其内部结构由触发板、晶闸管和阻容吸收电路组成。晶闸管和固态继电器属于电力电子器件，而触发板和电子板则多选用厚膜集成电路。这些用于加热的电力电子器件和厚膜集成电路都归类为功率电子线路。

4.1　厚膜集成电路

　　厚膜集成电路是指采用丝网印刷、喷涂和烧结(或聚合)等厚膜技术，将组成电路的电子元器件及其连线，以厚膜的形式制作在绝缘基板上所构成的整体电路。

4.1.1　概述

　　厚膜一词，虽来自膜的厚度，但厚膜和薄膜的概念并非单指膜的厚薄，主要还是指它们所代表的不同工艺特征。厚膜技术是指用丝网印刷或喷涂等方法，将导体浆料和电阻浆料，通过掩模在绝缘基板上制成所需的图形，再经过加热(烧结或固化)制出厚膜元器件和集成电路的技术。具有高阻精密电阻器的模拟电路，它的电阻多采用厚膜技术制作。虽然厚膜技术在制造无源元件方面比较成熟，但在制造有源器件方面目前尚未进入实用阶段，所以用厚膜技术制造的集成电路都是采用外贴晶体管、二极管或半导体集成电路芯片的厚膜混合集成电路。

　　厚膜电路元件精度高，功耗大，元件本身性能比分立元件稍差，但适合作集成电路，寄生效应小。厚膜电路成本较低，当批量生产时，在采购和成本管理上会更具优势。厚膜电路的优点主要是无源元件的参数范围广，精度较高，性能稳定可靠，元件间绝缘良好，高频特性好，易于制造出高压、大电流和大功率电路，电路设计灵活性大，生产成本低，适于自动化和多品种小批量生产，生产设备投资小。

1.设计程序

厚膜电路的一般设计程序：首先进行整体设计，然后做电路设计，完成设计后测量电路试验板，接着确定元器件参数，再做厚膜电路图案设计，最后再确定工艺流程及参数。整个设计过程的核心是电路整体的技术条件与厚膜电路制造技术，它们对设计的每一阶段以及每一步骤都起着相互制约的作用。其中技术条件是整个设计的依据，而厚膜电路的制造技术则是实现电路技术条件的手段[15]。因此整个设计过程的本质可以看成是使制造技术适应于电路技术条件的过程。设计过程的各阶段或各步骤也可以反过来要求对电路的技术条件做出某种程度的修改，并在构成整体的各个电路块之间进行功能指标的重新分配。厚膜电路的设计是综合运用线路设计、元件制造、电路组装等知识，进行头脑风暴并具体实施的过程。

2.线路转换

厚膜集成电路的优越性表现在能够直接或只做少量的设计就能把电子电路或试验电路转换成厚膜电路，同时还能够改善线路的高频性能。如厚膜电路与分立形式的试验电路，由于两种元件的性能和尺寸上的差异，不可能完全相同，因而一般也要进行转换设计，消除数值大的元件或减少其数量。例如，用有源滤波器代替大电感、大电容的滤波器等。在厚膜电路的设计中，减小比较复杂的电路尺寸和重量的最好方法是采用标准化的半导体集成电路来代替其中的部分分立元件电路。对于某些类型的电路，由于元件的尺寸和位置都会对电路性能有很大的影响，因而只能直接进行厚膜电路的设计和试验。为了尽可能地减少设计的次数，提升工作效率，需要预先对位置布局情况进行综合考虑。设计时，要除去其中尺寸大的元件并消除或尽量减少交叉点，同时要将外引出线排列在基板的边缘以便于封装，并保证输入端和输出端之间有一定的距离。

4.1.2 厚膜导体

厚膜导体是厚膜电路的一个重要组成部分，应用最为广泛。它主要作电路的内部互连线、多层布线、外贴元器件的焊接区、电容器电极、电阻器引出端、低阻值电阻器、电感器、厚膜微带以及封装用。因此厚膜导体的性能对厚膜电路的特性和可靠性均有很大影响。

厚膜导体应具有导电性好，附着力强，可焊性优良，抗焊料侵蚀，能重焊，可热压和超声焊，适于丝网印刷和烧结，分辨率高，可多次重烧而性能不变，抗老化，可靠性高，与其他元器件相容性好，在高温下抗电迁移能力强，工艺性好，原材料丰富，成本低等特点。其中首要的性能就是导电性好、附着牢固和可靠性高，此外成本有时也会成为主要考虑因素。遗憾的是，目前还没有一种导体能满足上述各种要求。因此，制造电路时需按其结构和用途来选择导体。

根据材料的化学性质，厚膜导体可以分为贵金属导体(如 Pd、Ag、Pt、Au)和贱金属导体(如 W、Ni、Mo、Cu)。按照制造方法不同，则可分为高温烧结导体(温度在 500 ℃以上)和低温固化导体(温度在 100~300 ℃)，前者如 Ag-Pd、Au、Au-Pd、Mo、W 等，这类导体主要由粉末状的金属单体或几种金属混合物和少量(5%以下)玻璃组成；后者有聚合物 Ag 导体、Au 导体、Cu 导体等，这种导体主要由金属粉和树脂组成，导体材料中所用的玻璃大多是碱硅酸铅玻璃，它的热膨胀系数接近于氧化铝基板，导体中玻璃含量增加时附着强度增大，但通常超过 5%时导体的电阻值急速增加，因此玻璃含量应该尽可能减小。不含玻璃的导体，称为无釉导体。导体浆料由金属粉和玻璃粉以及有机黏结剂和溶剂制成的载体组成，有机黏结剂包括乙基纤维素等，溶剂材料包括丁基卡必醇醋酸酯等。

1. 贵金属导体

目前使用最多的贵金属导体为 Au 导体，按 Au 导体的黏结形式可分为玻璃黏结型、化学黏结型和混合黏结型三类。玻璃黏结型即为普通导体，由 Au 粉、玻璃釉组成。这种导体在反复烧成时，膜与基板的附着强度下降，或者玻璃浮在膜的表面，焊接性能变差。为了克服这种缺点，发展了无釉 Au 导体。所谓无釉导体就是普通导体中的玻璃全部用 TiO_2、CuO、CdO 等金属氧化物来代替。在烧成时金属氧化物与氧化铝基板发生化学反应，在基板与膜的界面处生成 $CuAl_2O_4$、$CdAl_2O_4$ 之类的尖晶石型化合物起到黏结的作用，使 Au 膜与基板结合。上述这种无釉导体是化学黏结型导体，也称反应结合型导体。因为这类导体不含玻璃釉，所以在多次烧结时不存在普通 Au 导体的缺点，也不会因玻璃软化而改变布线图形，可用于多层布线。此外，烧成膜因不含玻璃也容易进行导线或芯片键合。在无釉 Au 导体中，Au 占粉料的 90%~95%，氧化物占 5%~10%；制成浆料时，有机载体为粉料重量的 10%~15%。这种浆料烧成时生成尖晶石型化合物，需要 950~1000 ℃的高温，故它的烧成温度高于普通浆料。为降低烧成温度，研究人员又开发了同时采用玻璃釉和氧化物的混合黏结型 Au 导体。这种导体与普通导体一样，可在 850 ℃烧成，导体与基板的结合力和键合性能也十分优越。同时，在各种导体浆料中，以 Au 浆料印出的导线最为微细，目前可达到的线宽与线间隔为 50~70 μm，但考虑到成品率，需要以约 100 μm 为界限。若要获得更细的导线，可采用光刻厚膜 Au 导体，用化学蚀刻技术能得到线宽 30 μm、线间隔为 60 μm 的布线。因此，这种 Au 浆料用作厚膜多层布线的导体时，确实是很好的材料。此外，还有薄层 Au 导体，其烧成厚度为 7~9 μm，方阻为 3~4 mΩ/□，具有优良的线键合性能和高度的可靠性，适用于多层布线和电路互连等。另还有一种含 Au 量小于 75%的 Au 导体，烧成厚度只有 4~5 μm，也具有高密度和良好的键合特性。

其他贵金属导体，如 Au-Pd 导体和 Au-Pt 导体，是在 Au 中加入 Pd 或 Pt 所制成的导体。这两种导体的性能十分接近，没有银离子迁移问题，不过成本却要高好几倍。Au-Pd 和 Au-Pt 导体既有良好的锡焊性能又有较好的线键合特性，这是优于 Au 导体之处，但缺点是方阻较高。另外 Au-Pt 导体的附着力较差，有时导体膜局部地区会发生龟裂或开裂。如果加入少量 Pd 制成 Au-Pt-Pd 导体，则附着力可得到一定的改善。此外，贵金属导体还有 Ag-Au-Pd 导体、Ag-Au-Pt 导体等。

2. 贱金属导体

在厚膜电路中应用得最多的是厚膜导体，因此为了降低电路成本，技术人员除了研制只含有少量贵金属的导体浆料外，还开发了贱金属厚膜导体和其他贱金属浆料。其中贱金属导体有 Cu、Ni、Al、Mo-Mn 和 W 等导体。Cu 导体是一种最有代表性的贱金属导体，它除了用作电极材料外，还可用于电路互连，多层布线和制造微带等，Cu 导体的导电性高，成本低，可锡焊和熔焊，能在介质上成膜，在氧化铝基板上附着强度大，且与焊料的键合强度高。但由于 Cu 易氧化，因此要在中性气氛(常为氮气)中烧成，烧结温度通常为 900 ℃左右。中性气体的含氧量对烧结成膜的物理性能和电性能有很大影响。氧的浓度一般保持为 $5 \times 10^{-6} \sim 20 \times 10^{-6}$，若含氧量太小或在还原性气氛中烧成，Cu 导体与氧化铝基板的界面不能生成 $CuAl_2O_4$，因此膜的附着强度减弱。Cu 浆料在烧成时应完全除去其中的有机载体，否则会严重影响 Cu 导体的电性能，因此烧成时必须严格控制烧结气氛。利用 Fe 比 Cu 易氧化这一特点，把印有 Cu 导体浆料的基板放在低碳钢的容器里，在大气中烧结可防止 Cu 的氧化，从而获得与氮气中烧结相接近的导体特性。Cu 浆料能印制线宽 $100 \ \mu m$ 的细线，但印制 $250 \ \mu m$ 以下的细线时，随着线宽的减小，表面积与体积之比增大，导体氧化部分也随之增多，因而电导率会减小。Cu 导体在中性气氛下反复烧结或热老化时，它的电导率与附着强度几乎不变。但在多层电路中，烧结在介质层上的导体，附着强度一般要比氧化铝基板上的低，而且可能会起泡或因扩散而造成介质短路。如果 Cu 浆料在填料多的非结晶化介质层上烧成，就不会起泡，但这时烧成的介质膜呈多孔性，耐湿性差，因此使用 Cu 浆料时，应该选择相容的介质浆料。这种浆料的关键在于采用含有氧化物的材料作填料，在高温下该材料发生反应会分解放出氧气，确保有机载体中残留的有机物烧尽。至于介质层的短路问题，只要介质厚度在 $40 \ \mu m$ 以上，就可以达到层间绝缘电阻的要求。对于能直接在大气中烧成的 Cu 导体，它的最高烧结温度为 600 ℃，既能用于氧化铝基板，也可用于玻璃或涂釉金属基板。

Mo-Mn、Mo-Ti、Mo 和 W 等导体是以难熔金属为主要成分的贱金属导体，适用于陶瓷材料的金属化、陶瓷生基板的多层布线等方面。这些导体通常不含玻璃，浆料印在烧成的 Al_2O_3 基板上或印在未加工的基板上与基板一起烧成，形成共晶相结构, 所以在基板上的附着强度很高。但这种浆料要求在有水汽的还原性气氛(通常是氢气或氮气的混合气体)以及 1400~1600 ℃的高温下烧制而成, 烧成后的导体不能直接锡焊或键合, 必须镀上 Ni 或 Au, 因此很难与目前的电阻浆料一起使用。虽然这种导体浆料采用丝网印刷和光刻法, 可以制得分辨率很高的微细线, 作多层基板的布线和熵密度组装, 但由于这类金属具有相当高的电阻率, 当制作更细的微线时会受到限制。Ni 导体的导电性比 Cu 差, 焊接性也差, 而且与厚膜电阻体的接触电阻较大, 因此主要作等离子显示器的电极用。近年来, 除了研制出能与 Cu 导体灯焊的 Ni 导体外, 还研制出在大气中烧成的 Ni-Ag 导体, 其中 Ag 含量占约 20%, 它以薄膜的形式均匀地覆盖在 Ni 颗粒上, 导体兼具 Ag 和 Ni 的特性, 方阻低至 15 mΩ/方。这类导体也可以扩展到其他贱金属和其他贵金属, 以达到使用少量贵金属就具有与贵金属相同性能的目的。Al 导体浆料印在 Al_2O_3 基板上时, 在 800~950 ℃烧成, 可以得到分子型键合的 Al 导体膜, 导电性比 Ni 好但不如 Cu。Al 导体不能浸焊, 需要叠印 Ag 或 Ag-Pd 导体, 或采用局部镀 Ni、Cu 的方法。当 Al 导体在 600~650 ℃烧成时, 电阻值低, 膜很软, 可进行超声波线键合, 但不能做锡焊。若在高温下老化时, 电阻值会大大增高。

此外, 厚膜导体还有聚合物厚膜导体、感光性厚膜导体等其他种类, 出于成本和性能等因素考虑, 极少应用, 故不做详细阐述。

3. 附着机理

厚膜导体的附着机理可以从机械、物理和化学这三方面来分析。对于两种紧密接触的材料, 它们之间总是存在着分子作用力, 这是物理性质的结合。增加界面的粗糙度、互锁作用和纤维结构, 可以扩大接触面积, 增加机械附着力。黏结剂组分的改变及黏结剂组分与基板材料发生化学反应而产生新相, 便是化学性的结合。一般情况下, 厚膜导体材料中的金属粉末在烧结后只是金属颗粒本身之间产生熔结现象或合金化, 不会与基板发生反应, 因此导体与基板之间的结合是通过黏结剂来实现的。导体中采用的黏结剂通常有玻璃、氧化物和玻璃与氧化物的混合物这三种。

玻璃黏结型黏剂主要是使玻璃与 Al_2O_3 基板的表面形成机械结合, 在玻璃与基板及玻璃与导体间都不会发生反应。玻璃的浸润性与导体的附着强度有直接关系。玻璃与基板的浸润角需要比玻璃与金属的浸润角小, 这样才能让玻璃富集于基板的表面, 并扩散到基板晶粒之间并与基板结合。同时, 玻璃也渗入到金属的下层颗粒间隙中与金属连结。玻璃黏结型导体结合是靠玻璃与基板及玻璃与金属间离子互扩散达到的, 因此烧结条件(峰值温度和时间等)会影响附着力。如果玻璃与金属界面之间是理想的互扩散, 则结合的失效部位应发生在烧结膜的玻璃层内, 这时的结合强度就是玻璃本身的强度。多次重烧会使导体与基板的结合强度明显下降, 其原因为颗粒流动, 有些颗粒渗入到基板或者浮在膜的表面, 使金属与玻璃之间连结减弱。如果采用结晶化玻璃，使玻璃在烧结过程中生成结晶体，增高玻璃的软化点，重烧时就不会再引起颗粒流动，从而明显减小重烧对结合强度的影响。在这类结合中，基板的性质起着重要作用。在同样的烧结条件下，导体在 99% Al_2O_3 基板上的结合强度要比 96% Al_2O_3 基板的差。这是因为 Al_2O_3 基板的不同含量造成了基板结晶构造上的差异和表面粗糙度的不同。此外，烧结气氛会改变玻璃对金属的浸润性，如玻璃在贵金属上的接触角，角度从还原性气氛到氧化性气氛时将会增大，因而会影响界面间的互扩散，改变玻璃与金属界面的连结，影响附着力。而在烧结过程中，有机黏结剂分解不完全，就可能会影响到膜中的烧结气氛。玻璃中的 Bi_2O_3 基板助熔剂，对烧结和附着力起重要的影响。当加热到 800 ℃ 以上时，熔融的 Bi_2O_3 与 Al_2O_3 基板间会形成小的接触角，并很容易与大量玻璃结合，改变它的流动性和烧结特性。

氧化物黏结型黏剂的这种黏结也称反应结合、化学结合或分子结合。CuO 或 Cu_2O 是常用的黏结剂，在烧结时与 Al_2O_3 反应生成铝酸盐，与基板之间构成化学键，具有很高的结合强度，但只有在接近金属熔点的高温下烧结，结合强度才高。为降低烧结温度，多采用添加 Cd 的方法，这样可形成 Cu-Cd 铝酸盐尖晶石，使反应温度下降。另外，96% Al_2O_3 基板中所含的助熔剂也对尖晶石化合物的生成起着重要的作用，经多次重烧后对反应结合 Au 导体的附着强度影响不大。在研磨过的 Al_2O_3 基板上，反应结合 Au 导体的附着强度比未经研磨的要低，原因是研磨过的基板表面玻璃相含量较高，容易溶解 CuO，导致 Au 与基板界面处的 Cu 不足，使结合强度下降。Mo、Mn 导体有相同的结合机理。但在氧化性气氛中烧结时，Mn 与 Al 形成的 $MnAl_2O_4$ 尖晶石容易扩散并析出 Mn，因此需在特殊气氛下高温烧结。

混合结合型的黏结剂是玻璃和氧化物的混合物。其结合机理如下。

(1)反应结合与玻璃黏结两者的混合。在这类 Au 导体中，Cu 在 Au 导体与基板之间形成一个连续的 Au-Cu-CuO-Al_2O_3 结构，跨过导体与基板界面。这时，CuO 穿过玻璃层而接近基板的难易性，对于形成这种结构和导体的附着力有较大影响。结合强度与混合系统的组分、材料的化学性质和工艺条件有关。

(2)机械结合为主。熔融的玻璃将基板与金属膜层隔开，因而不太可能有足够的铝离子通过玻璃层迁移到金属与玻璃的界面上形成尖晶石。相反，玻璃中加入 CuO 后，化学组成的变化降低了玻璃-金属和玻璃-基板界面的自由能，增强了玻璃对金属和基板的浸润性，因而增加了机械结合强度。混合结合型 Au 导体的电子衍射表明，试样表面是无定形的，没有化合物存在。

(3)结合机理取决于烧结温度的高低。导体中少量玻璃(约 2%)起的作用与玻璃黏结型导体中的玻璃所起的作用不同。电子探针分析表明，这些玻璃几乎完全扩散到基板中去了。所以低温烧结是玻璃黏结在高温下生成了铝酸盐，属于反应结合。

4.1.3　基础材料

厚膜电路的基础材料有基板、介质及芯片元件。

1. 基板

在厚膜电路中基板起承载厚膜元件、外贴元器件、互连导体和封装等作用，是整个电路的支撑体和绝缘体。另外，基板在大功率电路中还起着散热的作用。

由于厚膜电路中的厚膜元件直接制作在基板上，因此基板的性能对厚膜元件和整个电路的质量及工艺都有很大的影响且关系十分密切，尤其是在可靠性和工艺重现性这两个方面。优质基板是保证厚膜电路具有优良性能的重要条件，因此对于基板的选择应有下列要求。

(1)基板表面应平整及光滑，以保证厚膜元件的制造精度、工艺重现性以及印刷膜的均匀性。基板的表面光洁度对印刷导线的分辨率很重要，同时还会影响厚膜的附着力，因此要求基板有适当的表面光洁度。对于典型的厚膜，光洁度一般应小于 3 μm。

(2)基板的电性能必须优良，应该具有很高的体积、表面电阻率及很低的损耗，以保证电路元件间有良好的绝缘性能，特别在高频和微波电路中，基板的介电常数和介质损耗必须很小。

(3)基板需具有高的导热性，以便使电路中产生的热量能很快消散。这对于提高组装密度和高频大功率使用特别重要。

(4)基板的热膨胀系数必须与电路所用的材料相匹配。热膨胀系数是否匹配直接影响厚膜元件在基板上的附着强度、电阻和电容温度系数及整个电路的稳定性。热膨胀系数失配会导致膜层开裂，严重时甚至脱落。在温度循环和热冲击时，热膨胀会使电路内部产生热应力，对电路的性能会有影响。

(5)必须具备良好的机械性能，包括机械强度和硬度，以保证在电路的制造和使用过程中，能经受机械振动、冲击和热冲击等而不致损坏。

(6)基板应与电路材料有很好的相容性。基板的稳定性要高，在物理、化学性能上应与厚膜材料相容，并且基板在工艺过程中应不受各种化学试剂和溶剂的影响。

(7)基板应有良好的加工性能，便于切割、加工和钻孔等，以适合于大面积工艺和组装工艺的需要。

(8)基板尺寸误差应控制在一定范围内。整个基板的尺寸误差、平整度和孔的定位误差应小，以保证丝网印刷精度和质量的一致性，且能满足自动化生产的要求。

(9)用于高温烧成厚膜元件的基板，要具有良好的耐高温特性，能够经受多次高温烧结而不变形。

（10）在电路制造过程中，电路报废均会造成基板的损失，因此基板的制作成本需尽可能地低。

能够满足上述全部要求的基板几乎不存在，随着时代的发展，基板材料正在不断地优化。厚膜集成电路使用的基板材料品种很多，但不外乎为金属、陶瓷和树脂这三大类。陶瓷基板的主要特点是能够耐 1000 ℃以上的高温，热膨胀系数小，热导率大，绝缘强度高，化学稳定性好。由于陶瓷基板的加工性较差，介电常数较高，机械强度不够，不易制成大面积。为了克服这些缺点，并适应大功率的需要，开发了金属基板；金属基板有良好的散热性和机械加工性、高的机械强度和低的成本，可制成大形基板，一次能够制作出多个，烧结时收缩率小，图形精度良好，可用于高密度组装等。但基板的金属芯增大了电路间的固定电容量，需要在设计时予以考虑，以便能在高频环境中应用。树脂基板在厚膜集成电路中常被用来组装陶瓷基板。这种基板的优点是，制造和加工方便，成本较低，能短期内大量生产同一布线图形，可电镀制作细线，适于自动化生产等。此外，树脂基板也同样可以用聚合物厚膜浆料来制作导体和电阻器。在制作厚膜集成电路时可根据实际情况来选择基板。

2. 介质材料

在厚膜电路中，厚膜介质材料主要用来作厚膜电容器介质、多层布线和交叉布线介质、电路的保护层和包封介质。其中多层布线和交叉布线介质要求材料的介电常数小，以减小分布电容的影响；电容器介质的介电常数要求大，以得到较高的电容密度。除此以外，还要求介质的绝缘强度高、损耗小、绝缘电阻大、结构均匀致密、表面光滑平路、气孔率小、多次烧结后不变形、抗热冲击性好、不开裂、与导体材料的相容性好、烧结过程中不发生化学反应和互扩散、热膨胀系数相互匹配、黏附性好、贮存寿命长和适于丝网印刷等。

厚膜介质是将陶瓷粉料、玻璃和有机载体等组成的浆料印刷在基板上，经烧结后制成的。在烧成过程中有机载体被烧掉，而玻璃将陶瓷等材料黏结在基板上，形成介质膜。电容器介质中采用的陶瓷粉料主要有钛酸盐和铌酸盐。介质膜的特性取决于所用陶瓷粉料的性质和膜的结构。影响膜结构和特性的主要因素有粉料的颗粒大小和形状、气孔率、相分布、颗粒或各相之间的边界性质以及颗粒是否择优选取。电容介质的性能还与玻璃的成分和含量有很大关系。随着玻璃含量的增加，膜的介电常数会下降，膜中的气孔也随之减少。介质膜中的气孔对膜的性能影响很大，故气孔是造成介质膜失效的主要因素，因此必须尽量减小气孔率。用于交叉及多层布线的介质大多为结晶玻璃，这些选材可以保证物理力学性能。介质材料的组分应该避免采用可能发生迁移的材料，特别是在电场作用下会产生迁移的任何材料，这一点尤为重要。电容介质的介电常数有高、中、低三种。

厚膜电容器通常被制成平行板电容器,可以是单层也可是多层结构。单层电容器的介质在两导体电极之间,而多层电容是由介质和电极互相交替印烧制成。制造厚膜电容器时需要注意电极材料,不同的导体材料会造成电容密度(比容)和电容量的变化。为了防止介质膜中针孔、空隙等缺陷引起的短路,可以印烧两层介质。介质的特性与烧成温度有关。为提高电容器的防潮性和可靠性,在制成的电容器上需印制保护层介质。目前保护层介质采用二层,内层用晶化玻璃,以便与电容介质匹配;外层用非晶化玻璃或有机保护层。在制造大容量厚膜电容器时,须增大电极面积或使用高介材料,这会降低电路的集成度或使电容器的性能下降,因而有时要采用外贴电容器。在厚膜无源元件中,目前电容器的制造特性还不如电阻器好,但随着电容介质特性的改进,其性能和用量会不断得到提高和增长。

包封介质或保护层介质的主要作用是钝化和保护厚膜元件的表面、减弱环境条件(如水汽等)对元件的影响。对于这种材料,要求其能对抗恶劣环境条件和具有适应激光微调的特性,成膜后不易吸湿和渗透,膜较坚硬,它的热膨胀系数要与基板和被保护元件匹配。玻璃一类材料大致可满足要求。常用低温玻璃(如含CdO 或 ZnO 的低熔点硼硅酸玻璃)作电阻器的保护层,而电容器一般用晶化玻璃。为了便于调整电阻器或电容器的精度,保护层介质中通常加入绿色或蓝色的染料,以吸收调整时激光产生的能量。

厚膜铁氧体磁性材料用来制作厚膜电感器和应用于厚膜微波集成电路中。这类材料中含有铁酸锂粉、硼硅酸铅玻璃等材料。为减少烧成膜的气孔率和提高其性能,还常加入少量(约 1.5%)的氧化铋。铁磁性膜的性能不仅受铁氧体粉特性的影响,而且还受到粉末颗粒尺寸分布的影响。此外,浆料的黏度、烧成膜的密度、气孔率和附着力等都与颗粒尺寸有关。厚膜电感器由导体或导体和铁氧体浆料制成,它可以是单层的,也可以是多层的。单层的平面电感器一般采用多面螺旋形结构,但其电感量很小。为提高电感量,可以将螺旋形导体印烧在上述铁磁性膜上(或铁氧体基板上),或采用多层结构。厚膜多层电感器实际上是由多层介质键或铁磁性膜隔开的平面螺旋电感器依次串联起来构成的。采用铁磁性膜可使电感量显著增大,但由于工艺、材料和结构上的原因,电感量和电荷值都不高,一直是厚膜元件中较薄弱的环节。因此,目前厚膜电路大多采用外贴小型电感器,并在电路上采取措施,尽量减少电感的数量及其数值。

3.芯片元件

芯片元件是一种无引线、可直接安装到电路板上的电子元器件。这种元器件按形状可分为圆柱形和矩形两种,前者适合于高速组装,后者则适于高密度组装和表面组装。为提高芯片元件的焊接特性,圆柱形元件两端通常会加上金属帽盖;矩形元件目前则常采用三层电极结构。为提高芯片元件的可焊性,新的端接方法不断地被推出，如在多层陶瓷芯片状电容器端部喷涂一层厚度为 1 μm 左右掺杂有某些微量元素的金属层，再外加一层焊剂组成焊接端。

芯片状元器件既可作厚膜电路的外贴元器件，又能用于印刷电路板。它与有引线元器件相比，更有利于电子产品的小型、薄型和轻量化；适于自动化高密度组装和表面组装；可提高产品的性能和可靠性能；可利用基板的两侧安装元器件，设计自由度大；有利于降低产品的成本等。目前使用的芯片状元件主要有电阻、电容和电感器。有源器件主要有二极管、晶体管、IC 和 LSI。其中电阻、电容和电感器都属于芯片状无源元件，二极管和晶体管及小型扁平状 IC 则属于芯片状有源元件。

芯片状电阻器在厚膜电路中，虽然可以直接在基板上用厚膜技术制件电阻器，但如果一块基板上有各种不同阻值的电阻器，而且阻值范围很宽时，它的制造工序会很繁复，不利于快速高密度组装，因此需用起片状电阻器。此外，一些特殊要求的电阻，如高精件、低 TCR、低噪声等也需要外贴。组装芯片状电阻器时，先用黏结剂将电阻固定在基板上，然后浸入焊料箱中。这种方法能与带有引线的其他元件一起组装。而再流焊是把焊接浆料印刷在基板的组装部位，然后将芯片状电阻置于其上，通过加热炉等进行焊接。采用何种方法需根据电路的种类、组装密度、各种元件的装入顺序和组装时产生的热影响而定。一般说来，再流焊比浸焊更适合于表面组装。

芯片状电位器用于混合集成电路中，大多作电路的调整之用。而一经调整后通常就不再变动，在使用中要求保持该阻值，因此这是一种半固定电位器。由于印膜电阻体的阻值稳定性高，因此厚膜混合集成电路大多采用这类电位器。引出端的形状有芯片状电阻型和一般的引出线型两种，选用哪一种需根据组装方法而定。

芯片状电容器是芯片状元件中品种最多的一种元件。陶瓷电容器按照结构分类有单层和多层两种。单层结构由于容量小，一般用在高频旁路、耦合和谐振电路中。多层陶瓷电容器的特征是电容密度大（约为 10 μF/cm^2），电极在介质内部，对环境有极好的稳定性，内部电感极小（<200 pH），固有谐振频率高等。常用作中频和低频旁路、耦合电容。而按介质材料的不同，陶瓷电容器分为三类，第一类电容器的介质为氧化钛系材料，电容量随温度呈直线变化；第二类电容器介质为钛酸钡系材料，这种材料的介电常数大，随着它的容量增大，由温度或电压引起的容量变化也会变大；第三类电容器为半导体陶瓷电容器，它是将氧化物半导体的表面绝缘层作介质，由于介质层很薄，因此容量大，但耐压不太高。芯片状陶瓷电容器的形状也有圆柱形和矩形两种。其中圆柱形电容器又有圆管型和多层介质型。圆管型相似于普通管形陶瓷电容器，而多层介质型则沿承多层陶瓷电容器的结构，它的引出电极会做成三层，内电极一般用 Ag-Pd 材料，近年来已

成功地用贱金属 Ni 代替，目前已经显著地降低了成本。

芯片状云母电容器具有高的品质（$Q>200$ C）和小容量，广泛应用于射频便携式通信设备和小型无线电通信设备中，作振荡电容器。芯片状电解电容器有钽和铝电容两大类。钽电容的容量大、高频特性良好，适于小型化和片状化，但价格较贵。铝电容由于使用液体电解质，耐热性差，在浸焊或再流焊时，温度过高会造成漏液，使用时电解液发生化学反应，产生气体（主要是氢），因此电容器内部必须留有空间，用片状化结构很困难，所以开发较迟。目前，芯片状铝电解电容器的内部结构与常规的铝电容相类似，电容器芯子浸入电解液后置于铝外壳或树脂外壳中，但芯子与外壳之间留有空隙，在外壳上再用环氧树脂模压成型，制成双层外壳密封结构。芯片状薄膜电容器大多用聚酯薄膜作介质，金属化电极，环氧树脂模压封装。这类元件尺寸不尽相同，小型云母电容器适用于再流焊工艺。随着工艺技术的发展和不断成熟，芯片状电容器的体积在进一步缩小。

芯片状电感器在电路中的主要无源元件（电阻、电容和电感器）中，其片状化最迟。目前，这种电感器主要有三类，第一类是用极细的导线绕在磁芯上而制成的，称线圈型；第二类是交替蒸发导体和绝缘层制成的薄膜型；第三类是厚膜型，用厚膜技术制作，电感中采用铁氧体磁性材料。以圆柱形厚膜电感器为例，首先在磁性生基板上印刷厚膜导体，然后卷成圆柱形，再切成适当长度，烧成后装上引出电极。矩形厚膜电感器的直流电阻取决于所用导体浆料的种类、导体图形的线宽和膜厚，而品质因素还与磁性体有关。磁性电感的工作频率范围和额定电流在很大程度上取决于磁性材料的特性。

芯片状二极管和晶体管有矩形和圆柱形两种外形，通常用树脂封装或不封装。矩形的适合于高密度组装；圆柱形的与电阻、电容器等统一做成相同尺寸，主要供树脂基板安装用，不宜做小型高密度组装。芯片状二极管作小信号及小功率整流等用，而晶体管可作小信号放大、功率放大、变频和振荡等用。小信号晶体管耐压和电流不大，电流为 $10\sim100$ μA，因电流放大特性良好，故一般做此用，在噪声小的环境下适于作前置放大。开关晶体管的结构与通常作放大用的晶体管差不多，也可用于放大或振荡回路。当集电极功耗在 1 W 以上时，属于功率晶体管，用于功率放大，在大电流区域具有直线性良好的直流电流放大率。随着以氧化硅为基底的磷玻璃、硼玻璃、氮化硅及有机物膜等半导体钝化技术的飞速发展，平面型二极管和晶体管可不必封装而直接进行芯片键合和线键合组装。但装在陶瓷基板上的芯片体积较大（0.8 mm 以上）时，就必须考虑与陶瓷间热膨胀系数的差异，这时应在芯片与基板之间夹入 Mo 或 W 之类的缓冲材料，或使用软的Pb-Sn 共熔焊料。组装电路时，采用裸芯片还是树脂封装芯片，需要根据具体情况和要求来确定。此外，二极管和晶体管还有倒装片、梁式引线、膜载体、陶瓷芯片载体等结构，由于种类不多或成本较高，因此在实际应用中并不普遍。

小型扁平集成电路芯片这种小型封装半导体集成电路被大量应用于放大器、比长器、计数器等器件之中，它的耗电比标准型双列直插式封装小，体积也小。这种封装结构，目前有 8~24 个引出端(或引线)。例如有 1 个引出端的小型扁平集成电路，它的外形为 $10 \times 4.4 \text{ mm}^2$，引出端间距为 1.25 mm，模组厚度 1.5 mm，其结构类似于原来的标准双列直插式封装制品，但面积减小 1/4~1/3。这种集成电路芯片与一般混合集成电路芯片相比有以下特点：

(1)通常的集成电路芯片必须保存在特别干燥的容器中，有效保存期短，组装时易损坏、要求高，而小型扁平集成电路无此特殊要求，容易处理。

(2)可检查全部电性能，而集成电路芯片只能检查一定的性能，不能够检测漏电流和交流特性等。

(3)成本低、易于保管，适用于量少品种多的生产。

(4)组装成本也低。由于是小型结构，因此功耗也较小。

4.2 调功装置

调功装置通常由触发板、晶闸管和阻容吸收电路组成。

4.2.1 触发板

加热的启动与关断需要由触发信号来实现，触发信号分为过零触发和移相触发。过零触发是指当加入触发信号，晶闸管在交流负载电压为零或接近于零时，晶闸管才导通；当断开触发信号，晶闸管要等到交流负载电压为零或接近于零时，晶闸管才断开。过零触发是在给定时间间隔内，改变晶闸管导通的周波数来实现电压或功率的控制。交流电因为有正负半周，在正半周到负半周或者由负半周到正半周过程中都要经过零点，在一定的时间内改变导通周波数来改变可控硅的输出平均功率，实现调节负载功率效果，周波数是指交流电完成一次完整的变化，即一个正弦波形所经历的时间叫一个周波。过零触发是改变晶闸管导通的周波数，输出波形仍然是正弦波。移相触发是通过控制晶闸管的导通角来控制晶闸管的导通量，从而改变负载上所加的功率。其控制波动小，使输出电流、电压能平滑升降。移相触发就是通过改变每周波导通的起始点位置或结束位置，来达到调节其输出功率或电压的目的，实际上是通过控制可控硅的导通角大小来控制可控硅的导通量。移相触发的输出波形被斩了一截，所以负载得到的是一种有缺角的正弦波。因为移相触发存在缺陷，所以调功装置的触发原理几乎都采用过零触发。

调功装置搭配炉体进行加热，由于电热体的品牌、材料与横截面积不同，加热电流自然会有差异，为了符合工程实际应用要求，最终设计出可调触发板，通过调节触发板上的电位器即可获得炉体所需的最大加热电流。

可调触发板是以电压及输出电流可调、安全可靠、操作简便且易于实现为目标进行设计的。可调触发板包括电源单元和集成应用电路单元，集成应用电路单元的输入端与电源单元的输出端相连；电源单元包括直流稳压源电路和 RC 串并联电路，RC 串并联电路包括可调电阻、电阻和电容，直流稳压源电路则包含稳压块等元件；集成应用电路单元包括多路集成应用电路，多路集成应用电路相互并联，且多路集成应用电路的数量必须要超过炉体的温区数量，通常会预留 2~3 个电路做备用。可调触发板的具体原理框图如 4-1 所示。

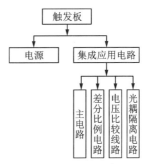

图 4-1　可调触发板原理框图

为了让调功装置稳定运行，必须保证供电输出端的电压是固定的，通常触发板上选用的稳压块型号为 L7809。若稳压块的输入电压为 24 V，那么它的输出电压只有 9 V，稳压块上的压差将达到 15 V，远超过供电电压与稳压块的压差为 3~7 V 的技术要求。在不改变供电电源和稳压块选型的情况下，无法改变电压的大小，供压过小容易导致烧坏电路。为改变这一局限性，最终设计了可调的电源单元，如图 4-2 所示。

电源单元包括直流稳压源电路和 RC 串并联电路；直流稳压源电路包括稳压二极管 VD1、三端稳压块 TS 和二极管 VD，其中 VD1 的正

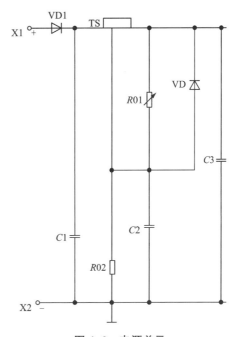

图 4-2　电源单元

极接输入正极，负极与三端稳压块 TS 的输入端相连，三端稳压块 TS 的输出端与可调电阻 R01 的一端相连，三端稳压块 TS 的中间端与电阻 R02 的一端相连；RC 串并联电路包括可调电阻 R01、电阻 R02 和电容 C2，可调电阻 R01 的一端与直流稳压源电路的一个输出端相连，可调电阻 R01 的另一端与电容 C2 的一端相连，电容 C2 的另一端则与直流稳压源电路的另一输出端相连，电阻 R02 的一端与可

调电阻 $R01$ 的另一端相连，另一端则与地相连；电源单元 1 还包括二极管 VD、电容 $C1$ 和 $C3$，二极管 VD 的正极与可调电阻 $R01$ 的另一端相连，负极与三端稳压块 TS 的输出端相连；电容 $C1$ 的一端与稳压二极管 VD1 的负极相连，另一端与输入负极相连；电容 $C3$ 的一端与三端稳压块 TS 的输出端相连，另一端与输入负极相连。其中 $C1$ 和 $C2$ 相配合以防止过压；电容 $C3$ 用于改善电源单元 1 的暂态响应问题；二极管 VD 的并入以防止调整端短路，对电路进行保护。另外，在 $C3$ 的两端各接一个端子，以备和万用表相接，或是安装一个微型电压表，用来观察电压的大小。经过测试，调整可调电阻 $R01$，电压均有变化，当可调电阻 $R01$ 固定阻值后，电压稳定不变；通过调整可调电阻 $R01$，可以得到所需的电压值。

集成应用电路单元中的每个集成应用电路中的器件与材料选型、布局设计是完全相同的，如图 4-3 所示。

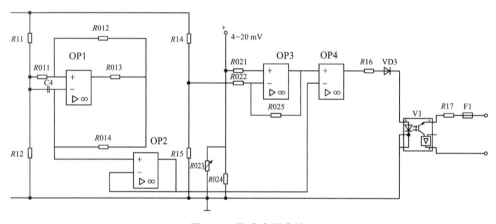

图 4-3　集成应用电路

集成应用电路包括依次相连的波形发生器、电压跟随器、差分比例运算电路、电压比较电路和光耦隔离输出电路，设计时需选择内部包含四组以上的类型完全相同且相互独立的运算放大器的多运放集成块(如 LM32X 系列芯片)。

其主电路如图 4-4 所示，包括波形发生器 211 和电压跟随器 212。波形发生器中有迟滞比较器 OP1，迟滞比较器 OP1 的同相输入端经电阻 $R011$ 与电源单元 1 的输出端相连，迟滞比较器 OP1 的反相输入端经电容 $C4$ 与电源单元 1 的输出端相连，迟滞比较器 OP1 的输出端依次经电阻 $R013$ 和 $R014$ 后与其反相输入端相连，迟滞比较器 OP1 的同相输入端依次经电阻 $R012$ 和 $R013$ 与迟滞比较器 OP1 的输出端相连[16]。另外电压跟随器 OP2 的同相输入端与迟滞比较器 OP1 的反相输入端相连，电压跟随器 OP2 起缓冲和隔离的作用，以消除电压过大、波形失真等隐患。

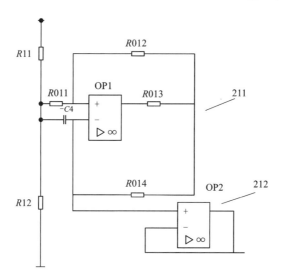

图 4-4　主电路

当电源接通时，电容 $C4$ 上没有电压，即起始电压为 0，通过 $R013$ 和 $R014$ 对电容进行充电，$C4$ 上的电压 U_c 呈指数规律增加。经过一定的时间，当 $C4$ 上的电压 U_c 大于或等于迟滞比较器 OP1 的同相输入端对地电压 $U+$ 时，$C4$ 通过 $R014$ 放电。迟滞比较器 OP1 的反相输入端与输出端相连，加强了负反馈，在输出接近极限时起保护作用，可以退出饱和，输出有限的电压。此时电容 $C4$ 反复的充放电，U_c 在振荡，电压在 $U+$ 附近徘徊，产生锯齿波。

为了将输入差动信号转为单端信号，必须使用差分比例运算电路 213（图 4-5）。差分比例运算电路包括运算放大器 OP3、电阻 $R14$、$R15$、$R021$、$R022$、$R024$、$R025$ 和电位器 $R023$。运算放大器 OP3 的同相输入端依次经电阻 $R021$ 和 $R024$ 与电源单元 1 的输出负极相连；电阻 $R021$ 和 $R024$ 的连接点与电位器 $R023$ 的一端相连，电位器 $R023$ 的另一端与地相连；运算放大器 OP3 的反相输入端连接至电阻 $R022$ 的一端，电阻 $R022$ 的一端与电阻 $R014$ 相连，电阻 $R014$ 的另一端与电源单元 1 的输出正极相连，而电阻 $R022$ 的另一

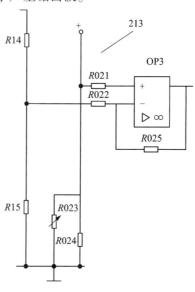

图 4-5　差分比例电路

端经电阻 $R15$ 与电源单元 1 的输出负极相连；运算放大器 OP3 的反相输入端经电阻 $R025$ 与运算放大器 OP3 的输出端相连。通过在电位器上并入一个电阻，可更有效地控制其输入，起到调流的效果；相较于原有设计中直接用电位器，本电路起到了保护作用，当只有电位器损坏时，电路依旧导通，且不会因为阻值过大或过小而损坏电路中的其他元器件。

考虑到限流保护等问题，故在反相输入端加上了电阻 $R14$、$R15$。按照常规的差分比例运算电路 213，为保证输入端对地电阻的平衡，防止共模抑制比降低，要求 $R021$ 与 $R022$、$R024$ 与 $R025$ 的阻值相同；电路刚导通时，需要使 $R023$ 阻值接近于 0。之后通过调整电位器 $R023$，控制差分比例运算电路 213 的电压放大倍数。

电压比较线路 214 如图 4-6 所示。电路包括电压比较器 OP4，电压比较器 OP4 的同相输入端接运算放大器 OP3 的输出端，电压比较器 OP4 的反相输入端接电压跟随器 OP2 的输出端，电压比较器 OP4 的输出端依次串联有电阻 R16 和二极管 VD2。在输出端加上电阻 R16，可将电压转换为电流，再和二极管 VD2 搭配，利用二极管 VD2 的开关特性，来达到过零触发的效果。为便于观察输出电平的变化情况，参考模拟各种环境，最终决定选用绿光或蓝光的发光二极管 VD2。利用光能散发的原理，当电压比较器 OP4 的同相输入端电压大于反相输入端电压时，输出正向电压，处于正向工作状态，二极管导通，其中发光的强弱与电压有关；当同相输入端电压小于反相输入端电压时，输出饱和负电压，此时二极管不发光。

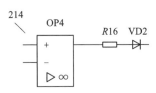

图 4-6 电压比较线路

图 4-7 为光耦隔离输出电路 215。该电路包括光电耦合器，光电耦合器的输入端与电压比较电路的输出端相连，光电耦合器的输出端依次串联有电阻 $R17$ 和保护模块，保护模块为熔断体。由于光电耦合器的输入与输出端间没有电气联接，并相互隔离，因此电信号在传输过程中具有单向性、绝缘性、抗干扰性；而且输入回路和输出回路间能够承受数千伏特的高电压，有好的安全保障性。输出端上加电阻 $R17$ 能限制电流。考虑到电子器件承受过载的能力是有限的，当故障发生、负载不稳定或短路时为对其进行保护，需要加上保护装置。选用的保护器件最终为熔断体，因为它成本低，灵敏度高，便于更换。

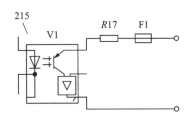

图 4-7 光耦隔离输出电路

可调触发板的控制方法为先调整可调电阻 $R01$，通过观察电压表或万用表上电压的大小来获取输出稳定且符合集成应用电路单元要求的预设电压；为保证差分比例运算电路 213 的稳定，电位器 $R023$ 的阻值必须调到最小值，近似于 0。

当负载功率小于预设功率且只有单一温区加热时，采取独立工作模式，可看成电源单元与单个集成应用电路串联；当负载功率大于预设功率且有多个温区时，采用并联工作模式，即单个稳压源与多个并联的集成应用电路作用于大负载。控制精度要求越高，则温区越多；假设炉体有 n 个温区，则需要并入 n 个集成应用电路，多个集成应用电路并联后，再与电源单元串联。通过调整各个集成应用电路 21 中的电位器 $R023$，来决定加热时功率的上限，具体数值根据配套炉体的实际情况选取。

4.2.2　晶闸管

晶闸管是晶体闸流管的简称，又称作可控硅整流器，可简称为可控硅，是一种能够承受高电压、大电流的半控型电力电子器件。1956 年美国贝尔实验室发明了晶闸管技术，1957 年美国通用电气公司成功地开发出了世界上第一只晶闸管，并于 1958 年使其商业化。由于其在开通时刻可以控制，而且各方面的性能均明显优于以前的汞弧整流器，一经面世立即受到了普遍的欢迎，从此开辟了电力电子技术迅速发展和广泛应用的崭新时代。也有人将此称之为是继晶体管发明和应用之后的又一次电子技术革命。到 20 世纪 80 年代，晶闸管的地位开始被各种性能更好的全控型器件所替代，但是，由于晶闸管所能承受的电压和电流容量仍然是目前电力电子器件中最高的，而且工作稳定、可靠，因此在大容量或超大容量的应用领域仍然具有不可替代的地位[17]。随着电力电子技术的发展，晶闸管被研发出多种类型的派生器件，包括快速晶闸管、双向晶闸管、逆导晶闸管和光控晶闸管等。

1. 工作原理

晶闸管是一种非常重要的功率器件，可用来做高电压和大电流的控制器件。它主要用作开关，使器件从关闭或阻断的状态转换为开启或是导通的状态，反之亦然。现今的可控硅器件的额定电流可以从几毫安到 5000 A 以上，额定电压可以超过 10000 V。在性能上，可控硅不仅具有单向导电性，而且还具有比硅整流元件更为可贵的可控性。它只有导通和关断两种状态。要使晶闸管导通，一是在它的阳极 A 与阴极 K 之间外加正向电压，二是在它的控制极 G 与阴极 K 之间输入一个正向触发电压。晶闸管导通后，松开按钮开关，去掉触发电压，仍可维持导通状态。

晶闸管导通的工作原理可以用双晶体管模型来解释，如图 4-8(a)所示。如果在器件上取一个倾斜的截面剖开，则晶闸管可以看作由 P1N1P2 和 N1P2N2 构成的两个晶体管 V1、V2 组合而成。在图 4-8(b)中，如果外电路向门极注入驱动电流，则流入晶体管 V2 的基极，瞬即产生集电极电流 i_{c2}，它构成晶体管 V1 的基极电流，又经 V1 放大构成集电极电流 i_{c1}，从而进一步增大 V2 的基极电流，如此形成强烈的开通正反馈，最终使晶体管 V1 和 V2 进入完全饱和状态，此时晶闸管导通。

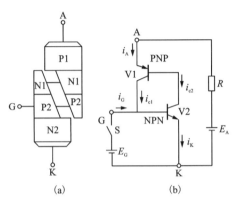

当晶闸管导通后，如果撤掉外电路注入门极的电流 i_G，晶闸管由于内部已形成了强烈的正反馈，仍然会维持导通状态。若要使晶闸管关断，必须使流过晶闸管的电流降低到接近于零的某一数值以下才能够实现。通常是给晶闸管施加一段时间的反向电压，使之关断。

图 4-8　晶闸管模型及原理

对晶闸管的驱动过程称为触发，产生注入门极的触发电流的电路称为门极触发电路。由于通过晶闸管的门极只能控制其开通，不能控制其关断，因而称晶闸管为半控型器件调功装置使用双向晶闸管，双向晶闸管相当于一对反并联的普通晶闸管，其电路符号和伏安特性如图 4-9 所示。

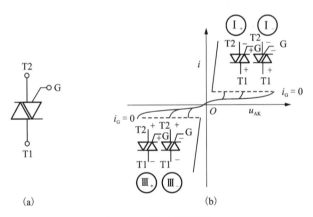

图 4-9　双向晶闸管

双向晶闸管的两个主电极分别为 T1 和 T2，门极为 G。门极触发方式有四种，I_+、I_-、III_+、III_-。这四种触发方式的灵敏度各不相同，实际应用中常用 I_- 和 III_- 这两种方式。双向晶闸管在承受正、反向电压时，均可控制导通，且正、反方向的电流波形对称，属于交流开关器件。因此，额定电流的标注方法与晶闸管不同，双向晶闸管是以电流有效值标定的。

双向晶闸管在加热控制系统中作为功率驱动部件，由于双向晶闸管没有反向耐压问题,控制电路简单,因此特别适合作交流无触点开关使用。双向晶闸管接通的一般都是一些功率较大的用电器,且连接在强电网络中,其触发电路的抗干扰问题很重要,为减小驱动功率和晶闸管触发时产生的干扰,通常都是将经过光电耦合器处理后的触发信号加载到晶闸管的控制极。

2. 主要参数

晶闸管的主要参数有电压参数、电流参数和动态参数。

电压参数包括断态重复峰值电压、反向重复峰值电压、通态峰值电压及额定电压。断态重复峰值电压是在门极开路而结温为额定值时,允许重复加在器件上的正向峰值电压;国标规定重复频率为 50 Hz 时,每次持续时间不超过 10 ms。规定断态重复峰值电压为断态不重复峰值电压即断态最大瞬时电压的 90%,且断态不重复峰值电压需要低于正向转折电压。反向重复峰值电压是指门极开路而结温为额定值时,允许重复加在器件上的反向峰值电压;根据规定,反向重复峰值电压为反向不重复峰值电压(即反向最大瞬态电压)的 90%,且要求反向不重复峰值电压一般低于反向击穿电压。通态峰值电压是晶闸管流过某一规定倍数的额定通态平均电流时,晶闸管阳极和阴极之间的瞬态峰值电压,即管压降。晶闸管通常取晶闸管的正向重复峰值电压和反向重复峰值电压中较小的一个作为其额定电压;晶闸管的额定电压分为不同的电压等级,额定电压在 1000 V 以下时每 100 V 为一个电压等级,额定电压在 1000 V 以上则以每 200 V 为一个电压等级。普通晶闸管的额定电压为 8000 V 以上。为了确保器件安全运行,在选用晶闸管时应考虑一定的安全裕量。一般晶闸管的额定电压为实际工作时晶闸管所承受的(断态或反向)重复峰值电压的 2~3 倍[18]。

电流参数包括通态平均电流、维持电流和擎住电流。通态平均电流是指在一定的管壳温度(140 ℃)和散热条件下,晶闸管允许长时间连续流过的最大工频(50 Hz)正弦半波电流的平均值;在此电流下,器件正向压降引起的损耗所造成的温升不会超过所允许的最高工作结温,这也是标称其额定电流的参数。普通晶闸管的通态平均电流,可为 6000 A 以上。由于晶闸管额定电流是以通态平均电流标定的,元件工作中的热效应决定于电流有效值,因此要求通过器件的电流有效值不超过元件的有效值定额,从而保证器件的管芯结温不超过器件允许的额定结温。可知选择晶闸管电流定额的关键是求得通过器件的实际电流有效值。维持电流是指使晶闸管维持导通所必需的最小电流,当阳极电流小于此值后晶闸管随即关断,维持电流一般为几十到几百毫安;维持电流与结温有关,结温越高,维持电流越小,晶闸管越难关断。擎住电流是指晶闸管从断态转入通态并移除触发信号后,能维持晶闸管导通所需的最小阳极电流,即能够让晶闸管可靠导通的门槛电流;这就要求门极的触发电流脉冲宽度至少要保证晶闸管阳极电流上升到擎住电流,否则晶闸管不能正常导通,通常擎住电流为维持电流的 2~4 倍。

动态参数包括断态电压临界上升率和通态电流临界上升率。断态电压临界上升率是指在额定结温和门极开路条件下，不导致晶闸管从断态转入通态的外加电压最大上升率。晶闸管在断态时，如果加在阳极上的正向电压上升率很大，则晶闸管 J2 结的结电容会产生很大的位移电流，当此电流经过 J3 结时，起到类似门极触发电流的作用，会使晶闸管误导通。为了限制断态电压上升率，可以在晶闸管阳极与阴极间并上一个 RC 阻容支路，利用电容两端电压不能突变的特点来限制电压上升率。通态电流临界上升率是指在额定结温条件下，晶闸管能承受的最大通态电流上升率；当门极输入触发电流后，首先是在门极附近形成小面积的导通区，之后导通区逐渐向外扩大，直至整个结面导通为止。如果电流上升率过大，即电流上升过快，就会在较小的开通结面上流过很大的电流，局部过大的电流密度会使门极附近区域过热而烧毁晶闸管。为了控制电路的电流上升率，可以在阳极主回路中串入小电感，对增长过快的电流进行抑制。

4.2.3　阻容吸收电路

阻容吸收电路由电阻与电容相串联，再和双向晶闸管并联构成。

电容是一种能储存电荷的元件，以电场形式存储能量。描述电容的两个基本变量为电压 u 和电荷量 q，对于线性电容 C 有：

$$q = Cu \tag{4-1}$$

电容 C 的单位为法拉，符号为 F，常用 μF，pF 等表示。

电容的瞬时功率可正可负，当电容的瞬时功率大于 0 时，说明电容是在吸收能量，处于充电状态；当电容的瞬时功率小于 0 时，说明电容是在释放能量，处于放电状态。电容元件在充电时吸收的能量全部转换为电场能量，放电时又将储存的电场能量释放回电路，它本身不消耗能量，也不会释放出多于它吸收的能量。

电容元件是一种记忆元件，电流的大小与电压的变化率成正比，与电压的大小无关。电容在直流电路中相当于开路，因此具有隔直作用。

电路的接通或断开，电路接线的改变或是电路参数、电源的突然变化等，统称为换路；换路瞬间，电容上的电压 U_c 不会突变[19]。实际应用中，线路中设有电流采集单元，具体为电流互感器，起检测电流的作用，在进行加热时，经过通信设备，上位机能够实时监测流入电热体的电流大小；同时上位机与调节装置相连接，以发送指令的形式进行控制，实现可通信设置。当检测到电流过大时，能自动给出指令到调节装置即控制触发电压的导通角，对线路开关或限流。通过控制双向晶闸管的导通角可调整经过电热体中的电流大小。当供电关闭后，电容将对电阻放电，电路中形成电流；由于此时电路中无电源作用，电路的响应均是由电容的初始储能产生，故属于零输入响应。

　　阻容吸收电路主要起到过电压保护的作用，用来抑制换向等操作在瞬间产生的电压振荡和冲击电流，使其迅速衰减，并将这些不利于双向晶闸管的电能吸收，以热能的形式快速消耗，以避免对双向晶闸管造成损坏。

　　对于少数立式半导体工艺炉，还会用到原理和调功装置相似，内部按照模块区分，由多块电子板与双向晶闸管等构成的加热电源。

4.3　固态继电器

　　固态继电器是继电器的改进形式，固态继电器由固态材料组成，其特性优于典型继电器。继电器用于自动切换电源，摆脱手动且难以处理的典型开关技术。固态继电器是一种开关，它是一种非接触式开关。固态继电器的制造材料是固态元件，使用固态元件的优点在于固态元件可以用较小的控制信号来控制高负载电流。由于固态继电器中使用的固态元件不存在打火的可能性，因此可以轻松实现固态继电器的关断和导通状态，同时还具有逻辑电路兼容，耐振动耐机械冲击，安装位置无限制，防潮防毒防腐蚀性能良好，防暴和防臭氧污染性能也极佳，输入功率小，灵敏度高，控制功率小等优点。固态继电器由直流或交流控制，大多数固态继电器都有一个常开输出，也就是说，在没有控制信号的情况下，继电器输出是不导通的。某些特定类型的固态继电器具有常闭输出，因此在没有控制信号的情况下继电器输出会导通。

4.3.1　部件结构

　　固态继电器是四端子有源装置，四个端子中的两个是输入控制端子，另外两个端子是输出控制端子。尽管SSR 开关的类型和规格众多，但它们的结构相似，如图 4-10 所示主要由三部分组成，分别为输入电路(控制电路)、内驱电路和输出电路(受控电路)。

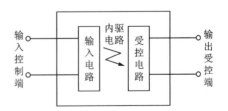

图 4-10　固态继电器结构

　　1. 输入电路

　　固态继电器的输入电路，也称为控制电路，为输入控制信号提供一个回路，使控制信号成为固态继电器的触发源。根据输入电压类型的不同，输入电路可分为直流输入电路、交流输入电路和交流/直流输入电路三种。直流输入电路可进一步分为电阻输入电路和恒流输入电路。

　　电阻输入电路的输入电流随输入电压的增加而线性增加，反之亦然，如果控制信号具有固定的控制电压，则应选择电阻输入电路。对于恒流输入电路，当恒流输入电路的输入电压达到一定值时，电流不会随着电压的增加而明显增加；根据这一特性，允许在相当宽的输入电压范围内使用恒流输入固态继电器。例如，当控制信号的电压变化范围为数十伏特时，建议使用带有恒流输入电路的直流固态继电器，以确保直流固态继电器能够可靠地工作。

　　一些输入控制电路中具有正逻辑和负逻辑控制、反相和其他功能，同时具有兼容性。因此，固态继电器可以很容易地连接到各类集成电路中。需要注意的是，如果将脉宽调制信号用作输入信号，则交流负载电源的开关频率应设置为小于 10 Hz，否则交流继电器的输出电路的输出切换可能无法跟上。

　　2. 驱动电路

　　固态继电器的驱动电路包括隔离耦合电路、功能电路和触发电路三部分。根据固态继电器的实际需要，可以仅包括这些部件中的一个或两个。在隔离耦合电路中，固态继电器的输入/输出电路的隔离和耦合方法当前有两种方式，即光电耦合器电路和高频变压器电路。

　　光电耦合器也称为光隔离器，与红外 LED（发光二极管）和光学传感器不透明地包装在一起，以实现"控制侧"和"负载"之间的隔离控制，因为"光束"与"光发射器"与"光传感器"之间没有电连接或物理连接。"源–传感器"组合的类型通常包括光电晶体管耦合器、光电三极管耦合器和"光电二极管阵列"（光电二极管堆，用于驱动，有一对 MOSFET 或 IGBT）。高频变压器耦合电路使用高频变压器将输入端的控制信号转换为输出端的驱动信号。详细过程是，输入控制信号产生一个自激高频信号，该信号通过变压器铁芯传输到变压器次级，经过检测/整流电路和逻辑电路处理后，该信号最终变为驱动信号来驱动触发电路。

　　触发电路包括各种功能电路，例如检测电路，整流器电路，过零电路，加速电路，保护电路，显示电路等；而触发电路的作用为提供一个触发信号到输出电路。

　　3. 输出电路

　　固态继电器的输出电路由触发信号控制，以实现负载电源的开/关切换。主要由输出组件（芯片）和用作瞬态抑制器的吸收环路组成，有时还包括反馈电路。到目前为止，固态继电器的输出组件主要有：双极结型晶体管（分为 PNP 和 NPN 两种类型）、晶闸管，以及包括双向三极管、双向晶闸管，双向可控整流器，金属氧化物半导体场效应晶体营，绝缘栅双极晶体管，碳化硅 MOSFET 等在内的多种类三端双向可控硅开关元件。固态继电器的输出电路可分为三种，分别是直流输出电路、交流输出电路和交流/直流输出电路。直流输出电路通常使用双极性组件，例如 IGBT 或 MOSFET 作为输出组件，而交流输出电路通常使用两个晶闸管或一个双向晶闸管作为输出组件。

4.3.2 种类介绍

不同类型的固态继电器可以根据输入/输出形式或开关属性进行分类。

1. 输入/输出形式

固态继电器根据输入和输出形式分为直流或交流两类,以下为一些常见类型的固态继电器。第一种是直流-交流固态继电器,该继电器可在直流输入下工作以切换交流负载电路;此固态继电器的控制输入仅在直流输入上运行,该继电器在交流输入上不工作的事实是因为光耦合器会在直流上工作。同时,它的输入端子也是有方向的,因为有一个二极管用于防止输入的反极性,所以反转输入的极性不会激活继电器。即使在施加所需的输入后,此固态继电器的输出开关也不会激活,只有当交流电压施加到其输出端子时才会激活。第二种是交流-交流固态继电器,这种固态继电器仅在输入和输出两个电路都为交流时工作。众所周知,光耦合器在直流电压下工作,因此在光耦合器之前使用整流器将交流转换为直流,当有足够的交流电压施加到其输入控制端子时,它会激活提供交流负载电流的流动。第三种是直流-直流固态继电器,这种固态继电器可以使用低功率直流电源切换高功率直流负载。直流输入应用于光耦合器,由于要切换直流负载,因此需要使用功率 MOSFET 或 IGBT,MOSFET 仅在一个方向上传导电流,因此还必须确保极性连接输出负载正确,保护二极管避免在反极性期间损坏。如果有感性负载,则应与负载一起使用续流二极管。第四种是直流-交流/直流固态继电器,这种类型的固态继电器可以使用单独的端子切换交流和直流负载,使用与公共源极端子串联的 MOSFET 来切换交流和直流电路。作为光传感器的光电二极管单元降列,它在 LED 激活时产生电压,该电压施加到串联连接的 N-MOSFET 的栅极和源极,当这类固态继电器用于交流电路时,需要使用 MOSFET 的漏极端子,源极端子应该处于未使用状态。当应用于直流电路时,MOSFET 的漏极和源极端子的作用为开关。

2. 开关属性

固态继电器也可以根据其开关特性进行分类,这些固态继电器控制交流电路并用于控制特定应用中的所需输出。第一种为即时开启型固态继电器,这种类型的继电器只要施加足够的输入电压,就会立即接通负载电路;在移除控制输入后,它就会在下一个负载电压过零时关闭。第二种为零开关固态继电器,这种继电器当施加输入电压并且负载交流电压跨越下一个零电压时会打开;当输入电压被移除且负载交流电压为 0 时,它就会像普通固态继电器一样关闭。零开关继电器的操作是通过一个过零电路来实现的,该电路检测到过零信号会激活二端双向可控开关元件峰值。第三种是开关固态继电器,这类固态继电器在施加所需的输入控制电压后，输出交流电压达到下一个峰值时会打开；在移除输入电压和输出交流电流零交叉后，它也会关闭。这些继电器中使用了一个峰值检测块，当输出交流周期达到峰值时，它会触发双向开关元件。虽然其他类型的固态继电器开关取决于输出交流周期，但固态继电器的开关取决于其输入幅度，模拟固态继电器的启动输出电压与输出控制信号成比例。假设 3~32 V 直流输入继电器的 3 代表 0%，那么 32 V 代表负载交流峰值电压的 100%。当控制输入信号被移除时，固态继电器会在下一个输出交流零交叉时关闭。

4.3.3　工作原理

固态继电器也称为 SSR、SS 继电器、SSR 继电器或 SSR 开关，是一种集成的非接触式电子开关设备，由集成电路和分立组件紧密组装而成。它的功能与机电继电器相同，但没有移动部件，因此使用寿命更长，它具有与机电继电器本质上相同的功能。固态继电器由一个响应适当输入（控制信号）的传感器、一个将电源切换到负载电路的固态电子开关设备组成，使控制信号能够在没有机械部件的情况下激活该开关。该固态继电器可被设计为切换或者交流或直流负载封装的固态继电器，可使用功率半导体器件（如晶闸管和晶体管）来切换高达 100 A 的电流，与机电继电器相比，固态继电器具有更快的开关速度，且没有可磨损的物理触点。设计选用固态继电器时，必须考虑固态继电器无法像机电继电器那样承受大的瞬时过载，以及它们较高的"导通"电阻。

固态继电器的工作原理可以通过将固态继电器分为两类来理解（图 4-11）。一种是交流固态继电器，另一种是直流固态继电器。它由一个输入和输出端子组成。继电器的输入和输出连接到指定的端子。当特定的控制信号提供给固态继电器的输入端时，输出端的开启和关断功能会相应地执行，并在获得该功能后打开继电器的开关功能。借助固态继电器的耦合电路，在继电器的输入和输出端之间形成通道。直流固态继电器没有缓冲电路和过零控制电路。固态继电器的开关采用一个较大值的晶体管。

操作时，只需在输入端 A 脚和 B 脚上放置一定的控制信号，即可控制输出端 C 脚与 D 脚之间的通断状态，进而实现切换功能。耦合电路的作用是为输入的控制信号提供输入和输出端之间的通道，但切断输入和输出之间的电气连接，防止输出影响输入。耦合电路中使用的元件为光电耦合器，光电耦合器具有动作灵敏度好、响应速度快、输入/输出绝缘（耐压）水平高等特点。输入端的负载是一个发光二极管，这使得固态继电器输入很容易匹配输入信号电平。使用时可直接连接电脑输出接口，即由"1"和"0"的逻辑电平来控制。触发电路的功能是产生所需的触发信号来驱动开关电路工作。如果没有专门的控制电路，开关电路会产生射频干扰并以高次谐波或尖峰的形式污染电网，因此设置了过零控制电路。过零

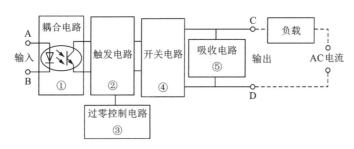

图 4-11 固态继电器工作原理

是指当放置控制信号和交流电压过零时,固态继电器处于导通状态;关闭控制信号后,固态继电器直到交流电流处于正半周和负半周的结点(零电位)时才处于关断状态。这种设计有效地防止了高次谐波的干扰和电网的污染。缓冲电路设计用于防止电源的浪涌和尖峰电压对开关元件三端双向可控硅开关元件的冲击和干扰,通常使用电阻电容串联缓冲电路或非线性电阻。与交流固态继电器相比,直流固态继电器内部没有过零控制电路和缓冲电路,开关元件通常采用大功率晶体管。其他工作原理相同。

固态继电器对比机电继电器,大多数相对优势对于所有固态部件都是通用的,比类似规格的机械继电器更小、更薄,允许更紧密的包装。且固态继电器的开关速度比机电继电器快,典型光合固态继电器的开关时间取决于打开和关闭 LED 所需的时间,在微秒到毫秒的数量级延长使用寿命。即使它被多次激活,因为没有可磨损的移动部件,也没有接触点,所以无论使用量如何,输出电阻都保持恒定。相较于机电继电器,固态继电器对存储和操作环境因素如机械冲击、振动、湿度和外部磁场的敏感度要低得多。由于固态继电器不必为线圈通电并以物理方式打开和关闭,因此实际上它比机电继电器消耗的功率少 75%,这也意味着固态继电器能以更快的速度切换。机电继电器平均切换和稳定时间为 5 ~ 15 ms,而固态继电器的平均切换时间为 0.5~1 ms。

设计功率电子线路时,根据实际情况选用固态继电器作开关,即可起到加热控制的作用。

根据不同的工控环境和技术指标,可合理地选择和使用固态继电器或调功装置来实现相关的过程控制。

第 5 章 可编程控制器

可编程控制器通常称为 PLC，在工业控制领域得到了广泛的应用。如今在热工装备的下位机系统中，PLC 作为主要部件已成为标配。

5.1 PLC 介绍

5.1.1 PLC 由来

在工业生产过程中，大部分数字量与模拟量控制，是根据逻辑条件进行顺序动作的，并按照逻辑关系进行联锁保护动作的控制及大量离散量的数据采集。传统上，这些功能是通过气动或电气控制系统来实现的。

20 世纪 60 年代初，汽车生产线的自控系统基本上由继电器控制装置构成。当时汽车的每次改型都直接导致继电器控制装置的重新设计和安装。随着生产技术的发展，汽车型号更新的周期变短，因而继电器控制装置就需要经常地重新设计和安装，这不仅费时、费工、费料，甚至阻碍了更新周期的缩短。为了改变这种情况，很多公司都开始研发新的控制装置来取代继电器控制装置。到了 1969 年，美国数字设备公司(DEC)研制出基于集成电路和电子技术的控制装置，首次将程序化的手段应用在电气控制上，这就是第一代可编程序控制器，称为 programmable controller(PC)。因为这种新型的工控装置具有体积小、可变性好、可靠性高、使用寿命长、简单易懂、操作维护方便等一系列优点，所以很快就在美国的许多行业里得到推广应用。到 1971 年，已经成功地应用于食品、饮料、冶金、造纸、汽车等行业。

5.1.2 PLC 定义

随着微处理器、计算机和数字通信技术的飞速发展，计算机控制已扩展到了几乎所有的工业领域。在个人计算机(personal computer,简称 PC)发展起来后,为了避免与之发生混淆,也为了反映可编程控制器的功能特点,可编程控制器定名为 programmable logic controller(结合首写字母,缩写为 PLC)。

1985 年,国际电工委员会(IEC)对 PLC 做了具体定义:可编程控制器(PLC)是一种数字运算操作的电子系统,专为在工业环境应用而设计;它采用一类可编程的存储器,用于其内部程序存储,执行逻辑运算、顺序控制、定时、计数与算术运算等操作指令,并通过数字、模拟式的输入、输出,控制各种类型的机械或生产过程;可编程控制器及其有关外围设备的设计,都要按照“易于与工业控制系统联成一个整体、易于扩充功能的原则”进行。从这个定义可以知道,PLC 是一种由“事先存储的程序”来确定控制功能的工控类计算机。

5.1.3 PLC 发展

早期的 PLC 基本上是继电器控制装置的替代物,主要用于实现原先由继电器完成的顺序控制、定时、计数等功能。它在硬件上以“准计算机”的形式出现,在 I/O 接口电路上做了改进,以适应工控现场要求。装置中的器件主要采用分立元件和中小规模集成电路,并采用磁芯存储器。另外,还采取了一些措施,以提高抗干扰能力。在软件编程上,采用类似于电气工程师所熟悉的继电器控制线路的方式,以梯形图语言进行程序编辑。因此,早期的 PLC 的性能要优于继电器控制装置,其优点是简单易懂,便于安装,体积小,能耗低,有故障显示,能重复使用等。

20 世纪 70 年代,微处理器的出现使 PLC 发生了巨变。美国、日本、德国等一些厂家先后开始采用微处理器作为 PLC 的 CPU(中央处理器),这样使 PLC 的功能大为增强。在软件方面,除了保持原有的逻辑运算、计时、计数等功能以外,还增加了算术运算、数据处理、网络通信、自诊断等功能。在硬件方面,除了保持原有的开关模块以外,还增加了模拟量模块、远程 I/O 模块、各种特殊功能模块,并扩大了存储器的容量,而且还提供一定数量的数据寄存器。

20 世纪 80 年代,由于超大规模集成电路技术的迅速发展,微处理器价格大幅下跌,使得各种类型的 PLC 所采用的微处理器的档次普遍提高。早期的 PLC 一般采用 8 位的 CPU,现在的 PLC 一般采用 16 位或 32 位的 CPU。另外,为了进一步提高 PLC 的处理速度,各制造商还纷纷研制开发出专用的逻辑处理芯片,这使得 PLC 的软、硬件功能有了极大的改变。

经过近 40 年的发展,PLC 的应用已渗透到各行各业,功能也越来越完善。

PLC 在当初的逻辑运算、定时和计数等功能的基础上,增加了算术运算、数据处理和传送、通信联网、故障自诊断等功能,各个制造商相继推出位置控制模块、伺服定位模块、电子凸轮模块、温度传感器模块、远程输入/输出模块、PID

控制模块、闭环控制模块、模糊控制模块、A/D 转换模块、D/A 转换模块等特殊功能模块，使 PLC 具备了数据采集、PID 调节、远程控制、模糊控制等功能，奠定了 PLC 实现过程控制的基础。

近年来，随着超大规模集成电路技术的迅猛发展，以及计算机新技术在可编程控制器设计和制造上的应用，可编程控制器的集成度越来越高，工作速度越来越快，功能越来越强，智能化程度也越来越高。目前 PLC 已在分散控制(DCS)和计算机数控(CNC)等系统中得到大量应用，让系统的性价比不断提高；同时随着网络技术的发展，PLC 和工业计算机通过网络已能够构建大型控制系统，并成为 PLC 控制技术的发展方向。随着先进制造的发展，在不远的将来，PLC、CAD/CAM 和机器人将会成为工业自动化的三大支柱，由此可见可编程控制器在工业自动化中的重要地位[20]。

5.1.4 PLC 特点

PLC 技术之所以能高速发展，除了工业自动化的客观需要外，主要是因为它具有许多独特的优点，能较好地解决工业领域中普遍关心的可靠、安全、灵活、方便、经济等问题。其主要特点有如下几点。

1. 可靠性高、抗干扰能力强

可靠性高、抗干扰能力强是 PLC 最重要的特点之一。PLC 的平均无故障时间为几十万小时，之所以有这么高的可靠性，是由于它采用了一系列的硬件和软件的抗干扰措施。

硬件方面，I/O 通道采用光电隔离，有效地抑制了外部干扰源对 PLC 的影响；对供电电源及线路采用多种形式的滤波，从而消除或抑制了高频干扰；对 CPU 等重要部件采用良好的导电、导磁材料进行屏蔽，以减少空间电磁干扰；对部分模块设置了联锁保护、自诊断电路等。

而在软件方面，PLC 采用扫描工作方式，减少了外界环境干扰导致的故障；在 PLC 系统程序中设有故障检测和自诊断程序，能对系统硬件电路等故障实现检测和判断；当外界干扰引起故障时，能立即将当前重要信息加以封存，禁止任何不稳定的读写操作，一旦外界环境正常后，便可恢复到故障发生前的状态，继续原来的工作。

2. 编程简单、使用方便

目前，大多数 PLC 采用的编程语言是梯形图语言，它是一种面向生产、面向用户的编程语言。梯形图语言的电路符号和表达式与电气控制线路图相近，形象、直观，很容易为广大工程技术人员掌握。当生产流程需要改变时，可以在控制电路不改变或少改变的情况下，现场改变程序，故使用方便、灵活。同时，PLC 编程器的操作和使用也很简单，这也是 PLC 获得普及和推广的主要原因之一。

许多 PLC 还针对具体问题，设计了各种专用编程指令及编程方法，进一步简化了编程。

3. 功能完善、通用性强

现代 PLC 不仅具有逻辑运算、定时、计数、顺序控制等功能，而且还具有 A/D 和 D/A 转换、数值运符、数据处理、PID 控制、通信联网等许多功能。同时，PLC 产品的系列化、模块化，使 PLC 有品种齐全的各种硬件供用户选用，可以组成满足各种要求的控制系统。

4. 设计安装简单、维护方便

由于用 PLC 软件代替了传统电气控制系统的硬件，控制柜的设计、安装接线工作量大大减少。PLC 的用户程序大部分可在实验室进行模拟调试，缩短了应用设计和调试周期。在维修方面，由于 PLC 的故障率极低，维修工作量很小；而且 PLC 具有很强的自诊断功能，如果出现故障，可根据 PLC 上的指示或编程器上提供的故障信息，迅速查明原因，维修极为方便。

5. 体积小、质量轻、能耗低

由于 PLC 采用了集成电路，其结构紧凑、体积小、能耗低，因而是实现机电一体化的理想控制设备。

5.1.5 PLC 分类

PLC 产品种类繁多，其规格和性能也各不相同。通常根据其结构形式的不同、功能的差异和 I/O 点数的多少等对 PLC 进行大致分类。

1. 按结构形式分类

根据 PLC 的结构形式，可将 PLC 分为整体式和模块式两类。

整体式 PLC 是指将电源、CPU、I/O 接口等部件都集中装在一个机箱内，具有结构紧凑、体积小、价格低的特点。小型 PLC 一般采用这种整体式结构。整体式 PLC 由不同 I/O 点数的基本单元(又称主机)和扩展单元组成。基本单元内有 CPU、I/O 接口、与 I/O 扩展单元相连的扩展口，以及与编程器或 EPROM 写入器相连的接口等。扩展单元内只有 I/O 接口和电源等，没有 CPU。基本单元和扩展单元之间一般用扁平电缆连接。整体式 PLC 一般还可配备特殊功能单元，如模拟量单元、位置控制单元等，使其功能得以扩展。选择不同的基本单元和扩展单元，可以满足用户的不同需要。

模块式 PLC 是指将 PLC 各组成部分，分别做成若干个单独的模块，如 CPU 模块、I/O 模块、电源模块(有的含在 CPU 模块中)以及各种功能模块等。模块式 PLC 由框架或基板和各种模块组成。模块插在框架或基板的插座上。这种模块式 PLC 的特点是配置灵活，可根据需要选配不同规模的系统，而且装配方便，便于扩展和维修。如果一个机架容纳不下所选用的模块，可以增设一个或数个扩展机架,各机架之间用 I/O 扩展电缆相连,有的 PLC 需要通过接口模块来连接各机架。大、中型 PLC 一般采用模块式结构。

还有一些 PLC 将整体式和模块式的特点结合起来,构成所谓的叠装式 PLC。叠装式 PLC 其 CPU、电源、I/O 接口等也是各自独立的模块,但它们之间是通过电缆连接的,并且各模块可以一层层地叠装。这样,不但系统可以灵活配置,还可做得体积小巧。

2. 按功能分类

根据 PLC 所具有的功能不同,可将 PLC 分为低档、中档、高档三类。

低档 PLC 具有逻辑运算、定时、计数、移位以及自诊断、监控等基本功能,还可有少量的模拟量输入/输出、算术运算、数据传送和比较、通信等功能。主要用于逻辑控制、顺序控制或少量模拟量控制的单机控制系统。

中档 PLC 除了具有低档 PLC 的功能外,还具有较强的模拟量输入/输出、算术运算、数据传送和比较、数制转换、远程 I/O、子程序、通信联网等功能。有些还可增设中断控制、PID 控制等功能,适用于复杂控制系统。

高档 PLC 除了具有中档机的功能外,还增加了带符号算术运算、矩阵运算、位逻辑运算、平方根运算及其他特殊功能函数的运算、制表及表格传送功能等。高档 PLC 机具有更强的通信联网功能,可用于大规模过程控制或构成分布式网络控制系统,实现自动化控制。

3. 按 I/O 点数分类

根据 PLC 的 I/O 点数的多少,可将 PLC 分为小型、中型和大型三类。

小型 PLC 的 I/O 总点数在 256 点以下,单 CPU,8 位或 16 位处理器、用户程序存储容量在 4 KB 左右。其中,I/O 总点数小于 64 点的为超小型或微型 PLC。如美国通用电气(GE)公司 GE-I 型、日本三菱电气公司 Fl、F2 等。

中型 PLC 的 I/O 总点数在 256 点至 2048 点之间,双 CPU,用户程序存储容量在 8 KB 左右。如德国西门子公司 S7-300、日本立石公司 C-500 等。

大型 PLC 的 I/O 总点数在 2048 点以上,多 CPU,16 位或 32 位处理器,用户程序存储容量在 16 KB 以上。如德国西门子公司 S7-400、立石公司 C-2000 等。

4. 按地域流派分类

PLC 产品可按地域分成三大流派:美国产品、欧洲产品、日本产品。

美国和欧洲的 PLC 技术是在相互隔离情况下独立研究开发的,因此美国和欧洲的 PLC 产品有明显的差异性。而日本的 PLC 技术是从美国引进的,对美国的 PLC 产品有一定的继承性,但日本的主推产品定位在小型 PLC 上。美国和欧洲以大中型 PLC 而闻名,而日本则以小型 PLC 著称。

美国是 PLC 生产大国,有 100 多家 PLC 厂商,著名的有 A-B 公司、通用电气(GE)公司、莫迪康(MODICON)公司、德州仪器(TI)公司等。其中 A-B 公司是美国最大的 PLC 制造商,其产品约占美国 PLC 市场的一半。

PLC 产品中德国的西门子(SIEMENS)公司、法国的 TE 公司、北欧的 ABB 公司是欧洲著名的 PLC 制造商。德国西门子的电子产品以性能精良而久负盛名。在中、大型 PLC 产品领域与美国的 A-B 公司齐名。

日本的小型 PLC 最具特色,在小型机领域中颇具盛名,某些欧美的中型机或大型机才能实现的控制,日本的小型机就可以解决。在开发较复杂的控制系统方面明显优于欧美的小型机,所以格外受用户欢迎。日本有许多 PLC 制造商,如三菱、欧姆龙、松下、富士、日立、东芝等,在世界小型 PLC 市场上,日本产品约占有 72% 的份额。

5.1.6　PLC 结构

PLC 生产厂家众多,各厂家生产的 PLC 产品结构不尽相同,但其基本组成大致相同,其结构如图 5-1 所示。

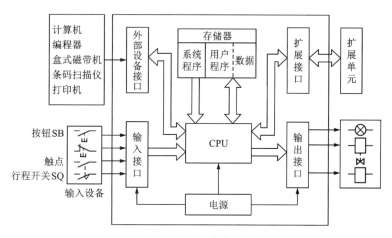

图 5-1　PLC 基本组成

由图 5-1 可知,PLC 一般采用典型的计算机结构,主要由 CPU、存储器、输入/输出接口、电源、外部设备接口和扩展接口等几部分组成。

1. CPU

中央处理器(CPU)是整个 PLC 的核心,相当于人的大脑和心脏。包括控制器和运算器两大部分,通过地址总线、数据总线和控制总线与存储器单元、输入/输出接口及其他接口相连。中央处理器的主要作用是运行用户程序,监控输入/输出接口状态,做出逻辑判断和进行数据处理,即读取输入变量,完成用户指令规定的各种操作,将结果送到输出端,并响应外部设备的请求以及进行各种内部诊断。

常用的 CPU 主要有通用微处理器、单片微处理器和双极型位片式微处理器三种类型。

通用微处理器有 8080、8086、80286、80386 等类型，单片微处理器（单片机）有 8031、8096 等，位片式微处理器有 AM2900、AM2903 等类型。

2. 存储器

存储器是具有记忆功能的半导体器件，用来存放系统程序、用户程序、逻辑变量和其他一些信息。PLC 内部存储器分只读存储器（ROM、PROM、EPPROM、EEPROM）和随机存取存储器（CRAM）。

只读存储器（ROM）主要用来存放系统程序，系统程序相当于个人计算机的操作系统，关系到 PLC 的性能，而且在 PLC 使用过程中不会改变，由 PLC 生产厂家设计并固化在 ROM 内，它使 PLC 具有基本的智能，能够完成 PLC 设计者规定的各种工作。主要包括系统管理程序、监控程序以及对用户程序进行编译处理的程序，用户只能读出数据不能写入数据。

随机存取存储器（RAM）主要用来存放用户程序、工作数据和运算中间结果等，由用户设计，它决定了 PLC 的输入信号与输出信号之间的具体关系。

用户程序是随 PLC 的控制对象而定的，是用户根据对象生产工艺的控制要求而编制的应用程序。为了便于读出、检查和修改，用户程序一般存于 CMOS 静态 RAM 中，以锂电池作为后备电源，以保证掉电时不会丢失信息。为了防止干扰对 RAM 中程序的破坏，当用户程序运行正常，不需要改变时，可将其固化在只读存储器 EPROM 中。现在有许多 PLC 直接采用 EEPROM 作为用户存储器。

工作数据是 PLC 运行过程中经常变化、经常存取的一些数据。存放在 RAM 中，以适应随机存取的要求。在 PLC 的工作数据存储器中，设有存放输入输出继电器、辅助继电器、定时器、计数器等逻辑器件的存储区，这些器件的状态都是由用户程序的初始设置和运行情况确定的。根据需要，部分数据在掉电时用后备电池维持其现有的状态，这部分在掉电时可保存数据的存储区域称为保持数据区。

由于系统程序及工作数据与用户无直接联系，所以在 PLC 产品样本或使用手册中所列存储器的形式及容量是指用户程序存储器。考虑到 PLC 提供的用户存储器容量可能不够用，许多 PLC 还提供存储器扩展功能。

3. 输入/输出（I/O）单元

输入/输出单元通常也称 I/O 单元或 I/O 模块，它们是系统的眼、耳、手、脚，是联系外部现场设备和 CPU 模块的桥梁。PLC 通过输入接口接收各种控制信号（按钮、行程开关或传感器等）等各种数据，改变输入元件的状态，并参与用户程序的运算。同时 PLC 又通过输出接口将处理结果送给被控对象（接触器、指示灯或电磁阀等），以实现电气控制目的。为了减小电磁干扰，提高 PLC 工作的可靠性，I/O 接口一般采用光电耦合电路。另外，I/O 接口上通常还有状态指示，可直观地显示工作状况，便于维护。

PLC 提供了多种操作电平和驱动能力的 I/O 接口，有各种功能的 I/O 接口供用户选用。I/O 接口的主要类型有数字量(开关量)输入、数字量(开关量)输出、模拟晕输入、模拟量输出等。常用的数字量输出接口按输出开关器件不同分为三种类型：继电器输出、晶体管输出和晶闸管输出。继电器输出接口可驱动直流或低频交流负载，但其响应时间长，动作频率低；晶体管输出和晶闸管输出接口的响应速度快、动作频率高，但前者只能用于驱动直流负载，后者则用于驱动高频较大功率交流负载。

PLC 的 I/O 接口所能授受的输入信号个数和输出信号个数称为 PLC 输入/输出(I/O)点数。I/O 点数是选择 PLC 的重要依据之一。当系统的 I/O 点数不够时，可通过 PLC 的 I/O 扩展接口对系统进行扩展。

4. 通信接口

PLC 配有各种通信接口，这些通信接口一般都带有通信处理器。PLC 通过这些通信接口可与监视器、打印机、其他 PLC、计算机等设备实现通信。PLC 与打印机连接，可将过程信息、系统参数等输出打印；与监视器连接，可将控制过程图像显示出来；与其他 PLC 连接可组成多机系统或连成网络，实现更大规模的控制；与计算机连接，可组成多级分布式控制系统，实现控制与管理相结合。远程 I/O 系统也必须配备相应的通信接口模块。

5. 智能接口模块

智能接口模块是一个独立的计算机系统，它有自己的 CPU、系统程序、存储器以及与 PLC 系统总线相连的接口。它作为 PLC 系统的一个模块，通过总线与 PLC 相连，进行数据交换，并在 PLC 的协调管理下独立地进行工作。PLC 的智能接口模块种类很多，如高速计数模块、闭环控制模块、运动控制模块、中断控制模块等。

6. 编程装置

编程装置的作用是编辑、调试、输入用户程序，也可在线监控 PLC 内部状态和参数，与 PLC 进行人机对话。它是开发、应用、维护 PLC 不可缺少的工具。编程装置可以是专用编程器，也可以是配有专用编程软件包的通用计算机系统。专用编程器由 PLC 厂家生产，专供该厂家生产的某些 PLC 产品使用，它主要由键盘、显示器和外存储器接插口等部件组成。专用编程器有简易编程器和智能编程器两类。

简易编程器只能联机编程，而且不能直接输入和编辑梯形图程序，需将梯形图程序转化为指令表程序才能输入。简易编程器体积小、价格便宜，它可以直接插在 PLC 的编程插座上，或者用专用电缆与 PLC 相连，以方便编程和调试。有些简易编程器带有存储盒，可用来储存用户程序，如三菱的 FX-20P-E 简易编程器。

智能编程器又称图形编程器，本质上它是一台专用便携式计算机，如三菱的 GP-80FX-E 智能型编程器。它既可联机编程，又可脱机编程。可直接输入和编辑梯形图程序，使用更加直观、方便，但价格较高，操作也比较复杂。大多数智能编程器带有磁盘驱动器，提供录音机接口和打印机接口。

专用编程器只能对指定厂家的几种 PLC 进行编程，使用范围有限，价格较高。同时，由于 PLC 产品不断更新换代，所以专用编程器的生命周期也十分有限。因此，目前的趋势是使用以个人计算机为基础的编程装置，用户只要购买 PLC 厂家提供的编程软件和相应的硬件接口装置，即可得到高性能的 PLC 程序开发系统。

基于个人计算机功能强大的程序开发系统。它既可以编制、修改 PLC 的梯形图程序，又可以监视系统运行、打印文件、系统仿真等。配上相应的软件还可实现数据采集和分析等许多功能。

7. 电源模块

PLC 配有电源模块，以供 CPU、存储器、I/O 接口等内部电路使用。与普通电源相比，PLC 电源的稳定性好、抗干扰能力强。对电网提供的电源稳定度要求不高，一般允许电源电压在其额定值±15%的范围内波动。许多 PLC 还为输入传感器提供 24 V 直流电源。信号传输电路的电源一般相互独立，以避免干扰。驱动 PLC 负载的交直流电源通常由用户提供。

8. 外部配套设备

除了以上所述的部件和设备外，PLC 还有许多可选择的外部配套设备，如 EPROM 写入器、外存储器、人/机接口装置等。

EPROM 写入器是用来将用户程序固化到 EPROM 存储器中的一种 PLC 外围设备。为了使调试好的程序不易丢失，经常用 EPROM 写入器将 PLC 内 RAM 保存到 EPROM 中。

PLC 内部的半导体存储器称为内存储器。有时可用外部的磁带、磁盘和用半导体存储器制成的存储盒等来存储 PLC 的用户程序，这些存储器称为外存储器。外存储器一般通过编程器或其他智能模块提供的接口，实现与内存储器之间相互传送用户程序。

人/机接口装置用来实现操作人员与 PLC 控制系统的对话。最简单、最普遍的人/机接口装置由安装在控制台上的按钮、转换开关、拨码开关、指示灯、LED 显示器、声光报警器等器件构成。对于 PLC 系统，还可采用半智能型 CRT 人/机接口装置和智能型终端人/机接口装置。半智能型 CRT 人/机接口装置可长期安装在控制台上，通过通信接口接收来自 PLC 的信号并在 CRT 上显示出来；而智能型终端人/机接口装置有自己的微处理器和存储器，能够与操作人员快速交换信息，并通过通信接口与 PLC 相连，也可作为独立的节点接入 PLC 网络。

5.1.7　PLC 工作原理

PLC 是通过执行反映控制要求的用户程序来完成控制任务的，需要执行众多的操作，但 CPU 不可能同时执行多个操作，它只能按串行工作的方式，每次执行一个操作，按顺序逐个执行。由于 CPU 的运算处理速度很快，因此从宏观上来看，PLC 外部出现的结果似乎是同时完成的。这种串行工作过程称为 PLC 的扫描工作方式，用扫描工作方式执行用户程序时，扫描是从第一条程序开始，在无中断功能跳转控制的情况下，按程序存储的先后顺序，逐条执行，直到程序结束。然后再从头开始扫描执行，周而复始重复进行。

PLC 的扫描工作过程除了执行用户程序外，在每次扫描工作过程中还要完成内部处理、通信服务工作。整个扫描工作过程包括内部处理、通信服务、输入采样、程序执行、输出刷新五个阶段。

整个过程扫描执行一遍所需的时间称为扫描周期。扫描周期与 CPU 运行速度、PLC 硬件配置及用户程序长短有关。

在内部处理阶段，PLC 进行自检，检查内部硬件是否正常，对监视定时器（WDT）复位以及完成其他一些内部处理工作。

在通信服务阶段，PLC 与其他智能装置实现通信，响应编程器键入的命令，更新编程器的显示内容等。

PLC 有两种基本的工作模式，即运行（RUN）模式与停止（STOP）模式。当 PLC 处于停止（STOP）状态时，只完成内部处理和通信服务工作。当 PLC 处于运行（RUN）状态时，除完成内部处理和通信服务工作外，还要完成输入采样、程序执行、输出刷新工作。

PLC 的扫描工作方式简单直观，便于程序的设计，并为可靠运行提供了保障。当 PLC 扫描到的指令被执行后，其结果马上就被后面将要扫描到的指令所利用，而且还可通过 CPU 内部设置的监视定时器来监视每次扫描是否超过规定时间，避免由于 CPU 内部故障使程序执行进入死循环。

PLC 执行程序的过程分为三个阶段，即输入采样阶段、程序执行阶段、输出刷新阶段。在输入采样阶段，PLC 以扫描工作方式按顺序对所有输入端的输入状态进行集中采样，并存入输入映像寄存器，此时输入映像寄存器被刷新。接着进入程序处理阶段，在程序执行阶段或其他阶段，即使输入状态发生变化，输入映像寄存器的内容也不会改变，输入状态的变化只在下一个扫描周期的输入处理阶段才能被采样到。在程序执行阶段，PLC 对程序按顺序进行扫描执行。若程序用梯形图来表示，总是按从上到下、从左到右的顺序进行。当遇到程序跳转指令时，则根据跳转条件是否满足来决定程序是否跳转。当指令中涉及输入、输出状态时，PLC 从输入映像寄存器和元件映像寄存器中读出，根据用户程序进行运算，运算的结果再存入元件映像寄存器中。对于元件映像寄存器来说，其内容会随程序执行的过程而变化。当所有程序执行完毕后，进入输出处理阶段。在这一阶段，PLC 将输出映像寄存器中与输出有关的状态（输出继电器状态）转存到输出锁存器中，并通过一定方式输出以驱动外部负载。

因此，PLC 在一个扫描周期内，对输入状态的采样在输入采样阶段进行。当 PLC 进入程序执行阶段后输入端将被封锁，直到下一个扫描周期的输入采样阶段才对输入状态进行重新采样。这种方式称为集中采样，即在一个扫描周期内，集中一段时间对输入状态进行采样。

由上述分析可知 PLC 的工作原理为：当 PLC 开始工作时，相关的输入信号由输入电路收集后存入 PLC 存储器中，然后中央处理单元把存储器中存入的信号根据用户控制程序（如梯形图）的要求进行判断并作运算处理，产生输出信息，送到输出电路后再向外部设备输出，实现控制目的。

5.2 炉管控制

5.2.1 设备情况

在众多热工装备中，用于半导体、集成电路、电力电子等领域与微纳制造相关的气氛炉一直是最为精密的设备，能够直接验证 PLC 的性能。以此为基础，设备的开发设计最终确定为同时支持原子层沉积、化学气相沉积、晶体外延的多工艺集成镀膜卧式气氛炉。这款卧式气氛炉主要由运动模块、炉体模块、气路模块三个模块构成。

运动模块包含控制电气板及推舟系统。其中，推舟系统是运动模块的核心，由水平运动模块、垂直运动模块、SiC 杆夹持机构三部分组成。水平运动模块由精密导轨导向、伺服电机、精密行星减速机、精密同步带及同步轮组成传动系统，推动 SiC 悬臂杆完成水平运动，从而实现取舟和送舟动作。垂直运动模块由精密导轨导向、伺服电机、精密行星减速机、高精密丝杆（又称垂直运动同步轴）组成传动系统，推动推舟底板及装在推舟底板上的水平送舟机构完成升降运动，从而实现取装舟和卸舟的软着陆运动。SiC 杆夹持机构则是在运动过程中承载石墨舟或者石英舟。水平运动模块在 PLC 轴运动系统中为 X 轴，垂直运动模块在 PLC 轴运动系统中为 Y 轴，如果是悬臂式结构，通常垂直运动模块不工作或在设计时取消。完整的推舟系统结构如图 5-2。

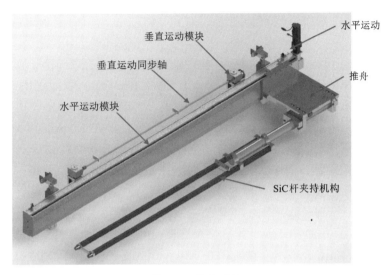

图 5-2　推舟系统

炉体模块是设备的核心部分，主要部件为工艺炉管及配套加热装置、配电系统等。工艺炉管主要包括石英管、前后法兰组、密封炉门、炉体等。配套加热装置主要包括变压器、功率调整装置、温度控制调节器。密封炉门通过 2 个气缸完成炉门密封过程。由磁偶式无杆气缸驱动炉门完成前后运动，水平方向则由标准气缸驱动完成。炉体加热升温的原理是通过对炉体内的电阻丝持续输出大电流，从而使电阻丝发热，达到高温的一个过程，完成由电能到热能的转换。温度控制则通过功率调整装置、温度控制调节器、探测器件等部件实现，前文已经做过相关介绍。

气路模块主要由供气系统、真空与压力控制装置等组成。供气系统主要由电磁阀、气动阀、质量流量计、隔膜阀、止回阀、特气管道等组成，负责供应工艺炉管内的反应气体。供气系统所使用的元器件具有控制精确、动作可靠，布局合理的优点，保证了设备的安全性。真空与压力控制装置主要由真空挡板阀、真空调压蝶阀、薄膜规、数字压力表、真空管道、排气泵组等组成，与真空泵连接后即可完成工艺炉管内气体压强的控制。如果工艺制造时需要运用等离子体技术，气路模块会选配各种型号的射频电源。

以上三个模块的相关控制程序因包含了整个工艺管的过程控制功能，被称作管控程序，通常会放在 PLC 的一个主控制器中。

5.2.2　PLC 的选择

为了满足设备维护便捷且成本低、自动化程度高、人机操作界面友好、安全性和可靠性高等要求,实现各炉管的送料与工艺的过程控制,需要选择有开放结构的模块式 PLC 系统。最终通过多重对比,PLC 的选型确定为 B&R 公司的X20 系列。

B&R 公司的汉语翻译为"贝加莱",它成立于 1979 年,总部位于欧洲国家奥地利上奥地利州的埃格尔斯贝格,创始人为 Erwin Bernecker 和 Josef Rainer,取两人姓氏的首写字母为商标及公司名称。经过几十年的发展,B&R 公司目前已经在自动化技术领域成为一家全球化的集成供应商,且早在 1996 年,B&R 公司便在中国上海全资注册了贝加莱工业自动化(中国)有限公司并持续运营。B&R 公司生产的工业控制器带有 PCC(全称为 programming computer controller)这个自主研发的新一代控制系统,由于 PCC 采用分时多任务操作系统且具有支持高级语言编程等功能、控制灵活,因此 B&R 公司的 PLC 有着很大的优越性。B&R 公司的 PCC 是综合了 PLC 和工业计算机优点的新一代可编程计算机控制器,具备多种标准的控制功能,能够实现常规 PLC 难以实现的复杂控制。同时,PLC 自带的PCC 操作系统支持多任务分时操作和运行,提供了 8 个分别具有不同循环时间不同优先权的任务等级。其中,优先权高的任务等级为高速任务,有着较短的执行周期,而且执行周期可由用户在 1 ms 到 20 ms 范围内自定义设定;相对应的标准任务的循环时间则可在 10 ms 到 5000 ms 范围内自定义设定。另外可以对任务进行细分,每个任务等级可包含多个具体任务,这些任务之间还可以再细分优先权的高低,方便用户对逻辑程序的管理。PCC 程序编程提供了多种强大的编程语言,包含 LAD、STL、FBD、SFC、ST 等语言,适用于各类程序员的编程习惯。B&R 公司开发了专门基于 PCC 进行系统开发及编程的 Automation Studio 软件,该软件功能强大,可以快速地拓扑硬件的配置,且具有在线式和离线式功能,能够实时监控程序的运行状态。

5.2.3　数据结构

设备由许多部件集成,部件作为信源,通过导线或网线等信道与 PLC 相连接,达到通信的目的。PLC 程序的所有数据,都保存在一些数据结构中。PLC 中各数据结构的名称及功能介绍见表 5-1。

表 5-1　各数据结构基本介绍

数据结构名称	数据结构标识符	数据结构的作用
自动模式报警检查	auto alarm check_para	设置自动运行模式下哪些情况必须报警
自动模式报警处理检查	auto alarm handle_para	设置自动运行模式下哪些报警要由本管控程序自动处理

续表5-1

数据结构名称	数据结构标识符	数据结构的作用
外设信息	Device_Info	设置串口外设的基本信息以及协议信息
流量阀信息	FlowValve_Info	保存每一路气源的各阀门开关状况
手动模式报警检查	ManualAlarmCheck_Para	设置手动运行模式下哪些情况必须报警
手动模式报警处理检查	ManualAlarmHandle_Para	设置手动运行模式下哪些报警要由本管控程序自动处理
工艺步参数	Run_Para	保存每个工艺步的步号、类型、工艺参数
串口信息	SerialPort_Info	保存各串口的波特率、半/全双工等参数
全系统参数结构（上位机设置）	Variables_Para_InOut	包含本管控程序所需要的大部分限制性参数、运行条件、硬件配置参数、第三方设备参数以及报警检查参数，由上位机写入
工艺表(上位机设置)	Variables_PC_CraftForm	包含最大 100 条工艺步参数，由上位机写入。自动工艺模式运行时使用
上位机指令输入结构	Variables_PC_In	上位机向管控程序传输的部分控制信号
上位机运动指令输入结构	Variables_PC_Motion	上位机向运动部分(推舟控制部分)发送指令信号
上位机状态及数值输出结构	Variables_PC_Out	管控程序向上位机输出的各种状态信号以及部分数值信号、不仅用于输出，也用于管控程序自身的逻辑
各种常量	Variables_Constant	保存管控程序使用的部分常量
I/O 变量表	Variables_IO	定义各管的管控程序通过 EtherCAT 总线与硬件进行通信的所有 I/O 点位，以及串口通信函数需要的相关参数
参数变量表	Variables_Para	包含全系统参数结构，定义各管的全系统参数
上位机变量表	Variables_PC	包含上位机指令输入、运动指令输入、状态及数值输出和工艺表结构，定义各管的上位机输入输出

数据结构中，最重要的便是 I/O 变量表，包含了工艺管中由 PLC 控制的所有输入信号和输出信号。对于输入信号和输出信号，通常需要以 I/O 点位映射来实

现其功能。运动模块、炉体模块、气路模块的输入和输出的具体数据如下。

1. 运动模块

运动模块相关的输入信号选用的配套模块为 X20DI9372，具体的定义如例程：

```
Variables_IO. bXBwPoint[0]            : =DI9372[1,1];
Variables_IO. bXFwPoint[0]            : =DI9372[1,2];
Variables_IO. bYUpPoint[0]            : =DI9372[1,3];
Variables_IO. bYDownPoint[0]          : =DI9372[1,4];
Variables_IO. bXBwLimit[0]            : =DI9372[1,5];
Variables_IO. bXFwLimit[0]            : =DI9372[1,5];
Variables_IO. bYUpLimit[0]            : =DI9372[1,6];
Variables_IO. bYDownLimit[0]          : =DI9372[1,6];
Variables_IO. bBoatHead[0]            : =DI9372[4,1];
Variables_IO. bBoatTail[0]            : =DI9372[4,1]; )
Variables_IO. bEmergencyStop[0]       : =DI9372[4,2];
```

运动模块相关的输出信号选用的配套模块为 X20DO9322，具体的定义如例程：

```
DO9322[1,1]   : =Variables_IO. bXPower[0] OR Variables_IO. bYPower[0];
DO9322[1,2]   : =Variables_IO. bBoatHeadTailPower[0];
DO9322[1,3]   : =Variables_IO. bXPower[1] OR Variables_IO. bYPower[1];
DO9322[1,4]   : =Variables_IO. bBoatHeadTailPower[1];
DO9322[1,5]   : =Variables_IO. bXPower[2] OR Variables_IO. bYPower[2];
DO9322[1,6]   : =Variables_IO. bBoatHeadTailPower[2];
DO9322[1,7]   : =Variables_IO. bXPower[3] OR Variables_IO. bYPower[3];
DO9322[1,8]   : =Variables_IO. bBoatHeadTailPower[3];
DO9322[1,9]   : =Variables_IO. bXPower[4] OR Variables_IO. bYPower[4];
DO9322[1,10]  : =Variables_IO. bBoatHeadTailPower[4];
```

2. 炉体模块

炉体模块相关的输入信号选用的配套模块为 X20DI9372，具体的定义如例程：

```
Variables_IO. bDoorFwPoint[0]         : =DI9372[5,1];
Variables_IO. bDoorBwPoint[0]         : =DI9372[5,2];
Variables_IO. bDoorClosePoint[0]      : =DI9372[5,3];
Variables_IO. bDoorOpenPoint[0]       : =DI9372[5,4];
Variables_IO. bDoorBoat[0]            : =DI9372[5,5];
Variables_IO. bDoorWaterPress[0]      : =DI9372[5,6];
```

Variables_IO. bDoorPress[0]　　　　　　　: =DI9372[5, 6];

Variables_IO. bDoorCDA[0]　　　　　　　: =DI9372[5, 8];

Variables_IO. bHeatOnIn[0]　　　　　　　: =DI9372[5, 7];

Variables_IO. bPhaseDetection[0]　　　　　: =DI9372[5, 8];

Variables_IO. bRegulatorNormalTemp[0]　　: =DI9372[5, 9];

Variables_IO. bTempControllerOverTemp[0]　: =DI9372[5, 10];

Variables_IO. bCurrentSensor[0]　　　　　: =DI9372[5, 13];

Variables_IO. bFaceOvertemp[0]　　　　　: =DI9372[5, 14];

Variables_IO. bTransFOvertemp[0]　　　　: =DI9372[5, 15];

Variables_IO. TubePower[0]　　　　　　　: =DI9372[5, 11];

炉体模块相关的输出信号选用的配套模块为 X20DO9322，具体的定义如例程：

DO9322[2, 1]　　: =Variables_IO. bDoorFw1[0];

DO9322[2, 2]　　: =Variables_IO. bDoorBw1[0];

DO9322[2, 3]　　: =Variables_IO. bDoorFw2[0];

DO9322[2, 4]　　: =Variables_IO. bDoorBw2[0];

DO9322[2, 5]　　: =Variables_IO. bDoorClose[0];

DO9322[2, 6]　　: =Variables_IO. bDoorOpen[0];

DO9322[2, 7]　　: =Variables_IO. bFan[0];

DO9322[2, 8]　　: =Variables_IO. bHeatOnOut[0];

DO9322[2, 7]　　: =Variables_IO. bDoorFw1[1];

DO9322[2, 8]　　: =Variables_IO. bDoorBw1[1];

DO9322[2, 9]　　: =Variables_IO. bDoorFw2[1];

DO9322[2, 10]　: =Variables_IO. bDoorBw2[1];

DO9322[2, 11]　: =Variables_IO. bDoorClose[1];

DO9322[2, 12]　: =Variables_IO. bDoorOpen[1];

3. 气路模块

气路模块相关的输入信号选用的配套模块为 X20DI9372，具体的定义如例程：

Variables_IO. bN2_LPressLow　　　　　: =DI9372[10, 1];

Variables_IO. bN2_LPressHigh　　　　　: =DI9372[10, 2];

Variables_IO. bO2_SPressLow　　　　　: =DI9372[10, 3];

Variables_IO. bO2_SPressHigh　　　　　: =DI9372[10, 4];

Variables_IO. bN2_SPressLow　　　　　: =DI9372[10, 5];

Variables_IO. bN2_SPressHigh　　　　　: =DI9372[10, 6];

Variables_IO. bSupply_N2Low　　　　　: =DI9372[10, 7];

```
Variables_IO. bSupply_N2High          : =DI9372[10, 8];
Variables_IO. bO2_LPressLow           : =DI9372[10, 9];
Variables_IO. bO2_LPressHigh          : =DI9372[10, 10];
Variables_IO. bO2_LPressLow           : =DI9372[10, 11];
Variables_IO. bO2_LPressHigh          : =DI9372[10, 12];
Variables_IO. bSIH4_PressLow          : =DI9372[10, 11];
Variables_IO. bSIH4_PressHigh         : =DI9372[10, 12];
Variables_IO. bNO2_LPressHigh         : =DI9372[9, 14];
Variables_IO. bNO2_LPressLow          : =DI9372[9, 15];
Variables_IO. bCH4                     : =DI9372[9, 16];
```

气路模块相关的输出信号选用的配套模块为 X20DO9322,具体的定义如例程:

```
DO9321[5, 1]          : =Variables_IO. bFrontValve[0];
DO9321[5, 2]          : =NOT Variables_IO. bPurgeValve[0];
DO9321[5, 3]          : =Variables_IO. bBottleInValve[0];
DO9321[5, 4]          : =Variables_IO. bReliefValve[0];
DO9321[5, 5]          : =Variables_IO. bSIH4InValve[0];
DO9321[5, 6]          : =Variables_IO. bSIH4PurgeValve[0];
DO9321[5, 7]          : =Variables_IO. bN2 Valve_L[0];
DO9321[5, 8]          : =NOT Variables_IO. bFastN2 Valve[0];
DO9321[5, 9]          : =Variables_IO. bO2 Valve[0];
DO9321[5, 10]         : =Variables_IO. bAtmosphericValve[0];
DO9321[5, 11]         : =Variables_IO. bDecompressionValve[0];
DO9321[5, 12]         : =Variables_IO. bO2 Valve_L[0];
```

5.2.4 主程序设计

在 PLC 程序中,PLC 系统将以一定的周期反复执行主程序,这个周期又叫"扫描周期"。因此,所有 PLC 程序都必须根据这个基本特性来设计和编程,轮询模式被广泛运用。主程序软件总体上在轮询模式下运行,主程序将调用各个流程控制模块的主程序,这些主程序逐一调用相应模块的函数,在这个过程中各种设备和运动逻辑、第三方设备 I/O 的模块也将被调用;很多模块有自己的状态机,每一个状态机运行一个周期后改变状态。主程序中包含了多个分程序,以下分别做相关介绍。

1. 初始化

这个分程序为工艺管 PLC 首次上电之后的初始化操作。该分程序的功能为工艺管 PLC 首次上电后,对其所控制的 X、Y 轴进行初始化。同时,根据上位机要求，将上位机向 PLC 传输的基本配置参数中的断电保持型变量写入到 PLC 的持久性存储器中。

2. 输入输出

这个分程序是整个管控程序的主要程序之一，它的功能包括管控程序主要的输入输出功能以及根据上位机的相关指令信号在手动模式下运行设备。另外还管理串口从站设备，以便使其能够进行串口通信。输入输出分程序又包含输入输出子程序、手动模式下报警检测子程序、模式异常报警处理子程序。

输入输出子程序的目的是将 PLC 控制器的 I/O 表中保存的各子系统和外部设备的状态进行解析并通过上位机变量表来发送给上位机，然后再通过上位机变量表中上位机所写入的指令控制炉门子系统和推舟子系统等两个最重要的运动控制子系统，实现系统在手动状态下的运行。输入输出子程序的流程，可以简单总结成五个部分。第一个部分是向上位机变量表写入当前各状态信号以及部分参数，同时根据系统内的各种警告状态，向上位机输出当前警告的级别。第二部分是根据上位机变量表输入的炉门指令，执行炉门模块的各个函数，以及根据炉门状态的判断，将当前炉门的状态包括部分警告信号向上位机变量表输出。第三个部分为根据上位机变量表输入的炉门指令，执行推舟模块的各个函数；根据参数变量表中的设置，对推舟 X、Y 轴驱动器应用限定条件，并根据当前驱动器和光电开关等返回的各种状态，来确定目前推舟的状态，通过上位机变量表反馈给上位机。第四个部分是处理气路系统和与射频电源相关的输入输出。第三个部分是向上位机输出当前 PLC 控制器的系统时间。

手动模式下报警检测子程序的目的是在手动运行模式下，对上位机在参数变量表中所要求检测的一系列异常情况进行检查。这些异常情况包括炉内温度超过上限、水压过低、漏气率超上限、气源流量偏差超上限、气源 CDA 异常、气源压力过低、特种气体超过最大压力、射频电源功率重度/轻度偏差、射频电源超温、射频电源缺相、泵关闭、泵故障、蝶阀压力异常等。如果发现相应信号出现异常，或者有数值超出参数变量表设定的范围等情况，就向上位机变量表输出相应的报警信号，对于一些必须在 PLC 控制器处理的报警情况，如必须强制自动关闭加热、关闭阀门等情况，就在输入输出子程序局部变量中设置相应标志，在模式异常报警处理子程序中进行相应的处理。另外，有一些情况比如炉内有无特气、推舟异常等的检测，对整个设备的安全运行非常重要，对于这些情况，输入输出子程序将不确认上位机参数变量表而强制进行检测。

在手动模式下报警检测子程序中，在出现部分异常报警情况时，会通过设定模块内部的一个异常处理标志的方式来告知管控程序，需要在内部进行相应的处理。模式异常报警处理的作用就是在系统运行于手动运行模式的前提下，对此类异常报警在 PLC 控制器上进行相关处理，至于自动工艺模式下的相关处理，后续将在工艺自动运行分程序中进行相应的介绍。

3. 工艺自动运行

工艺自动运行分程序可以说是管控程序最重要的程序，其作用是根据工艺人员制定的工艺表，自动按照一定的时间执行包括所有部件及相关运动等在内的设备过程控制的一系列工艺参数，从而实现整个制造工艺在无人干预的情况下正常运行。

本分程序中有一个重要概念"工艺步"，其意义是指在整个工艺中可能出现的每一个步骤及其对应的工艺参数。在此款设备的设计中，工艺步的种类有16种，由工艺步号区分，具体内容见表5-2。

表5-2　工艺步号与工艺步名的对应表

工艺步号(step name)	工艺步名	解释
0	停止	停止工艺的自动运行
1	起始步	标记工艺开始
2	开炉门	完整开炉门(炉门退+炉门开)过程
3	关炉门	完整关炉门(炉门进+炉门关)过程
4	进舟	控制进舟过程
5	退舟	控制退舟过程
6	升温	炉内开始加热升温
7	恒温	炉内保持温度一段时间
8	保温	炉内继续保持温度一段时间
9	充氮	打开相应阀，注入氮气
10	降温	炉内降温
11	氧化	打开相应阀门，注入氧气等
12	结束步	标记工艺结束
13	检漏	开启检漏逻辑
14	沉积	通入各种气体进行镀膜
15	外延	生长与衬底晶向相同的薄层

这些工艺步的参数由工艺人员在上位机监控程序中设定好，用上位机监控程序将其直接写入本管控程序的上位机工艺表中。相对应的工艺步数据中则存储了如流量、压力、温度、功率、脉宽、非脉宽/周期、放电电流基准等数值，以及主抽

慢抽开关和各类阀岛的一些开关信号。工艺步数据结构所存储的各种参数及内容
如表 5-3 所示。

表 5-3　工艺参数相关内容

参数名	代号	类型	解释
步 ID	stepID	实数	工艺步的顺序号
工艺步号	stepname	整数	工艺步的种类
步时间	steptime	无符号整数	工艺步的运行时间(s)
流量	flow	实数数组[0..9]	$N_2/SiH_4/NH_3/N_2O/CH_4/NF_3$ 等各气源的流量(m^3/s)(最多 10 种)
压力	pressure	实数	炉内压力(kPa)
温度	temp	实数数组[0..9]	炉内各温区温度(℃),最多 10 个温区
泵	bpump	布尔型	开关主抽气泵
阀门开关选项	bPCValveOn	布尔型构数组	
慢抽开关	bSlowBleed	布尔型	开关慢抽气泵
阀门开关选项	bPCValveOn	布尔型构数组[0..9]	$N_2/SiH_4/NH_3/N_2O/CH_4/NF_3$ 等各气源的阀门开关设置,包含清洗阀、前阀、后阀三个开关,最多 10 组

　　上位机对管控程序的工艺自动运行分程序可能发出几种不同的指令,如自动
工艺模式的启动、复位,跳到某个工艺步,工艺停止等。而自动工艺模式本身的
自动跳步,是通过一个较为复杂的延时状态机来完成的;同时和手动模式一样,
自动工艺模式下也有相应的报警检测和报警处理,这些在分程序中都要通过具体
的函数来实现。

　　4.工艺启动

　　这个分程序的功能是在上位机通过上位机变量表发来选择当前自动工艺是否
循环一直做信号之后,根据当前系统的情况,如是否已经在自动工艺模式下、炉
内无舟、推舟已经到位等进行判断,确认是否符合自动工艺运行的条件,如果条
件符合,则对自动工艺状态机所需要的信号和计时器等进行初始化并准备开始工
艺。或者在手动模式下通过上位机点击"启动"按钮置位来启动工艺;又或者在自
动模式下当上下料放舟到管上动作完成后会给上位机一个放舟完成的变量信号,
当上位机接收到该信号后再进行置位,当确认逻辑为"真"后再启动工艺。

5. 工艺复位

工艺复位分程序和上面的工艺启动分程序非常类似，也是对自动工艺状态机所需要的信号和计时器等进行初始化。如图 5-3 所示的程序，它的不同之处在于，复位时不改变当前的步 ID，进入本函数时的触发条件是有上位机复位信号，且目前工艺不在自动运行中。

```
ACTION M_Reset:
IF PC_In_Data.bPCResetCraftWork AND NOT PC_Out_Data.bPCRunningMode THEN
    PC_Out_Data.bPCRunningMode:= 1;        //复位
    TimerStep(IN:= FALSE);          //让步计时器从0开始
    TimerStep1(IN:= FALSE);
    StepState:= 1;
    IF NOT PC_Out_Data.bPCPumpOnOff THEN
        PC_In_Data.bPCPumpOn:= TRUE;
    END_IF
    PC_Out_Data.PCCraftWorkStepTimeTotalPass:= 0;
    TimeTotalPass:= 0;

    PC_Out_Data.PCOldLeakRate:= PC_Out_Data.PCLeakRate;
    PC_Out_Data.PCLeakRate:= 0;
END_IF
END_ACTION
```

图 5-3　工艺复位程序

6. 上位机跳步

有时候出于调试或者临时需要变更工艺流程等原因，上位机可以强制将工艺步移动到工艺表中的某一个工艺步。此时就需要像自动跳步一样，做一些相应的操作，为实现控制功能，最终写出了"上位机跳步"分程序。"上位机跳步"的控制逻辑流程见图 5-4。

由控制流程图 5-4 可见，"上位机跳步"分程序是一个较为复杂的循环状态机，目的是根据工艺表中指定的参数和指令信号，来设定相应的工艺参数和进行相应的操作。

本分程序中的状态机主要包含有以下四种状态，下面逐一进行说明。

"状态 1"对应的功能名称为"工艺开始状态"。在这个状态中，状态机将对各个时钟进行初始化，从工艺表中读出当前的工艺步号和工艺时间后再跳到"工艺执行状态"。

"状态 2"对应的功能名称为"工艺执行状态"。首先，状态机会根据工艺表中的参数和信号，设置流量、开闭快速氮、主抽、慢抽气泵；然后，控制各阀门、写入压力值，设置温控调节器的参数及炉体各温区的温度值。如果工艺表的工艺步号满足控制运动部分的炉门开、炉门关、进舟和退舟或者检漏的设定时就会向相关模块输出信号，进行运动控制或检漏操作。最后，如果上位机有工艺复位信号，就进入"工艺复位判断"，否则进入"工艺普通结束判断"。

"状态 3"对应的功能名称为"工艺普通结束判断"。首先，状态机会开始对当前工艺步的剩余时间和已用时间进行计时，并统计总剩余时间。如果当前步完成标识为假，就开始进行工艺步是否完成的判断。工艺步的完成有三种情况：一是对于抽出气体和检漏等操作，工艺步需要在出现炉内压力相关信号，或者压力的实测值低于工艺表设定数值时结束；二是对于运动控制操作，工艺步需要在炉门、推舟模块返回相应的运动完成信号时结束；三是对于其他步号，已用时间达到工艺步设定时间时，工艺步结束。状态机针对以上三种情况，进行相应的判断，如果当前步完成标志已经为真，并且上位机没有工艺步保持信号，就设定工艺步为下一步，跳到"工艺步开始状态"，以便继续执行下一个工艺。如果不为真，则保持当前状态。

"状态 4"对应的功能名称为"工艺复位结束判断"。和"工艺执行状态"逻辑基本相同，但是判断剩余时间结束的标志是上位机所设置的复位剩余时间到结束，而不是工艺表规定的工艺步剩余时间到结束。这样设计的目的是，在即使收到工艺复位信号的情况下，为了防止事故，对于运动类、抽气类操作也必须等待其完成；对于其他只需要考虑剩余时间的操作，则可以根据设置，立即强制停止或者在一定时间后强制停止。

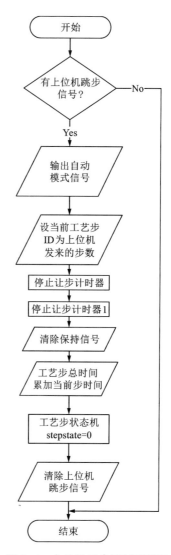

图 5-4　上位机跳步控制流程图

7. 报警检测

本分程序需要实现的功能是完成在工艺自动运行模式下的报警检测。在工艺自动运行的模式下，对上位机在参数变量表中相应工艺步的类型所要求检测的一系列异常情况进行检查，对一些情况，若没有指定检查的条件，就强制进行检查。和手动模式一样，对于 PLC 端中需要进行报警处理的报警，报警处理程序在 PLC 模块的局部变量中设置了相应标志，在下一个分程序"报警保持"里进行相应的处理。

8. 报警处理

在上一个分程序"报警检测"中，当出现部分异常报警情况时，会通过设定模块内部的一个异常处理标志的方式来告知管控程序，需要在内部进行相应的处理。本分程序的作用就是对此类异常报警在 PLC 控制器上进行相关处理。

与本分程序的手动模式异常处理类似，自动工艺模式也使用了一个循环状态机来进行处理，但远比手动模式复杂。在工艺出现异常处理的时候，可能会需要停止工艺的运行，这样就需要专门有一个状态用于停止工艺使用的计时器。另外，在自动工艺模式下，本设备设计了工艺停止时能自动开炉门、自动出舟操作。但在打开炉门前，必须通过一系列的操作，先将特种气体抽空，然后在一段时间内充入氮气，再抽空，最后快速补氮气到常压。开炉门前的这一套流程是为了防止特种气体泄漏和高压泄漏的事故，且尽量保护晶圆等工艺片，因此本分程序是不可缺少的。

9. 工艺运行停止

工艺运行停止分程序的功能是指当工艺步跳到工艺表中未设定的步号或工艺的名称未设定时，视为整个工艺终止。此程序的目的就是在工艺步状态机写入工艺结束信号之后，关闭所有工艺中使用的时钟，关闭所有射频电源并设功率为 0，关闭所有阀，气源设置流量为 0，停止推舟，清除关于工艺步的其他信号和量。

10. 停止报警处理

报警处理状态机进入最后一个状态，全部完成运行时，将会置一个停止工艺报警处理标志。本分程序就是针对这个标志的处理，它将清除所有报警处理标志和上位机使用的报警处理标志，关闭所有报警处理时钟。

11. 阀门控制

在气路系统中，各种化学气体经过管道传输进入腔体，管道中设有气动阀门，通过电磁阀来控制气动阀的通断。其工作原理是 PLC 给出输入输出信号，对应到电磁阀的管路，管路接通后流出压缩空气。利用压缩空气推动执行器内多组组合气动活塞运动，内部机构传力给横梁加上内曲线轨道的特性以带动空芯主轴做旋转运动，改变进出气位置以改变主轴旋转方向，使气动阀门打开。阀门控制的功能主要是控制各个阀的开关逻辑，具体的输入输出信号函数符号如气路模块部分。

12. 轴控制

该部分程序是与运动轴关联的控制程序，与 X 轴和 Y 轴相关。主要包括运动模块推舟系统的寻参、进舟、退舟等逻辑的控制。

轴控制程序中最重要部分的就是参数设置，该子程序主要是对电机驱动器的参数进行设置。需要注意的是 Y 轴，Y 轴通常用于软着陆的机械结构，此结构通过步进电机控制装载机构的取放更能保证精度；当步骤全部完成后，推舟会从炉管中退出。由于目前设备用的是台达牌步进电机，台达的步进系统参数缩放因子分子和分母比值应满足要求。如果按照给定的机械参数直接设置的话，则会超过台达步进系统规定的缩放因子比值。因此，在步进系统相应的固有参数配置中 Y 轴参数缩小了 10 倍，程序中输入的 Y 轴参数都需乘以 10，如图 5-5 所示。

```
END_IF
IF PC_Motion[TubeNum].bPCJogUp AND NOT PC_Motion[TubeNum].bPCMoveIn AND NOT PC_Motion[TubeNum].bPCMoveOut AND NOT P
    MoveRY_Jog(Axis:= Variables_IO.Axis3[TubeNum], Execute:= TRUE, Distance:= 0 - PC_Motion[TubeNum].YJogDistance,
    Acceleration:= PC_Para_Data[TubeNum].YAcceleration, Done=> DoneJogY, Error=> bJogYError, ErrorID=> PC_Out_Data[
    IF PushBoat[TubeNum].M_Jog.Stat_YUp =0 THEN
        Y_AxisCtrl[TubeNum].InPara.TargetPosition := 10* REAL_TO_UDINT(0 - PC_Motion[TubeNum].YJogDistance);
        Y_AxisCtrl[TubeNum].InPara.Profile_VL := 10*REAL_TO_UDINT(PC_Motion[TubeNum].YJogSpeed);
        Y_AxisCtrl[TubeNum].InPara.Porfile_ACC := 10* REAL_TO_UDINT(PC_Para_Data[TubeNum].YAcceleration);
        Y_AxisCtrl[TubeNum].InPara.Porfile_DEC := 10*REAL_TO_UDINT(PC_Para_Data[TubeNum].YDeceleration);
        PushBoat[TubeNum].DoneJogY := FALSE;
        PushBoat[TubeNum].bJogYError := FALSE;
        PC_Out_Data[TubeNum].PCMotorYErrID := 0;
        Y_AxisCtrl[TubeNum].CMD.MoveAdd := TRUE;
        PushBoat[TubeNum].M_Jog.Stat_YUp := 1;
    END_IF
END_IF
```

给定的参数前都乘以10

图 5-5　Y 轴逻辑语句

此外，轴控制中另一个需要实现的功能就是寻参。接下来将以 X 轴为例，进行介绍。X 轴寻参的过程如下，先进入"stage1"，当 X 轴往负方向走时，需要判断 X 轴是否退到位，如果已经退到位，则逻辑为"真"，接着进入"stage2"，X 轴往正方向走，否则就报错并退出指令。如果上一步为"真"，便经过一定的时间后再判断 X 轴是否已经进到位，如果已经进到位，则逻辑为"真"，然后进入"stage3"，X 轴往负方向走，开启"timer 计时"；如果不为"真"就报错并退出指令。当"timer 时间到"时，X 轴便会停止并设置当前位置为 0，同时设置 X 轴已经寻参；如果不符合条件，X 轴将会报错并退出指令。Y 轴寻参逻辑与 X 轴相似，依据上述情况可建立 X 轴寻参逻辑框图（图 5-6）。

13. 炉门控制

炉门控制分程序是热工装备中最重要的运动控制程序，负责炉门系统的整个控制逻辑，包括炉门装置的进退和炉门开关等。热工装备的炉门机构（图 5-7）装置使用两组电磁泵和到位开关控制，需要先后退到位才能打开，前进到位才能关闭，因此需要控制后退、前进、打开、关闭的分步动作，以及整个开门、关门的完整动作。

炉门控制分程序具有控制炉门机构的后退与前进、打开与关闭、完整开门操作（后退+打开）、完整关门操作（前进+关闭）以及紧急停止的功能，在控制过程中要求炉门的完整开门和完整关门操作要尽可能地迅速，同时保证安全性，如不撞舟、不漏气等。因此对于不同的控制要求，炉门控制又细分为炉门开、炉门关、炉门进、炉门退、炉门完整开启、炉门完整关闭、紧急停止并复位共 7 个子程序，接下来将分别做具体介绍。

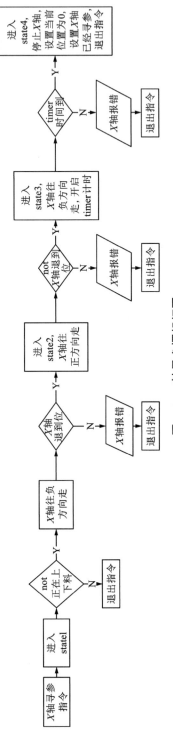

图5-6 X轴寻参逻辑框图

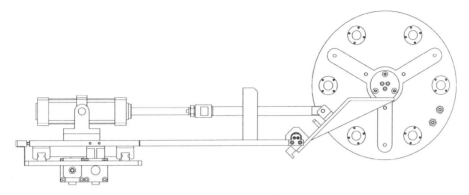

图 5-7　炉门机构

　　炉门退子程序是一个简单的延时状态机。该程序设计比较简单，首先根据炉内是否有特气且压力实测值是否大于 0 来判断能不能退，然后启动炉门退时钟和炉门退取消时钟。另外，根据经验，不满足限制条件时不能直接退出，需要等待 3 s 才能退出。满足"state0"会打开炉门退气阀和关闭其他气阀并进入"state1"，在"state1"状态下如果检测到炉门退到位信号或者炉门退时钟超时则会关闭炉门退气阀。和推舟模块的方法不同，炉门退子程序流程图如图 5-8 所示，它通过返回值来反馈炉门退的操作步骤是否完成。

　　炉门进子程序和炉门退子程序非常类似，也是先判断限制条件，再进入状态机。不过其限制条件变为推舟目前不在取放舟状态，且确认推舟退到位、炉口无舟，同时有炉内常压信号。其流程可以简单地用图 5-9 来描述。

　　炉门开子程序中函数满足的限制条件和炉门退是一样的，状态机也基本相同，只是"state1"的结束条件改为炉门开到位信号，其流程图如图 5-10 所示。

　　炉门关子程序中的函数和炉门开子程序中的函数也是类似的，限制条件和炉门进子程序相同。状态机也和炉门进子程序基本一样，其流程图见图 5-11。不同的是"state0"进到"state1"时还需要再判断一次炉口是否有舟，以防止炉门撞舟。

　　炉门完整开启是指炉门先退到位，再开到位。但是其功能的实现并不是简单地通过延时状态机运行两个操作，因此设计子程序时还需要考虑到单步超时、限制条件等可能发生的问题。由图 5-12 可知，具体的炉门完整开启函数的设计要点在于它的限制条件和单步炉门退、炉门开相同；整个炉门操作必须设定超时；炉门退完成后要等待 1 s 才能进行炉门开操作。

　　炉门完整关闭操作和炉门完整开启操作的逻辑基本一样，不过操作顺序相反。因此子程序在控制过程中要首先执行关炉门的动作，再实现炉门进的功能。它的限制条件和单步炉门进和单步炉门关操作相同，流程图如图 5-13 所示。

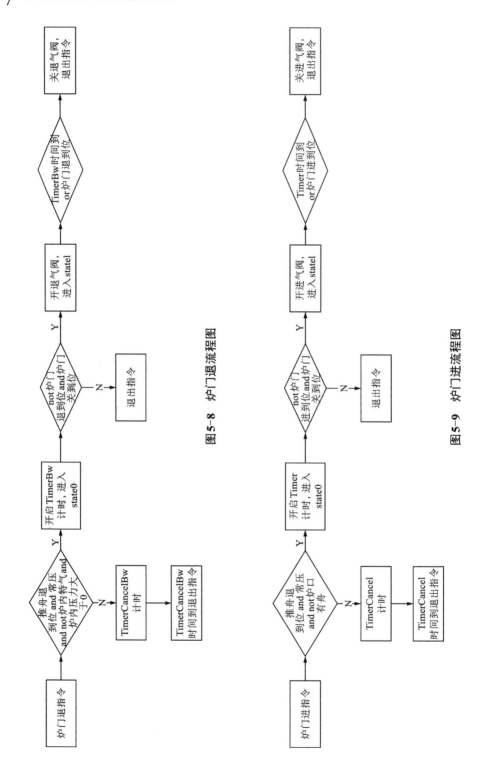

图 5-8 炉门退流程图

图 5-9 炉门进流程图

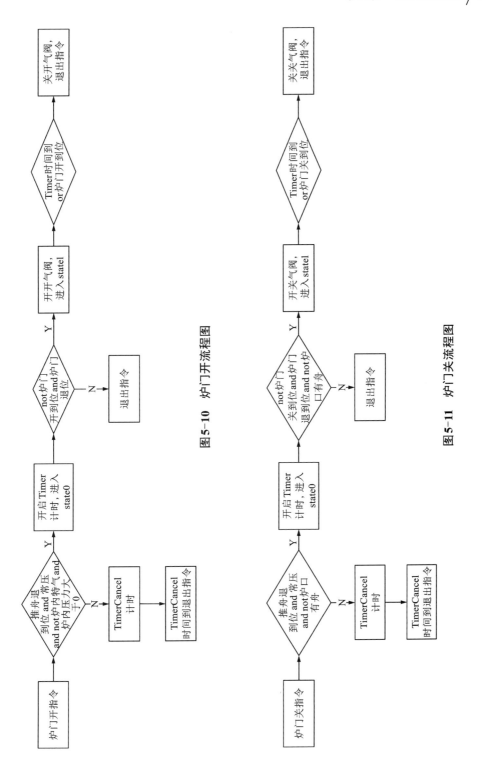

图5-10　炉门开流程图

图5-11　炉门关流程图

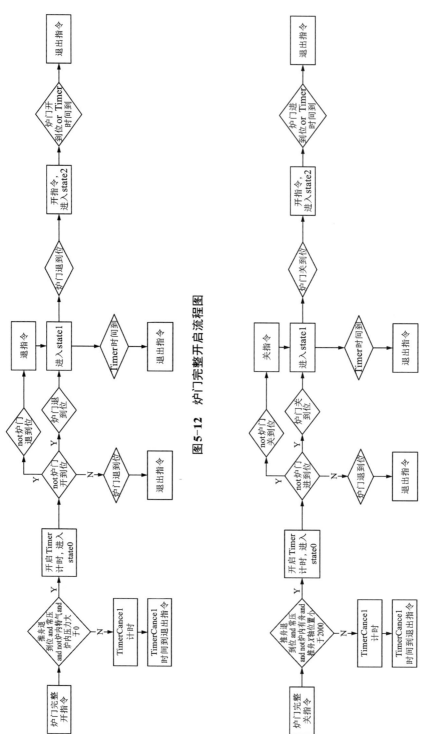

图5-12 炉门完整开启流程图

图5-13 炉门完整关闭流程图

紧急停止并复位子程序是保证设备安全运行的关键。当收到上位机给出的紧急停止信号时，炉门必须紧急停止并复位关闭。这个子程序要实现的功能非常简单，就是清除炉门所有的信号，各个状态机全部强制设置回到初始状态。如果一次设置没有完成，系统会自动重新设置，直到确认炉门机构已复位并关闭。

综上所述，设备的炉管控制系统包括管路控制 PLC 的 CPU 模块和扩展模块，它有一套独立的程序，对如控制泵、阀、电机、温度调节器、流量计等部件的各种功能作用进行控制，其总体框架如图 5-14 所示。

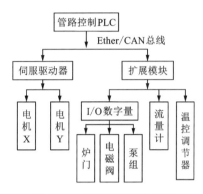

图 5-14　炉管控制系统框架

5.3　通信设置

5.3.1　通信选择

OPC 数据库是上位机与下位机进行数据交互的一种方式，由于上位机读写下位机的数据量较多，在写程序时要尽量使用读写较快的变量类型，因此我们做了这次实验。首先在卧式炉设备、监控软件、UaExpert 测试软件的基础上搭建了实验平台，然后选择国际通用标准协议的 OPC 服务器作为设备智能信息系统的服务器[21]，使用 OPC-UA 1.0 版本，接着通过上位机软件对 OPC 数据库批量读取数据，记录返回数据的总时间，用实验来证明是否适合于设备配套信息系统的软件设计。

通过在设备上测试发现，上下位机之间如果使用 OPC UA 通信，通信数据量多且刷新时间快的话，会造成 PLC 的 CPU 模块负载率居高不下。卧式炉设备使用的 CPU 模块型号为 X20CP1584，变量有 8000 个左右，上位数据刷新时间为 120 ms，CPU 负载率为 95%以上，比空载时增加了 40%以上，很不理想(图 5-15)。接下来，转而选择使用 PVI 通信，经测试发现，空载时，CPU 模块的占用率为 43%。访问结构体数组时，结构体有 6000 个 UDINT，数组大小为 2，PVI 访问这两个变量，负载率增加到 73%，和空载相比增加 30%左右，对比 OPC UA 有提升明显(图 5-16)。

通过 OPC UA 的实际应用并与 PVI 的测试对比，PVI 通信对 CPU 负载有明显的降低，因而决定在设备中使用 PVI 通信来降低通信对 CPU 负载的影响，使用 PVI 通信在下位机端不需要做任何改动，只需要上位机进行匹配即可。

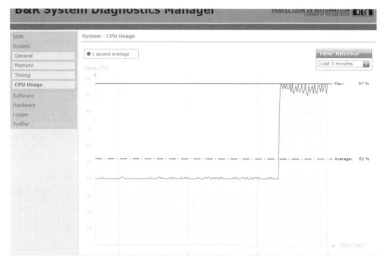

图 5-15　设备启动 OPC UA 通信 CPU 负载变化

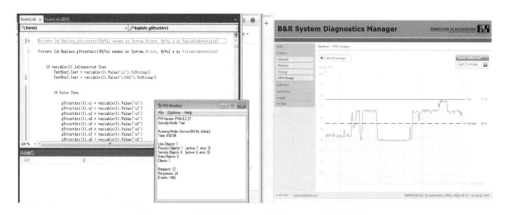

图 5-16　测试启用 PVI 通信 CPU 负载变化

5.3.2　功能块编写

因为通信都采用自有协议或者自由协议, 因此在通信程序的编写中会涉及大量的数据类型的转换及校验码的计算, 程序所有的通信所采用的结构基本都是通信帧的处理(字节或者字符)-发送(写入延时)-接收(一定时间内, 是否接收视情况而定)-数据解析(根据通信帧的起始符、设备地址、功能码等)-赋值给设定变量, 因此, 我们可以保持在结构基本不变的情况下, 使用 Automation Studio 中自带的工具库或者特有的指令来实现相同的功能。为了方便后续程序调用, 我们需要把使用到的工具库移植过来，具体可分为校验码计算及数据类型转换这两类，具体见表 5-4。

表 5-4　工具库功能块一览表

工具库	ASC	ASC	用于 BCC 码计算
	BCC 校验码	FB_BCC	计算 Horiba 流量计通信 BCC 校验码
	BCC 校验码	FB_BCC1	计算 Shimaden 通信 BCC 校验码
	CRC 校验码	FB_CRC	计算 CPL 通信 CRC 校验码
	CRC 校验码	FB_CRC_MKS	计算 MKS 通信 CRC 校验码
	CRC16 校验码	FB_CRC16	计算 HX 电源模块用的 modbus CRC16 校验码
	CRC 累加校验码	FB_CRCSum	计算中频电源用的累加 CRC 校验码
	异或 CRC 校验码	FB_CRCXor	计算 AE 电源模块用的异或 CRC 校验码
	补码计算	FB_Complement	计算补码
	WORD 转换十六进制字符串	FB_WORD_TO_HEXSTR	WORD 转 16 进制字符串（高位为 0 去掉）
	DWORD 转换十六进制字符串	FB_DWORD_TO_HEXSTR	DWORD 转 16 进制字符串（高位为 0 去掉）
	十六进制字符串转整数	FB_HEX2DEC	16 进制数字符串转为整数，如"FE"转为 254
	十六进制字符串转为十进制	HEXSTR_TO_DATA	将十六进制字符串转为十进制字符串，并将其存入数据库中
	浮点数转十六进制字符	FB_REAL2HEXSTR	浮点数转 16 进制字符，如 27.2 转为"41 D9 80 00"（高位在前）
	十六进制字符转浮点数	FB_HEX2REAL	十六进制字符转浮点数，如"41 D9 80 00"（高位在前）转为 27.1875
	E5CC 数据帧计算	M_MakeWordE5CC	E5CC 数据帧计算
	SDC35 数据帧计算	M_MakeWordSDC35	SDC35 数据帧计算
	SKY 泵数据帧计算	M_MakeWordSKYPump	SKY 泵数据帧计算

除去上下位机通信的 PVI 之外，其余通信协议主要有 TCP/IP 和 Modbus RTU（RS485），TCP/IP 是基于欧姆龙温控调节器的通信协议，使用 TCP/IP socket 接口进行通信，可使用 B&R 公司 Automation Studio 软件的 TCP 库加 TCP/IP 协议实现与设备的通信；RS485 则全部为自由协议，不仅有字节型数据，也有字符型数据，不仅有只写入不读取数据，也有既写入又读取数据，不仅有正常的 stream 模式，也有 flat stream 模式，所以不仅需要使用不同的库（DVFrame 和 AsFltGen），而且在编写通信功能块的时候还需要进行数据及读写的区分。

1. TCP/IP 加 Automation Studio 的 TCP 库

以 LibAsTCP1_ST 例程作为基础，以 PLC 作为客户端，温控调节器作为服务器端，使用欧姆龙公司的 TCP/IP 协议编写通信帧，实现 PLC 与设备的 TCP/IP 通信，功能块具体流程如图 5-17 所示。

2. stream 模式加 DVFrame 库

以 LibDVFrame2_ST 例程作为基础，增加字节或者字符型数据选择、是否只写的处理以及通信超时的处理等，编写功能块时需要注意输入输出数据的计时清除，否则会导致脏数据的产生，从而使接收到的数据无法解析，具体流程图如图 5-18 所示。

3. flat stream 模式加 Automation Studio 的 FltGen 库

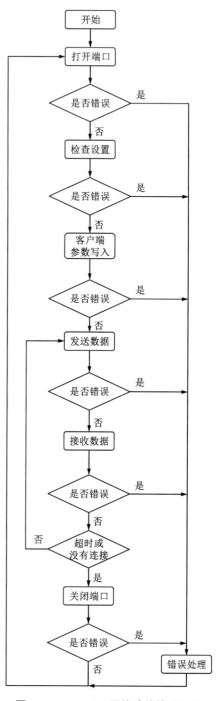

图 5-17　TCP/IP 通信功能块流程图

使用 flat stream 模式需要在 CPU 模块的配置中设置通信参数，flat stream 的

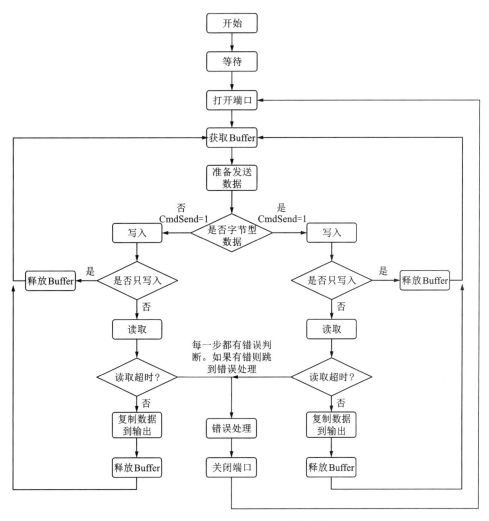

图 5-18　DVFrame 功能块流程图

格式使用 packed variable 还是 byte variables，可根据实际情况而定，CPU 加扩展通信模块会固定使用 flat stream + byte variables，具体如图 5-19 所示。

　　此功能块以 LibAsFltGen1_ST 例程作为基础，和 DVFrame 通信功能块类似，也增加字节或者字符型数据选择、是否只写的处理以及通信超时的处理等，只是数据流模式不一样。所以，使用 DVFrame 通信功能块的时候是在程序里面写入 RS485 通信的相关参数，而使用 Automation Studio 的 FltGen 功能块进行通信的时候，需要在 CPU 模块配置里面设置 RS485 的通信参数，否则 PLC 与设备的通信无法建立，具体的 Automation Studio 的 FltGen 功能块流程图如图 5-20 所示。

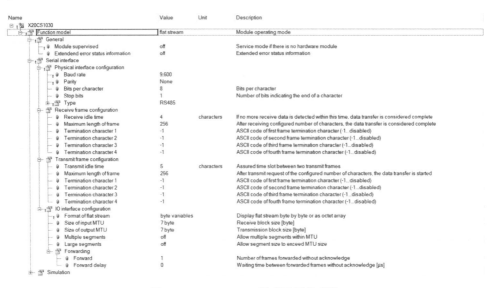

图 5-19 flat stream 模式及通信参数

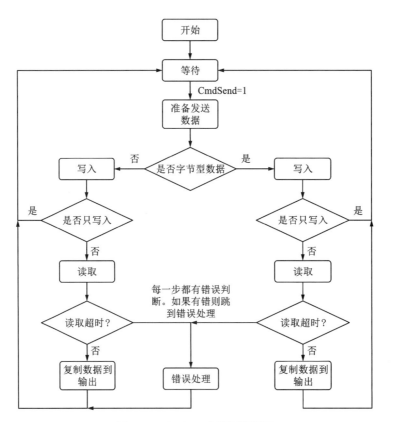

图 5-20 FltGen 功能块流程图

5.3.3 部件通信

该卧式气氛炉设备需要通信的部件及通信类型如表5-5所示。

表 5-5　通信设备一览表

通信部件	上下位机	温控	流量计	蝶阀	真空泵	射频电源
通信类型	PVI	TCP/IP	RS485	RS485	RS485	RS485

前文已对 PVI 和 TCP/IP 做过介绍,接下来将对使用 RS485 通信的其他部件进行介绍。另外,程序只对单管上的多个部件做了循环读写的处理,比如流量计等,但是对于每一管没有在通信程序中体现,只是留了一个通信端口,然后再使用 for 循环加 case 数组来实现对每管的通信;基于 B&R 公司程序移植的经验,可以直接对变量类型使用结构体数组(图 5-21),直接在通信程序中实现对每管设备的通信,不需要再做另外的处理。

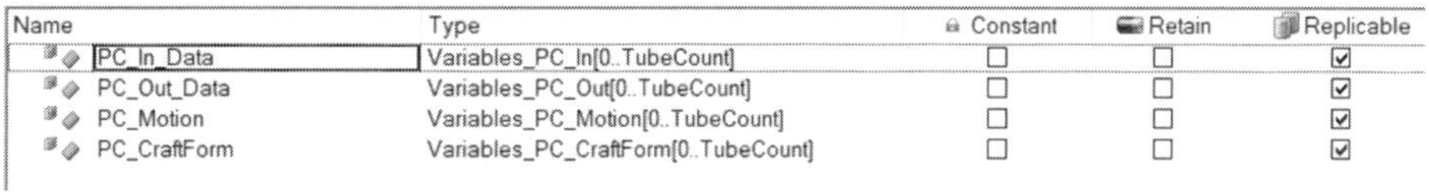

Name	Type	Constant	Retain	Replicable
PC_In_Data	Variables_PC_In[0..TubeCount]	☐	☐	☑
PC_Out_Data	Variables_PC_Out[0..TubeCount]	☐	☐	☑
PC_Motion	Variables_PC_Motion[0..TubeCount]	☐	☐	☑
PC_CraftForm	Variables_PC_CraftForm[0..TubeCount]	☐	☐	☑

图 5-21　变量类型使用结构体数组

1.流量计

流量计通信参数如表 5-6 所示。

表 5-6　流量计通信参数表

设备	七星 SEC-N100
信号类型	RS-485
波特率/bps	38400
起始位/bit	1
数据位/bit	7
校验	odd
停止位/bit	1
通信功能块模式	flat stream
数据类型	字符型

通信帧收发示例见图 5-22。

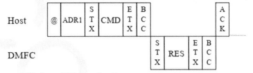

In a 1-to-1 normal condition (normal transmission and reception)

(The host ACK is optional.
Following a DMFC response, the next transmission can occur even if there is no ACK.)

图 5-22　通信帧正常收发示例

数据帧解析如@ 01STXAFCxxxxETXBCC。其中代码的含义为@ 01 对应"地址"，STX 对应"正文开始"，AFC 对应"命令"，XXXX 对应"数值"，ETX 对应"正文结束"，BCC 对应"校验码"。原通信程序中使用到的命令有：AFC-设置流量、RFV-读实测流量(不需要写入数值)、RF-读设置流量(不需要写入数值)，可根据接收到的字符来解析数据。

它的 BCC 码计算方式为从 STX 的下一个字符到 ETX(包含)的值相加除以 128 取余对应的 ASCII 码；如果计算出来的 BCC 码是@，则需要在计算的 BCC 码后面增加 3 个 ETX；如果计算出来的 BCC 码是＊，则需要在计算的 BCC 码后面增加 9 个 ETX，如图 5-23 所示。

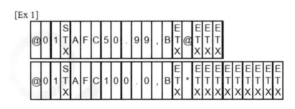

图 5-23　BCC 码特殊字符处理

流量计的程序移植：原程序架构不变，因为要在此程序内对所有管的流量计进行通信，所以使用了 for 循环及变量数组(图 5-24)，其余各通信程序基本类似。

2.蝶阀

蝶阀通信参数如表 5-7 所示。

图 5-24　循环结构体实现所有管流量计通信

表 5-7　蝶阀通信参数表

设备	Genius GT800
信号类型	RS-485
波特率/bps	9600(拨码开关设置)
起始位/bit	1
数据位/bit	8
校验	none
停止位/bit	1
通信功能块模式	flat stream
数据类型	字符型

蝶阀通信帧示例如 01S0XXXX.XCRLF，其中 01 为"地址"，S0 为"命令"，XXXX.X 为"数据"，CRLF 为"定界符"。具体的命令可参考蝶阀配套的部件用户手册，数据方面需要注意的是数据位数及小数点，比如 S0 命令，要求小数点必须存在小数点后面一位和小数点前至少四位，不足四位数据则左边补零，因此在程序中需要编写代码实现，具体如图 5-25 所示。

由于 GT800 控压型蝶阀通信帧没有校验，因此在处理通信帧的时候需要特别注意数据类型、数据位数、小数点等，以避免通信发生错误。

图 5-25　数据左边补零满足四位要求

3. 真空泵

真空泵通信参数如表 5-8 所示。

表 5-8　真空泵通信参数表

设备	Lot vacuum DD2000
信号类型	RS-485
波特率/bps	9600
起始位/bit	1
数据位/bit	8
校验	none
停止位/bit	1
通信功能块模式	flat stream
数据类型	字符型

真空泵的命令通常是 4 个字母的代码，字母都是大写的。前 3 个字母通常指定命令，第 4 个字母通常是 read 或 write 等命令的选项，后面是一个空格，然后是命令的参数，CR 是定界符；每一个指定命令都有其固定的格式，命令参数则是选择你需要的操作指令。真空泵通信帧中的"读"为指令"MODR"，"写"为指令"MODW"，如图 5-26、图 5-27 所示。

MODR
Displays the current pump state in the form:
MOD R,dddddddddxxxxxx

The value "dddddddddxxxxxx" is a 16 character string where 'd' is either a '1'
for the active state or '0' for off or an 'x' for not implemented.

From left to right the positions are decoded as follows:
1234567890123456
dddddddddxxxxxx

1　　　Ready
2　　　Start
3　　　Stopping
4　　　Halt
5　　　Wait
6　　　Operating
7　　　Stand By
8　　　Flush
9　　　Stop Run Down
10-16　x – Not Used

Notes:
- Auto Flush occurs while in the Operating State, so Auto Flush will
  not be recorded as Flush.

图 5-26　MODR 指令格式

MODW dd
Commands a new state specified by dd. The value specified by dd should be a
legal state but no error detecting is done. In general the state machine will ignore
requests that do not make sense or are not illegal given the current state.

The values of dd are dependent on the version of software and subject to change.
Currently they are:

01　　Ready
02　　Halt
03　　Stop Direct
04　　Stop Run Down
05　　Start
06　　Flush
07　　Stand By
08　　Wait

图 5-27　MODW 指令格式

因为真空泵通信没有校验位，对字母大小写及空格要求严格，空格键以及删除键都是能够输入在通信帧中的，一旦输入的指令正确，泵即开始动作，所以在操作时需要特别小心。

4. 射频电源

当工艺制造需使用等离子体技术时，炉管通常会配备频率为 40 kHz 的射频电源。该台设备的射频电源通信参数如表 5-9 所示。

表 5-9   电源通信参数表

设备	trump plasma bipolar 4040
信号类型	RS-485
波特率	9600 bps（默认 38400 bps）
起始位	1 bit
数据位	8 bit
校验	none
停止位	1 bit
通信功能块模式	flat stream
数据类型	字符型

射频电源的具体通信帧如图 5-28 所示。

Command:

0	1	2	3	4	5	6	7	...		
LEN	~LEN	DST_H	DST_L	SRC_H	SRC_L	CMD_H	CMD_L	...		
								...	LEN-2	LEN-1
								...	CRC_H	CRC_L

Reply:

0	1	2	3	4	5	6	7	8	9
LEN	~LEN	DST_H	DST_L	SRC_H	SRC_L	ACK_H	ACK_L	CMD_H	CMD_L
...								LEN-2	LEN-1
...								CRC_H	CRC_L

图 5-28   电源通信帧描述

通信帧命令中具体需要用到的命令有"0x6141""0x6142""0x6111"，定义分别为"设置一个浮点数值""读取一个浮点数值""设置一个字节值"，其他的命令可参考部件配套的说明手册。射频电源通信帧使用校验和校验码，将通信帧里面的"LEN"和"～LEN"去掉后把所有的字节加起来就是要求的校验码。射频电源通信程序使用了大量的数据类型转换，比如十六进制字符与实数的互转，以及数据高低位的处理等，很容易造成解析完的数据异常，因此在编程和检查时需要特别地仔细。

5.3.4   测试须知

按照要求完成通信之后，具体测试过程中需要注意的事项如下。

(1)部件与 PLC 的通信接线不能有错，上电前要仔细检查。

（2）有些部件的校验码或者波特率等需要拨码实现，需要与程序统一。

（3）有部件地址无法通过拨码确定的，需要使用串口工具将地址设置为要求的地址之后才能与 PLC 通信，否则无法连接。

（4）程序中通信参数，比如波特率、校验码、起始位、数据位、停止位等，需要与相关部件的参数一致。

（5）通信延时时间不宜设置过小，否则会导致接收数据异常或者接收数据无法解析，一般来说设置 2~3 s 即可。

（6）如果参数设置和接线等都没有问题，但还是无法通信，可参考通信功能块中各程序块的实时状态来确定是哪里发生了问题。

5.4　上下料系统

当装载机构的重量达到一定程度后，便无法再通过人工放置到推舟上，这时便需要用到上下料系统。上下料系统在热工装备中属于选配的装置，此系统的核心部件为机械手、滑台、缓存架，通过运用自动化技术来完成装载机构的传送与移位。满片的装载机构通过滑台传输进入设备，再由机械手抓起放至推舟系统上执行炉管控制相关的操作。机械手和缓存架结构如图 5-29 所示。装载机构在工艺完成后经推舟系统从炉管中被取出，在桨上进行一次冷却以后，通过机械手将桨上的装载机构运送到缓存架上进行二次冷却，当装载机构在缓存架上停留的时间达到设定的冷却时间以后，机械手会将冷却完毕的装载机构送往滑台机构，通过滑台机构将装载机构运输至设备外。

机械手部分的机械手臂为 X 轴，机械手爪上有两根连接光轴分别为 $Y1$ 轴和 $Y2$ 轴，上下模组为 Z 轴，通过伺服系统和 PLC 实现运动控制，另外在机械手和缓存架上还装有光电开关、微动开关、压力开关等传感器。滑台的结构如图 5-30 所示，包含锁紧气缸、托盘、导轨。

滑台结构的导轨与托盘的间隙需要控制在 1.5 mm 到 2 mm 之间。另外，滑台上还装有光电开关和伺服系统，这些部件通过线路与 PLC 相连。

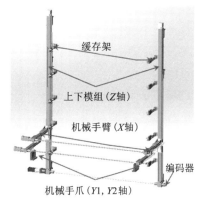

图 5-29　机械手和缓存架结构

设备运行时对上下料系统的稳定性要求极高，一旦发生如载片机构掉落这样

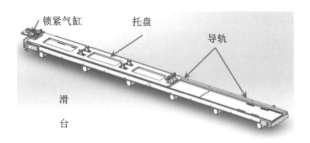

图 5-30　滑台结构

的故障,将会造成巨大的经济损失。因此,在选型时 PLC、伺服系统、传感器所选用的品牌要尽可能地统一,在经过技术风险、质量安全、成本管控等多方面的评审与分析后,最终确定了以欧姆龙成套产品为基础的设计开发方案。在产品的选型上,PLC 选择的是模块式的 NX 系列,伺服系统选择的是 R88D 系列,微动开关选择的是 X 系列,光电开关因需实现的功能效果有差异而采用了多系列混搭。选择欧姆龙的另一个原因在于所有与控制相关的程序和参数设置都可以在欧姆龙 Sysmac Studio 软件中进行,无须切换到其他软件。

5.4.1　运动控制轴设置

运动控制轴设置包括轴基本设置、轴单位换算设置、轴操作设置、轴其他操作设置、任务设置、原点返回设置、位置计数设置、伺服驱动设置等。下面将对几个重要的轴设置进行介绍,并在最后补充介绍任务设置。

1. 轴基本设置

在运动控制设置菜单下,右键点击轴设置菜单,添加创建运动控制轴,如图 5-31 所示。

创建完成新的运动控制轴,在右侧弹出轴基本设置菜单。如图 5-32 所示,对轴基本参数进行设置,包括轴号、轴的主要标识、轴的类型。Z0 轴虚轴设置为虚拟伺服器轴,其他轴均为实轴,设置为伺服器轴;在设置控

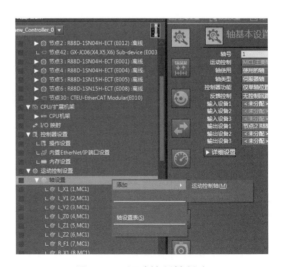

图 5-31　运动控制轴创建

制器功能时，Z 轴和 Y 轴设置为全部控制，X 轴和 F 轴设置为仅单轴位置控制；反馈控制方面，设置为无控制回路；关于输出设备 1，设置为实际输出对应的伺服驱动器节点，虚轴无此项设置。

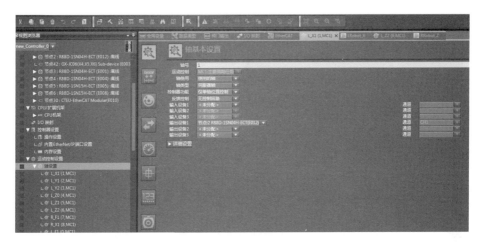

图 5-32 轴基本设置

2. 轴单位换算设置

轴设置/单位换算设置，设置点击一周脉冲数和一周工作行程；如设置实用变速箱的比例参数，如图 5-33 所示。

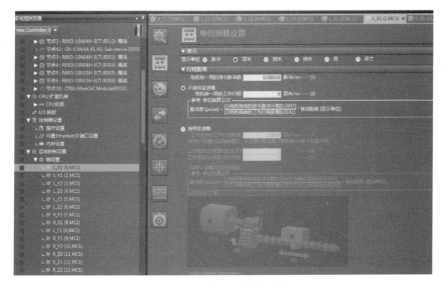

图 5-33 轴单位换算设置

3. 轴操作设置

轴设置/轴操作设置菜单, 能设置操作参数, 包括最大速度、电动速度、加速度、减速度、扭矩等参数如图 5-34 所示; 此部分参数也可以不进行设置, 可在主程序的"初始化"程序段对该部分参数进行设置。

图 5-34　轴操作设置

4. 轴其他操作设置

轴设置/其他设置, 对轴进行其他操作设置。如图 5-35 所示, 有设置驱动器错误重监测时间, 设置正负扭矩限位最大值等。

另外在轴设置菜单下, 还可进行轴软件的限位设置、原点返回设置、位置计数设置、编码器类型设置、伺服驱动设置等设置项目。

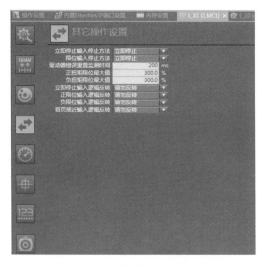

图 5-35　轴其他操作设置

5. 任务设置

点击"任务设置"导航按钮对软件工程任务进行设置, 任务设置主菜单如图 5-36 所示。步骤为首先添加新任务, 然后设置任务名称, 再确定任务优先级, 任务执行周期等参数。本软件工程分为三种任务, MC 任务用于刷新 IO 端口和运动控制; 主任务用于运行主程序, 包括上下料的逻辑控制和流程控制；通信任务则来自上位机和外部插片机通信。在具体参数上，设置 MC 任务优先级为 4，执行周期为 4 ms；主任务优先级为 17，执行周期 8 ms；通信任务优先级为 18，执行周期为 14 ms。

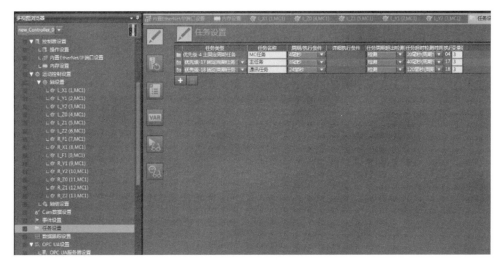

图 5-36　任务设置界面

任务设置/程序分配设置，对各任务分配程序，如图 5-37 所示，先点击各任务菜单下的新增，将未分配任务的程序段分配到各任务菜单下，再通过上移下移按钮调整各程序的执行顺序。

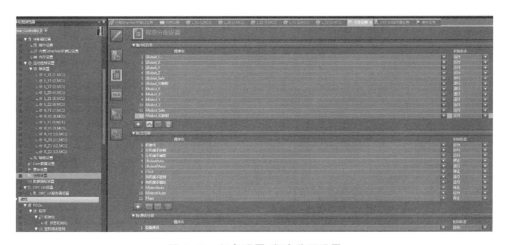

图 5-37　任务设置/程序分配设置

程序任务总体结构如图 5-38 所示,主任务执行自动控制,MC 任务执行运动控制和 I/O 刷新,通信任务为与外部设备通信。主任务执行周期为 8 s,包括初始化程序、左机械手控制程序、左机械手辅助控制程序、左机械手自诊断程序、右机械手控制、右机械手辅助控制、右机械手测试;MC 任务程序执行周期为 4 ms,主要执行 F、X、Y、Z 各轴的运动控制、各轴动作的安全保护、I/O 接口的输入输出刷新;通信任务执行周期为 24 ms,与上位机和外部插片机设备进行通信。

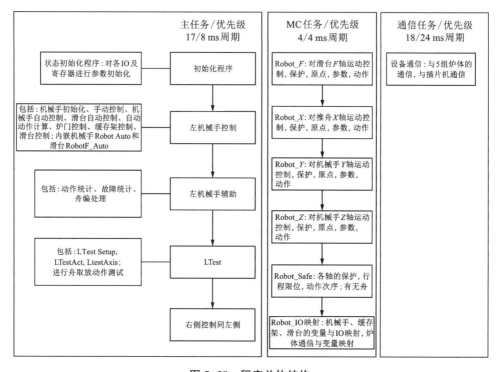

图 5-38 程序总体结构

值得注意的是,在任务设置分配时,Robot_Auto、RobotF_Auto 和 Ltest 均设置为主任务周期任务,应该设置为初始停止状态。然后在程序中,通过 PrgStart 和 PrgStop 调用此三处程序进行执行。在 PrgStart 均可调用执行该子任务时,也应在主任务将该子程序设置为周期任务但应设置为初始停止,若不设置为周期任务初始停止将该子程序周期执行,会导致 PrgStart 语句无效。

5.4.2 机械手控制

机械手控制程序分成七个子程序段,具体为机械手初始化、手动控制、机械手自动控制、滑台自动控制、自动动作计算、缓存架控制、滑台轴控制。下面对各子程序做具体介绍。

1. 机械手初始化

机械手初始化程序共 17 条程序语句，分别如下。

(1)对机械手 10 组运动参数 LRobot_MovPrm[I]进行赋值，若参数值为零则赋初值，包括 speed 速度、ACC 加速度、DEC 减速度；LRobot_MovPrm[10]有原点位置的点动运动参数，LRobot_MovPrm[9]为无原点位置的点动运动参数，LRobot_MovPrm[0]为上电或动作结束或回原点后初始运动时 $X/Y/Z/F$ 轴的运动参数。

(2)对 X、Y、Z 三轴的运动保护参数进行限幅。

(3)无耦合 LRobot_Union，10000 s 后自动置耦合 LRobot_Union。

(4)运行首周期，复位系统设置参数 LSys_Set(Dev_Setup 类型)。

(5)系统设置/系统上电位 LSys_Set.Sys_On 上升沿，上电时置机械手驱动位 LMoto_PowerOn；系统上电位 LSys_Set.Sys_On 下降沿时，复位机械手驱动位。

(6)机械手驱动位断开时 LMoto_PowerOn 即下降沿，复位伺服轴电源位 LSys_Set.Axis_Power 断电。

(7)伺服轴电源 LSys_Set.Axis_Power 位上电时，上升沿，置位 X、F、$Y1$、$Y2$、$Z1$、$Z2$ 轴电源；LSys_Set.Axis_Power 位断开时，下降沿，复位 X、F、$Y1$、$Y2$、$Z1$、$Z2$ 轴电源。

(8)伺服轴同步入 LSys_Set.Axis_GearIn 上升沿，置位 Y 和 Z 各轴同步入 GearIn，复位 Y 和 Z 各轴同步脱离 GearOut；伺服轴脱离同步 LSys_Set.Axis_GearOut 上升沿，置位 Y 和 Z 各轴同步入 GearOut，复位 Y 和 Z 各轴同步脱离 GearIn；$Z1/Z2/Y1/Y2$ 的同步完成 Sta_Gear.Done，置位系统轴处于同步状态位 LSys_Set.Axis_GearSta。

(9)故障汇总：若 F1 故障位 L_F[1].Er，则系统错误轴 LSys_Set.Axis_ERDev 设置为 'Ax_F1'，系统轴错误设置为真，轴错误代码为 F1 轴错误代码 L_F[1].Er_ID；同理操作 $X1$、$Y1$、$Y2$、$Z0$、$Z1$、$Z2$ 的故障处理；若系统轴故障复位 LSys_Set.Axis_ERRst，清故障轴 Axis_ERDev，复位轴故障位 Axis_Er，轴故障代号 Axis_ERID 为 0。

(10)轴故障复位 LSys_Set.Axis_ERRst：系统故障复标志位为 1 时，上升沿时设置 $F1$、$X1$、$Y1$、$Z0$ 的复位位为 1；1 s 后清除系统故障复位标志位。

(11)系统伺服轴回原点位 LSys_Set.Axis_Home 为 1 时，上升沿时，复位 $F1$、$X1$、$Y1$、$Z0$ 的原点到达位 HomeOK，置位 $X1$、$F1$ 的回原点运行位 Run.Home；伺服回原点时，$X1$ 轴回原点完成(上升沿)，$Y1$ 和 $Y2$ 轴同步完成，置 $Y1$ 轴回原点运行 Run.Home；$X1$ 轴和 $Y1$ 轴回原点完成，$Z1$ 和 $Z2$ 同步，置 $Z0$ 回原点运行位；$F1$、$X1$、$Y1$ 和 $Z0$ 均回原点完成 HomeOK，或 $F1$、$X1$、$Y1$、$Z0$ 均无回原点运行位命令且超过 10 s，则复位回系统轴原点命令 LSys_Set.Axis_Home。

（12）手自动切换：系统切换手动位 LSys_Set. Sys_Manual 为 1，复位如下，总自动位 Auto_All，缓存架自动位 LCacheAuto，炉自动 LStoveAuto，机械手自动 LRobotSta. Sd_Zd，机械手通信联动 LRobotSta. Auto_Comm，系统切换手动；系统切换自动位 LSys_Set. Sys_Auto 为 1，置位如下，总自动位 Auto_All，缓存架自动位 LCacheAuto，炉自动 LStoveAuto，机械手自动 LRobotSta. Sd_Zd，机械手通信联动 LRobotSta. Auto_Comm；复位系统切换自动 LSys_Set. Sys_Auto。

（13）系统故障复位 LSys_Set. Sys_ERRst：系统故障复位位为 1，且超过 2 s 时，复位系统故障 Sys_Er、系统警告 Sys_Alm、系统故障轴 Sys_ERDev、Sys_ERID 置位 0；复位系统故障复位为 0；

（14）系统测试：系统测试位 LSys_Set. Sys_Test 使能时，运行 'LTest' 程序，首周期不执行该程序；测试位 LSys_Set. Sys_Test 不使能时，复位测试动作 Sys_TestAct 和系统各轴测试位 Sys_TestX、Sys_TestY、Sys_TestZ。

（15）系统使能：系统上电，无急停，轴上电，轴同步，F1、X1、Y1、Z0 各轴有回原点，则允许系统使能；

（16）蜂鸣器报警：系统故障，且轴故障，则蜂鸣器报警。

（17）系统报警：复位警告停车位 Alm_Stop（内部中间变量），机械手舟错误 DishEr，缓存架舟错误，净化台舟错误，则 Alm_Stop 置位 True，系统报警位 LSys_Set. Sys_Alm 置位为 True。

2. 手动控制

手动控制子程序有如下 8 行语句。

（1）轴参数初始化：在第一个运行周期，运行完成 ActSta. Finsh、运行中下降沿、手自动下降沿，将初始化运动参数 MovPrm[0]赋给 F1、X1、Y1、Z0 的参数。

（2）F1、X1、Y1、Z0 回原点命令 Run. Home 下降沿时，对 F1、X1、Y1、Z0 赋运动参数 MovPrm[0]。

（3）~（6）若 F1、X1、Y1 和 Y2、Z0 和 Z1 和 Z2 轴，上电完成 Power. Done，无轴错误 Er，轴同步完成 Gear. Done，原点就绪 HomeOk，则输出自动准备就绪 LRobotSta. * *_Zd。

（7）缓存架准备好：缓存架 0 无错误 LCache_Sta[0]. ER 或缓存架 0 没运行 LCache_Sta[0]. Runing 或最大缓存架号小于 0（LCacheNoMax），并且，缓存架 1~4 和缓存架 0 条件相同，则输出缓存架自动准备好信号 LRobotSta. Cache_Zd。

（8）炉体准备好：炉管 0 自动 LStove_Sta[0]. Sd_Auto 以及炉管 0 无错误 LStove_Sta[0]. Er 或炉管 0 不在运行 LStove_Sta[0]. Runing 或炉管最大编号 LStoveNoMax 小于 0，并且，炉管 1~4 条件相同，则炉管准备就绪 LRobotSta. Stove_Zd。

3. 机械手自动控制

机械手自动控制子程序共 20 条语句,具体如下。

(1)初始化:程序首周期,复位自动状态位 LRobotSta. Sd_Zd、复位运行状态位 LRobot_ActSta. Run;

(2)状态复位:若机械手动作状态复位 LRobot_ActSta. Clear,则清自动信号 LAuto,清机械手动作 LRobot_Act,清取放舟炉号缓存架号 LStoveGetNo、LCachePutNo,清机械手动作序列状态 LRobot_Act[I]. State,清机械手动作状态 LRobot_ActSta。

(3)自动运行启动:X、Y、Z 自动运行准备就绪,且左机械手紧急停止使能 LRobotSta. StopEm,左机械手自动运行使能;自动运行使能,则输出机械手自动 LRobotSta. Sd_Zd;左机械手自动运行使能,左机械手自动,左机械手运行,则机械手工作于自动运行状态,上升沿时清除复位 X1、Y1、Z1 运行状态。

(4)急停控制:当机械手急停使能(StopEm = 0)时,清 X、Y、Z、F 轴的运行 Run,并对各轴的 Run. Stop 置位;净化台正向反向输出复位 MOutDe;机械手和滑台运行 Run 复位,X、Y、Z 轴的测试功能 TestX 复位。

(5)复位动作运行:当 X、Y、Z 或者系统急停或安全门打开时,复位动作运行 LRobot_ActSta. Run。

(6)急停故障:当 X1、Y1、Z1 故障上升沿、系统急停、系统报警、系统光栅门报警时,复位机械手急停(即机械手急停使能)。

(7)动作序列检测:将 LAuto 转化到 Te[0]数组中,再对数组进行拆分得出合成命令和单动命令;再对 LRobot_Act 进行检测,其某个动作 Act[I]. No 为空,输出该动作序列号或均不为空则输出动作序列号有数据 ActSta. Full。

(8)炉体取放舟申请:循环执行 5 个炉,若某个炉体出现取舟申请 LStCommd[I]. Get_Dish. Apply,则置炉体取舟申请 StoveGetApply 位;如果某个炉体出现放舟申请,则置炉体放舟申请。

(9)动作序列完成:左机械手动作状态完成 ActSta. Finsh,机械手无联动通信 Auto_Comm 或动作序列无数据且超过 1 s;炉体有通信,有炉体取舟却无炉体取舟申请,或有滑台取舟或缓存架取舟却无炉体放舟申请,或有合成滑台取缓存架放,或有合成缓存架取滑台放;则执行复位左机械手动作状态、左机械手动作、左炉自动命令、左炉取舟编号、缓存架取舟编号、左机械手动作完成等状态。

(10)调用自动运行子程序:自动运行标志 AutoRun 为真时,调用机械手自动运行子程序 'LRobotAuto',自动控制子程序主要功能为,对 F、X、Y、Z 轴的运动参数进行设置,包括依据运动模式对位置输出(相对、绝对),依据参数编号 Prm 设置运动参数 MovPrm,并行、运动参数的放大比例;以及控制炉门动作。

(11)缓存架编号选择:当机械手无动作序列号,且有通信时,判断缓存架蓝片和白片的取舟允许和放舟允许,并输出相应的允许缓存架编号。

(12)炉体取放舟选择:在机械手无动作序列时,且有通信,选择申请取放舟等待时间最长的炉体炉号作为动作炉体。

(13)缓存架冲突判断:若该缓存架有舟,且缓存架放舟申请,则将放舟缓存架号置为0。

(14)炉体选择冲突:若该炉体有舟,且又选择该炉体作为放舟,则将放舟炉体号置为0。

(15)自动生成合成命令:通信联动、机械手有动作数据,且滑台有动作状态、滑台上位有生舟、炉体放舟编号正常、机械手无动作序列数据、无单动命令、无合成命令,则置位滑台取炉体放舟命令,置位有合成命令;炉体放舟号正常、缓存架原料舟号正常、机械手无动作序列数据,无单动命令、无合成命令,则置位合成命令,置位缓存架取炉体放指令;同理置位炉体取缓存架放指令,有合成命令;合成滑台取缓存架放指令 LHT_Sta. BackStop 和缓存架取滑台放指令 LHT_Sta. BackSlow。

(16)复位单动指令:若有合成净化台指令 LHT_Auto. 有合成命令时(即滑台在动作时),复位所有与滑台有关的机械手动作指令。

(17)自动启动:有联动通信、机械手自动准备就绪、机械手动作无动作序列号,机械手动作为0(即动作完成),且超过5 s,则置位自动运行位;即两个合成动作之间间隔5 s滤波。

(18)通信数据转换:若有炉体取缓存架指令置位,取舟炉号减1赋值取编号 IndexGet,并置位炉体取舟位 StoveGet _ Command 指令;同理置位炉体放舟 StovePut_Command 指令和放舟炉号 IndexPut;若有炉体取舟指令时,机械手运行时置位该炉取舟忙标志位,机械手动作完成则置位该炉取舟完成标志位;若该炉通信断开,则复位取舟忙和取舟完成标志,复位使能机械手急停标志急停;相同处理在放舟时该炉通信中断,复位放舟忙和放舟完成标志,复位机械手急停。

(19)复位取放舟忙和完成:轮询所有炉管,若该炉无取放舟指令或取放舟申请,则复位该炉的取放舟忙、取放舟完成、取放舟故障标志位。

(20)分解序列动作编号,将炉体、缓存架、滑台的取放编号分解至机械手动作代号(LRobotGetDev 和 LRobotPutDev),炉体上的取放分别为炉体号+10,缓存架的取放动作分别为缓存架号+20,滑台动作编号为30+1=31;如果机械手动作序列号为空,即无动作,则机械手动作代号赋值为0。

4. 滑台自动控制

滑台自动控制子程序,主要包括9行语句,对应的功能为实现滑台的 F 轴的动作合成、启动、复位,以及 F 轴气缸夹抓的动作。在程序设计上,滑台进退舟的控制放在与插片机对接的"滑台轴控制"的程序段里面。

（1）动作初始化：如果滑台状态复位，则清除滑台自动，清除 0~9 个滑台动作状态，即 F 舟完成滑台的取放舟序列动作，清滑台动作状态。

（2）滑台动作检查：如果有滑台合成上行或下行动作（即取放舟），则置滑台合成动作指令；计算合成滑台动作的动作步数和动作序列是否为空。

（3）自动运行：滑台自动准备就绪、机械手无急停、机械手 F 轴运行状态，则置 F 轴自动运行；上升沿时清 $F1$ 轴运行状态。

（4）动作完成处理：左机械手 F 轴动作完成，无联动或动作序列为空超过 1 s，或有联动机械手滑台有上行下行命令或滑台动作序列不为空，则对滑台状态（含运行）、滑台动作、滑台自动、滑台完成状态执行复位清除处理。

（5）调用滑台自动运行子程序：在 F 轴自动运行状态，调用 F 轴自动运行程序，该程序为执行 F 轴的运动参数，包括运动模式、运动距离、运动参数设置、运动参数放大系数及夹爪的气缸动作。

（6）自动运行允许：通信联动时，无单动动作、无滑台合成动作、左手 F 轴无动作序列、Y 轴在原点位、滑台在后退停止位、后退减速位、滑台电机没有正反运动，滑台自动允许（即运行 F 轴动作）；F 轴自动允许，插片机带舟请求、F 轴有舟、F 轴舟为熟舟、无滑台合成指令，则置合成滑台下行（放舟），置有合成指令；F 轴自动允许，滑台 F 轴机械手无舟，滑台后端有舟，滑台上的舟为未镀膜舟，无滑台合成指令，则置滑台上行指令位，置位滑台有合成指令位。

（7）合成滑台指令的复位：若有单动滑台进舟取舟，或合成滑台取舟，或合成缓存架取滑台放舟，或机械手 Z 轴位置低于 350 时机械手不在原点位，则复位合成滑台上行、合成滑台下行、滑台有合成指令位。

（8）滑台避险：若有合成滑台上行指令，且滑台 F 轴夹爪有舟，则复位合成滑台上行指令，复位滑台有合成指令，防止有危险发生；若有合成滑台下行指令，且滑台后端有舟，则复位合成滑台下行指令，复位滑台有合成指令，防止有危险发生。

（9）滑台自动启动：若机械手联动通信正常，机械手自动准备就绪，滑台自动动作序列有数据，且动作序列号不为 0，此状态滤波 5 s，则置位机械手滑台自动运行位。

5. 自动动作计算

自动动作计算子程序主要包括 18 行语句，主要实现将各种类型动作的位指令转化为运动机构的一组动作序列，每组动作序列主要包含运动轴选择，轴运动参数及运动位置，每个动作经过 200 ms 的滤波间隔；一组动作完成后才能执行下一组动作序列。

（1）复位左炉自动命令：若有合成命令或单动命令，机械手无动作序列，且持续时间超过 1 s，则执行左炉自动命令复位。

（2）若有动作序列数据（即正在执行动作序列），则不执行自动动作计算以下程序，否则执行。

（3）合成炉体取缓存架放动作序列：合成炉体取缓存架放位上升沿时（刚置位时），复位机械手动作序列，并将动作号置为 0，炉体取舟编号和缓存架放舟编号置为 0；将炉体取舟动作和缓存架放舟动作合成一个动作序列。炉体取舟动作：X 轴回原点位（ActNo=1，prm=2），Y 轴回原点位（ActNo=2，prm=4），Z 轴运动到炉体下位（ActNo=3，prm=6），Y 轴运动到位（ActNo=4，prm=4），开炉门（ActNo=5，prm=炉号），X 轴运动到位（ActNo=6，prm=2），Z 轴运动到炉体上位（ActNo=7，prm=7），X 轴回原点（ActNo=8，prm=1），关炉门（ActNo=9，prm=炉号），Y 轴回原点位（ActNo=10，prm=3），再进行缓存架放舟：X 轴回原点位（ActNo=11，prm=2），Y 轴回原点位（ActNo=12，prm=4），Z 轴运动到缓存架上位（ActNo=13，prm=5），Y 轴运动到缓存架位（ActNo=14，prm=3），X 轴运动到缓存架位（ActNo=15，prm=1），Z 轴运动到炉体上位（ActNo=16，prm=7），X 轴回原点（ActNo=16，prm=2），Y 轴回零位（ActNo=17，prm=4）；若有炉体取舟错误或缓存架放舟错误，则清除动作序列，复位动作号，停止动作。

（4）合成缓存架取炉体放动作序列，操作方法同上。

（5）合成缓存架取滑台放动作序列，方法同上。

（6）合成滑台取缓存架放动作序列，方法同上。

（7）合成滑台取炉体放动作序列，方法同上。

（8）合成单动炉体取舟动作序列，方法同上。

（9）合成单动炉体放舟动作序列，方法同上。

（10）合成单动缓存架取舟动作序列，方法同上。

（11）合成单动缓存架放舟动作序列，方法同上。

（12）合成单动滑台进舟动作序列，方法同上。

（13）有合成指令，无动作序列数据，且保持 1 s 后，复位滑台自动。

（14）自动合成动作序列程序截止点。

（15）若滑台有动作序列数据（即正在执行动作序列），则不执行滑台自动动作计算以下程序，否则执行。

（16）合成滑台上行动作序列，方法同上。

（17）合成滑台下行动作序列，方法同上。

（18）滑台自动合成动作序列程序截止点。

6. 缓存架控制

缓存架控制子程序共有 7 行语句，其中第（2）~第（7）行为对每个缓存架进行过程控制的语句。

（1）机械手舟皿故障：若机械手舟头有舟和舟尾有舟的状态不一致，且没有故障复位，且 X 轴在原点位置，该状态持续时间超过 8 s，则置位机械手舟皿故障；若有系统故障复位使能，则清除机械手故障。

（2）滑台舟皿故障：若滑台舟头和舟尾有舟状态不一致，且持续时间超过 5 s，且没有系统复位指令，则滑台舟皿故障；若有系统复位指令使能，则清除滑台舟皿故障。

第（2）~ 第（7）行语句为 6 个缓存架的控制。相关的控制指令分别为每 100 ms 脉冲时，若缓存架有舟，则对缓存架有舟时间计时器计数，不超过 65000，缓存架无舟计时清零；若缓存架无舟则对缓存架无舟计时器计数，缓存架有舟计数器清零；若缓存架有舟，且舟为工艺完成舟，当其时间大于散热时间，则缓存架可以取舟；缓存架有舟为原料舟，则缓存架随时可取舟；缓存架无舟，则缓存架允许放舟；缓存架舟头或舟尾有舟，则置位缓存架有舟位；缓存架有舟，但缓存架舟头有舟和缓存架舟尾有舟的状态不一致，且持续时间超过 3 s，则缓存架故障；若系统故障复位使能，清除缓存架故障；若缓存架有舟，且为工艺完成舟，则相对应的缓存架风机使能输出。

7. 滑台轴控制

滑台轴控制子程序共 19 条语句，主要对接插片控制滑台和 Z 轴夹爪的运动。

（1）滑台后退位原料舟、工艺完舟状态互相复位：若后退位原料舟状态上升沿时，复位后退位工艺完成舟状态；若后退位工艺完成舟状态上升沿时，复位后退位原料舟状态。

（2）滑台 F 轴夹爪上有舟，且有合成滑台上行取舟指令下降沿，则滑台 F 轴夹爪上为原料舟；若夹爪上有舟，且为合成（缓存架取）滑台放舟指令下降沿，则滑台 F 轴夹爪上为工艺完成舟；若滑台 F 轴夹爪上无舟，则复位夹爪原料舟，工艺完成舟标志。

（3）滑台后退位有舟，且有滑台正转指令下降沿，则滑台后退位为原料舟；若后退位有舟，且为合成滑台下行指令下降沿，则滑台后退位为工艺完成舟；若滑台后退位上无舟，则复位滑台后退位原料舟，后退位工艺完成舟标志。

（4）运行首周期：使能 A 面对接插片机复位，滑台手动自动位复位。

（5）进出舟允许：滑台 F 轴在原点位（高位），夹爪无舟，托盘没有到后退停止位、后退减速位、滑台后退位无舟，则允许进舟（即进舟路径阻碍）；夹爪上无舟，托盘在后退停止位、后退减速位，后退位有舟且为蓝片舟时或者后退位无舟但申请不带舟发送空托盘，则滑台出舟允许使能。

（6）运行信号：系统使能且滑台自动运行，或主机有接收舟需求且插片机有发舟需求，或主机有发送舟需求且插片机有收舟需求，则允许插片机 A 面通信连接；当通信连接上插片机，插片机有发舟请求，插片机无收舟申请，滑台进舟允许使能时，置位插片机通信后主机受舟允许 R_Req；当通信连接上插片机，插片机有收舟申请，插片机无发舟申请，滑台出舟允许使能时，置位插片机通信；主机发舟允许 S_Req，主机没有在运行，滑台后退停止位和后退减速位无托盘，滑台后退位无舟，则主机通信发送舟编号 ID 为空。

(7)进出舟开始：主机和插片机已连接，接收到插片机发舟申请，主机有收舟申请，则收舟开始；主机和插片机已连接，接收到插片机需舟申请，主机有发舟申请，则出舟开始。

(8)滑台正反转：主机和插片机已连接，收舟开始，后退停止位无托盘，滑台电机无正转，则置位滑台电机正转；主机和插片机已连接，发舟开始，插片机运动中，滑台电机无反转，则置位滑台电机反转。

(9)复位收舟和发舟：主机发送收舟申请，如果出现通信中断、运动执行完成、托盘到滑台停止位或减速位、夹爪上有舟，则复位滑台进舟、收舟、电机反转；主机发送送舟申请，如果通信中断或动作完成，则复位滑台送舟、电机正转、发舟申请。

(10)运行信号：电机正转或者反转，且在运动中，则复位滑台动作完成，指令为. ASide. MoveOk；主机没有发舟或收舟申请，且滑台动作完成超过 3 s，则复位动作完成标志；电机反转到前进位，电机正转到后退位，或电机运动下降沿，则置位运动完成标志 MoveOk；主机有收舟申请或发舟申请的上升沿，插片机有收舟申请或发舟申请的下降沿，则复位运动完成信号；滑台后退停止位和后退减速位，则托盘运动到指定位置；插片机暂停上升沿，置位滑台运行暂停，插片机暂停下降沿复位滑台运行暂停。

(11)滑台正反转控制：滑台正转标志位使能，执行滑台电机控制功能块。分三步执行，启动时置位第一步，电机没有减速标志则执行高速运动输出；电机有减速标志或停止标志则置位第二步，并低速运动输出；电机有停止标志，则置位第三步，第三步复位电机输出和置动作完成标志位；若功能块不使能，则复位忙或完成标志；电机有高速标志置位，则执行高速输出，否则执行低速输出；滑台到达后退停止位，则复位滑台正转；滑台到达前进停止位，则复位滑台反转；滑台无正转、无反转，或滑台紧急停止，则复位电机正转、反转输出，复位低速、高速标志。

(12)误动作报警：滑台正转或反转使能，但滑台 F 轴未在原点位(即未在上位)，复位滑台正反转，置位其他故障报警标志。

(13)系统保护：机械手夹爪舟未平，机械手 F 轴未准备好，机械手紧急停止，则滑台运行暂停，复位 F 轴运行指令，复位滑台正反向、高低速运行指令。

(14)滑台 Z 轴实际位置位于滑台 Z 轴最低位和滑台 Z 轴最高位间，则滑台 Z 轴运动完成。

(15)合成滑台上行或合成滑台下行下降沿时，复位夹爪开(伸出)和夹爪关

(退回)动作。

(16)滑台夹爪伸出:机械手 F 轴在原点位(即上位),无炉体单动和合成指令,无滑台合成指令,有通信联动,则置位滑台伸出,直至滑台完成伸出动作。

(17)滑台 F 轴回原点运行中,若滑台后退位舟皿错误,或者滑台后退减速停止位逻辑错误,则复位滑台 F 轴回原点运行指令。

(18) F 轴回原点运行中,若夹爪有舟,则置位夹爪伸出(开),复位夹爪后退(关);若滑台后退位有舟,则置位夹爪后退(关),复位夹爪伸出(开)。

(19)夹爪控制:有夹爪开指令时复位夹爪关状态,置位夹爪开忙中,复位夹爪关指令;夹爪有关指令时,同样置位夹爪关忙中,复位夹爪开状态;若开动作中,置位夹爪 1 和 2 气缸打开伸出,伸出到位后置位开动作完成;若关动作中,复位气缸打开伸出,气缸退回到位后置位关动作完成;滑台夹爪没有开忙工作中,复位滑台开状态;滑台夹爪没有开忙工作中,复位滑台关状态;滑台开关过程中,若 9 s 还未执行完成,则置位滑台开故障或滑台关故障。

5.4.3　机械手辅助

机械手辅助程序分为动作统计、故障统计、舟编号处理共三个子程序段。

1. 动作统计

机械手辅助程序/动作统计子程序,主要功能为记录机械手的动作次数,每次动作的起始结束时间、各轴转矩转速最大值、轴的总体运行时间等,包括 11 行语句。

(1)日期发生变化时,对当日动作次数重新计数,并将实际日期赋值至当日日期寄存器。

(2)处理当前时间,按照年、月、日、次数对当前次数进行排列组合;将当前时间赋值至中间值 DT_Now。

(3)对当前动作、上次动作、上上次动作进行操作,收集当前动作次数,单动合成指令,起始时间,最大转矩及转矩偏差初始化。

(4)记录运行过程中,当前动作中 X 轴、Y 轴、Z 轴、F 轴的最大转矩值,Y 轴和 Z 轴的两个轴间的转矩偏差的最大值。

(5)本次动作结束时(即动作下降沿),记录当前动作的结束时间,并使动作次数自加。

(6)记录 F 轴、X 轴、Y 轴、Z 轴的总里程,当前动作进行时,记录当前动作的运行时间。

(7)~(10)计算 F、X、Y、Z 轴的总里程,即当前动作结束时间的里程减去动作开始时间的里程,再对总里程进行累计求和。

(11)对 F、X、Y、Z 轴的当前动作运行时间、最大速度、起始停止位置等进行记录。

2. 故障统计

机械手辅助程序/故障统计子程序主要功能为完成各类故障的汇总、故障的处理、故障的历史记录、故障的报警和运行灯控制，包括 17 行语句。

(1)消音与蜂鸣：故障时，若未按下消音键，则发出蜂鸣报警。

(2)故障汇总：对系统故障、故障部位、故障编号进行复位清零；通过 for 循环汇总炉门开关故障、炉体轴故障，炉门开关故障代号分别为#FE01、#FE02，炉体有舟故障代号为#FE05，炉体其他故障代号为#FE06，汇总通信故障；for 循环汇总缓存架故障和缓存架舟故障，缓存架故障代号为 FE03，缓存架有舟故障代号为 FE05，缓存架其他舟故障代号为 FE06；汇总机械手舟故障、机械手舟编号故障、机械手有舟故障、滑台舟故障、滑台后退位舟故障、滑台舟号故障、滑台 F 舟有舟故障、滑台后退位舟号故障、滑台后退位有舟故障、舟号报警等；如果系统故障复位，则复位故障标志、清除故障部位。

(3) F 轴故障处理：若 F 轴发生故障时(即上升沿)，记录故障时间，故障部位，置故障标志，故障编号，并发出故障提示，并进入先进先出的故障堆栈。

(4)~(9)为分别对 X 轴、Y1 轴、Y2 轴、Z0 轴、Z1 轴和 Z2 轴进行类似上一步骤的处理。

(10)炉体故障处理：使用 for 循环依次对每个炉体进行处理，若炉体有开门延时故障、关门延时故障、炉体舟号故障，按照上述故障处理方法对炉体故障进行处理，将故障信息放入故障堆栈。

(11)缓存架故障处理：使用 for 循环，依次对缓存架进行故障处理(0~4 号，共 5 个缓存架)，对缓存架故障、缓存架编号故障按上述故障处理步骤处理，将故障信息放入故障堆栈。

(12)滑台故障处理：对滑台进舟位舟皿故障、滑台进舟位舟号故障、滑台位舟皿故障、滑台位舟号故障等进行处理，将故障信息放入堆栈 ER_Histroy[0]故障历史记录。

(13)对机械手舟皿故障和机械手舟号故障进行故障处理，处理方法同上。

(14)炉体状态故障：循环将各炉体状态故障，炉体有舟舟号故障、炉体无舟舟号故障放入总体故障数组中 LER. Stove. W[I]，LER. Stove. W[I+5]，LER. Stove. W[I+10]，LER. Tcp. W[I]；缓存架错误编号放入 LER. Cache. W[I]，缓存架有舟或无舟时舟皿编号错误放入 LER. Cache. W[I+5]和 LER. Cache. W[I+10]；将滑台及机械手故障标志，放入 LER. Other. W[ ]故障字内。

(15)故障报警灯控制：若与炉体的通信正常，则蓝色信号灯亮；与插片机通信正常，则白色信号灯亮；若有通信信号 2 级警告信号，则黄色信号灯亮；若有通信信号 1 级警告，则红色信号灯亮。

（16）正常工作时绿灯控制：若各炉体均工作正常运行状态，则绿灯亮。

（17）若缓存架、机械手、滑台均工作正常，则上下料工作绿灯亮 GF 灯。

3. 舟编号处理

机械手辅助程序/舟编号处理子程序包括 6 行语句。

0 为舟编号状态处理，包含的控制逻辑如下：

初始化当前舟编号，将当前正在处理的舟序列编号设置为−1，当前正在处理的舟号设置为“空”。

利用 for 循环处理，若设置了删除指令，则删除舟号并将删除指令置为 false，清除舟序列编号和现在状态，若舟初始化置位，则进行舟的初始化，若舟删除历史记录置位，则删除该舟历史记录各数据。

对每个舟号的当前位置和上一步位置进行查找，利用 for 循环查询每个舟的历史数据，若该历史数据 k 为空，且该历史数据的 Act 为−1，则该舟当前位置在机械手位，该舟上一步处于 ActHis[k]. Dev 的位置；若位置不在机械手位，则该舟当前位置为 ActHis[k]. Dev，该舟上一步位置为 ActHis[k−1]. Dev。

查找最后一个空白历史编号，若未查找到则将 0~9 号历史编号前移，并将第 9 个历史编号置为空，置为最后一个空白历史编号。

对每个舟的完成的位置执行复位，即对舟的上一个位置进行初始化，对上一个历史动作置完成标志 ACT，部位赋值如. Dev：= 'St1'，完成时间赋值 DTim：= RtcNow；包括各炉体位置，机械手位置，缓存架位置，进舟位置，插片机位置等。

读取各位置舟号，读取各缓存架、各炉体、滑台及机械手各位置的舟的舟号，若为空则置相应位置的舟号 DishNo = −1；循环读取 19 个舟位置代号，分别为炉体 st、缓存架 ch、滑台 HT、机械手 Rb、夹爪 JZ，并将舟号和舟的编号赋值到响应位置设备的舟号和舟编号。

判断舟错误，循环清除 19 个舟的错误及错误舟号；采用冒泡法循环判断是否有舟号重复，若有舟号重复则判断舟号重复错误；若有舟的位置重复，则判断为位置重复错误；若舟的本次动作和上次动作均为取舟动作，即 ACT = −1，则判断为动作重复错误；若该舟存在错误，则将该舟编号赋值给舟错误编号。

对每个缓存架舟进行处理，若缓存架舟编号为空，则清除该缓存架的舟状态；若缓存架有舟，且舟号不为空，则找到该缓存架舟的序号编号；若该缓存架被设置为工艺完成舟，则置位该缓存架舟的冷却忙中，判断该舟的冷却时间是否到。

若该舟结束动作为空，则复位该舟现在状态；若该舟使用时间大于清洁时间，则置位该舟清洁时间到；该舟未完成工艺，该舟无错误，该舟不需要清洁，则置位炉体允许使能；若该舟工艺完成，该舟已冷却，该舟无故障，则允许该舟插片机取舟。

舟编号处理子程序包括的语句如下。

(1)炉体状态变化时舟皿状态变化,当炉体 0 有舟或无舟变化时,执行炉体舟号变化;赋值炉体代号 DevStr,如果炉体检测有舟,则查找该炉体中的舟号(对每个舟进行轮询),若未查找到该舟号则查找机械手处的舟号;对舟号进行处理,如删除舟、插入舟、空白舟,查找舟最后所在位置,若最后所在位置指向不为空,则所有动作记录前移,若炉体、机械手、缓存架、插片机等初始化则执行初始化,如果某舟的 ACT 标志为−1,则舟位于机械手上,设置舟的结束位置和上一步位置;若炉内有舟(进舟)信号,则执行放舟操作,将机械手上的舟号赋给该炉体舟号;若炉体无舟(即出舟)信号,则置位机械手取舟信号,舟使用次数自加 1;若通信有报警,则置位通信故障,未完成;若通信正常,则置位炉体工艺完成信号,通信无故障;输出该舟的最后动作编号,舟的动作标志,舟所在部件代号,舟最后动作的时间记录;再执行一次舟号处理程序 Dish_Rew(Dish)。

第(2)~第(5)行均为炉体舟号处理,与语句(1)相同。

(6)缓存架舟号处理:当缓存架上舟皿发生变化时,执行缓存架舟处理程序,首先合成缓存架代号 CH+(No+1);若该缓存架有舟,找到该缓存架的舟号,若找不到该缓存架舟号则该舟位于机械手位;需对舟号进行操作处理,如删除舟、插入舟、空白舟、查找舟。

当完成上下料系统所有程序的设计和导入以后,便可以进入调试阶段。需要注意的是这套上下料系统只适用于卧式炉类热工设备。而前文提到的炉管控制程序则不同,炉管控制程序具有通用性,修改部分逻辑和语句即可用于立式炉类型的热工装备。

第 6 章　信息系统开发

信息系统由计算机硬件、计算机软件、网络和通信设备、信息资源、用户与制度等组成，以处理信息流为目的，包含对信息的输入、存储、处理、输出和控制这五个基本功能[22]。对于热工装备而言，其信息系统中有两个重要的子系统，一个是位于总控制办公室的生产管理子系统，一个是安装在每台设备工控机上的机台监控子系统。这两个子系统开发所用的软件是相同的，选择的都是力控组态软件，有一个能够共用的监控系统。

6.1　组态软件

组态软件是上位机软件的一种，又称组态监控系统软件。组态软件译自英文 SCADA，全称为 supervisory control and data acquisition，即数据采集与监视控制。它是指一些数据采集与过程控制的专用软件。它们处在自动控制系统监控层一级的软件平台和开发环境，使用灵活的组态方式，为用户提供快速构建工业自动控制系统监控功能的、通用层次的软件工具。因此组态软件具有易学易用、扩展性好、通用性佳、能够实时多任务操作等优点[23]。

6.1.1　组态的产生

"组态"的概念是伴随着分散型控制系统 DCS 的出现才开始被广大的生产过程自动化技术人员所熟知的。由于每一套 DCS 都是比较通用的控制系统，可以应用到很多的领域中，为了使用户在不需要编代码程序的情况下便可生成适合自己需求的应用系统，每个 DCS 厂商在 DCS 中都预装了系统软件和应用软件。而其中的应用软件，实际上就是组态软件，但一直没有人给出明确的定义，只是将使用这种应用软件设计生成目标应用系统的过程称为"组态"或"做组态"。

监控组态软件是面向监控与数据采集的软件平台工具，具有丰富的设置项目，使用方式灵活，功能强大。监控组态软件最早出现时，HMI 或 MMI 是其主要内涵，即主要解决人机图形界面问题。随着它的快速发展，实时数据库、实时控制、SCADA、通信及联网、开放数据接口、I/O 设备的广泛支持已经成为它的主要内容。随着技术的发展，监控组态软件将会不断被赋予新的内容。

世界上第一个把组态软件作为商品进行开发、销售的专业软件公司是美国的 Wonderware 公司，它于 20 世纪 80 年代末率先推出第一个商品化监控组态软件 In Touch。此后监控组态软件在全球得到了蓬勃发展，伴随着信息化社会的到来，监控组态软件在社会信息化进程中将扮演越来越重要的角色，每年的市场增幅都会有较大增长，未来的发展前景十分广阔。监控组态软件是伴随着计算机技术的突飞猛进发展起来的。20 世纪 60 年代虽然计算机开始涉足工业过程控制，但由于计算机技术人员缺乏工厂仪表和工业过程的知识，导致计算机工业过程系统在各行业的推广速度比较缓慢。20 世纪 70 年代初期，微处理器的出现促进了计算机控制走向成熟。微处理器在提高计算能力的基础上，大大降低了计算机的硬件成本，缩小了计算机体积，很多从事控制仪表和原来一直就从事工业控制计算机的公司先后推出了新型控制系统。这一历史时期较有代表性的就是 1975 年美国 Honeywell 公司推出的世界上第一套 DCSDC-2000。随后的 20 年间，DCS 及其计算机控制技术日趋成熟，并得到了广泛应用。此时的 DCS 已具有较丰富的软件，包括计算机系统软件(操作系统)、组态软件、控制软件和其他辅助软件(如通信软件)等。这一阶段虽然 DCS 技术、市场发展迅速，但软件仍是专用和封闭的。除了在功能上不断加强外，软件成本一直居高不下，造成 DCS 在中小型项目上的单位成本过高，使一些中小型应用项目不得不放弃使用 DCS。20 世纪 80 年代中后期，随着个人计算机的普及和开放系统概念的推广，基于个人计算机的监控系统开始进入市场，并发展壮大。组态软件作为个人计算机监控系统的重要组成部分，比 PC 监控的硬件系统具有更为广阔的发展空间。主要基于几点，第一是很多 DCS 和 PLC 厂家主动公开通信协议，加入"PC 监控"的阵营；目前，几乎所有的 PLC 和一半以上的 DCS 都使用 PC 作为操作站。第二是由于 PC 监控大大降低了系统成本，使得市场空间得到扩大，从无人值守的远程监视(如防盗报警、江河汛情监视、环境监控、电信线路监控、交通管制与监控、矿井报警等)、数据采集与计量(如居民水电气表的自动抄表、铁道信号采集与记录等)、数据分析(如汽车/机车自动测试、机组/设备参数测试、医疗化验仪器设备实时数据采集、虚拟仪器、生产线产品质量抽检等)到过程控制，几乎无处不用。第三，各类智能仪表、调节器和 PC-Based 设备可与组态软件构筑完整的低成本自动化系统，具有广阔的市场空间。第四，各类嵌入式系统和现场总线的异军突起，把组态软件推到了自动化系统主力军的位置，让组态软件逐步成为工业自动化系统中的灵魂。

6.1.2　国内发展史

组态软件产品在 20 世纪 80 年代末期进入我国。但在 20 世纪 90 年代中期之前，组态软件在我国的应用并不普及。究其原因，大致有如下三点。首先是当时国内用户还缺乏对组态软件的认识，项目中没有组态软件的预算，或宁愿投入人力物力针对具体项目做长周期的烦冗的上位机编程开发，也不采用组态软件。其次，对在很长的时间里，国内用户的软件意识还不强，面对价格不菲的进口软件，很少有用户愿意去购买正版软件。最后，当时国内的工业自动化和信息技术应用的水平还不高，对组态软件未形成提供大规模应用，对大量数据进行采集、监控、处理并将处理结果生成管理所需数据的需求。

随着工业控制系统应用的深入，在面临规模更大、控制更复杂的控制系统时，人们逐渐意识到原有的上位机编程的开发方式对项目来说是浪费时间和精力，经常得不偿失，同时管理信息系统(management information system, MIS)和计算机集成制造系统(computer integrated manufacturing system, CIMS)的大量应用，要求工业现场为企业的生产、经营、决策提供更详细和深入的数据，以便优化企业生产经营的各个环节。因此，在 1995 年以后，组态软件在国内的应用逐渐得到了普及。

组态软件市场在中国开始有较快的增长大约始于 1995 年年底。国产化的组态软件产品也正在成为市场上的一支生力军，组态王、世纪星、MCGS、力控等产品如雨后春笋。随着组态软件的不断发展，国产组态软件的市场占有率已越来越大。国外专业软件公司的组态软件产品目前还占据着一部分中国市场，主要产品包括了美国 Wonderware 公司的 lnTouch、美国 lntellution 公司的 FIX、澳大利亚 CiT 公司的 Citech 等。近年来一些国外著名硬件或系统厂商亦推出了日趋成熟的组态软件产品，如美国 GE 公司的 Cimplicity、美国 AB 公司的 RSView、德国西门子公司的 WinCC 等。这些组态软件，已经一改过去仅为其本身硬件配套的 OEM 形式或面孔，通过大力加强对其他硬件产品的驱动支持和软件内部的各种功能，而发展成为专业化的通用组态软件。

6.1.3　功能分析

组态软件指一些数据采集与过程控制的专用软件，它们是在自动控制系统监控层一级的软件平台和开发环境，能以灵活多样的组态方式提供良好的用户开发界面和简捷的使用方法，它解决了控制系统通用性问题。组态软件中预先设置的各种软件模块可以非常容易地实现和完成监控层的各项功能，并能同时支持各种硬件厂家的计算机和 I/O 产品，与更可靠的工控计算机和网络系统结合，可向控制层和管理层提供软、硬件的全部接口，进行系统集成。

组态软件通常有以下几方面的功能。

1. 强大的画面显示组态功能

目前，工控组态软件大都运行于 Windows 环境下，操作人员可充分利用 Windows 的图形功能完善和界面美观的特点，以及可视化的 IE 风格界面和丰富的工具栏，直接进入开发状态，节省开发时间。丰富的图形控件和工况图库，既提供所需的组件，又是画面制作向导。丰富的作图工具，可使用户随心所欲地绘制出各种工业画面，并可任意编辑，从而将开发人员从繁重的画面设计中解放出来。丰富的动画连接方式，如隐含、闪烁、移动等，使画面生动直观。

2. 良好的开放性

社会化的大生产，使得构成系统的全部软硬件产品不可能出自一家公司，"异构"是当今控制系统的主要特点之一。开放性是指组态软件能与多种通信协议互联，支持多种硬件设备。开放性是衡量一个组态软件好坏的重要指标。组态软件向下应能与低层的数据采集设备通信，向上能与管理层通信，实现上位机与下位机的双向通信。

3. 丰富的功能模块

可提供丰富的控制功能库，满足用户的测控要求和现场要求。利用各种功能模块，完成实时监控，产生功能报表，显示历史曲线、实时曲线，提供报警等功能，使系统具有良好的人机界面，易于操作。系统既适用于单机集中式控制，DCS 分散式控制，也适用于带远程通信能力的远程测控系统。

4. 强大的数据库

软件配有实时数据库，可存储各种数据，如模拟量、离散量、字符型等，实现与外部设备的数据交换。

5. 可编程的命令语言

有可编程的命令语言，使用户可根据自己的需要编写程序，增强图形界面。

6. 周密的系统安全防范

对不同的操作者，赋予不同的操作权限，保证整个系统安全可靠地运行。

7. 仿真功能

强大的仿真功能使系统并行设计，从而缩短开发周期。组态软件的控制功能不断提高。随着以工业 PC 为核心的自动控制集成系统技术的日趋完善和工程技术人员使用组态软件水平的不断提高，用户对组态软件的要求已不像过去那样主要侧重于画面，而是考虑一些实质性的应用功能，如软件 PLC、先进的过程控制策略等。

6.1.4 发展趋势

随着工控系统智能化程度越来越高和用户要求的多样化，决定了不可能有哪一种产品能囊括全部用户的所有要求。直接用户对监控系统人机界面的需求不可能固定为单一的模式，因此直接用户的监控系统是始终需要"组态"和"定制"的。这就导致组态软件不可能退出市场，因为需求是存在的。

目前所有组态软件都能完成类似的功能，比如，几乎所有运行于 32 位 Windows 平台的组态软件都采用类似资源浏览器的窗口结构，并且对工业控制系统中的各种资源(设备、标签量、画面等)进行配置和编辑；都提供多种数据驱动程序；都使用脚本语言提供二次开发的功能等。但是，从技术上说，各种组态软件提供实现这些功能的方法却各不相同。从这些不同之处及 PC 技术发展的趋势，可以看出组态软件未来发展的方向。

1. 数据采集的方式

大多数组态软件提供多种数据采集程序，用户可以进行配置。然而，在这种情况下，驱动程序只能由组态软件开发商提供，或者由用户按照某种组态软件的接口规范编写，这对用户提出了过高的要求。由 OPC 基金组织提出的 OPC 规范基于微软的 OLE/DCOM 技术，提供了在分布式系统下，软件组件交互和共享数据的完整的解决方案。在支持 OPC 的系统中，数据的提供者为服务器。数据请求者为客户，服务器和客户之间通过 DCOM 接口进行通信，而无须知道对方内部实现的细节。由于 COM 技术是在二进制代码级实现的，因此服务器和客户可以由不同的厂商提供。在实际应用中，作为服务器的数据采集程序往往由硬件设备制造商随硬件提供，可以发挥硬件的全部效能，而作为客户的组态软件可以通过 OPC 与各厂家的驱动程序无缝连接，故从根本上解决了以前采用专用格式驱动程序总是滞后于硬件更新的问题。同时，组态软件同样可以作为服务器为其他的应用系统(如 MIS 等)提供数据。OPC 现在已经得到了国内外许多厂商的支持。

随着支持 OPC 的组态软件和硬件设备的普及，使用 OPC 进行数据采集逐渐成为组态中更加合理的选择。

2. 脚本的功能

脚本语言是扩充组态系统功能的重要手段。因此，大多数组态软件提供了脚本语言的支持。具体的实现方式可分为三种：一是内置的类 C/Basic 语言；二是采用微软的 VBA 的编程语言；三是少数组态软件采用面向对象的脚本语言。类 C/Basic 语言要求用户使用类似高级语言的语句书写脚本，使用系统提供的函数调用组合完成各种系统功能。应该指明的是大多数采用这种方式的国内组态软件，对脚本的支持并不完善，许多组态软件只提供 IF-THEN-ELSE 的语句结构，不提供循环控制语句，为书写脚本程序带来了一定的困难。微软的 VBA 是一种相对完备的开发环境，采用 VBA 的组态软件通常使用微软的 VBA 环境和组件技术，把组态系统中的对象以组件方式实现，使用 VBA 的程序对这些对象进行访问。由于 visual basic 是解释执行的，所以 VBA 程序的一些语法错误可能会到执行时才能发现。而面向对象的脚本语言提供了对象访问机制，对系统中的对象可以通过其属性和方法进行访问，比较容易学习、掌握和扩展，但实现起来比较复杂。

3. 组态环境的可扩展性

可扩展性为用户提供了在不改变原有系统的情况下，向系统内增加新功能的能力，这种增加的功能可能来自组态软件开发商、第三方软件提供商或用户自身。增加功能最常用的手段是 ActiveX 组件的应用，目前还只有少数组态软件能提供完备的 ActiveX 组件引入功能及实现引入对象在脚本语言中的访问。

4. 组态软件的开放性

随着管理信息系统和计算机集成制造系统的普及，生产现场数据的应用已经不仅仅局限于数据采集和监控。在生产制造过程中，需要现场的大量数据进行流程分析和过程控制，以实现对生产流程的调整和优化。现有的组态软件对大部分这些方面需求还只能以报表的形式提供，或者通过 ODBC 将数据导出到外部数据库，以提供其他的业务系统调用，在绝大多数情况下，仍然需要进行再开发才能实现。随着生产决策活动对信息需求的增加，可以预见，组态软件与管理信息系统或领导信息系统的集成必将更加紧密并很可能以实现数据分析与决策功能的模块形式在组态软件中出现。

5. 对 Internet 的支持程度

现代企业的生产已经趋向国际化、分布式的生产方式。Internet 将是实现分布式生产的基础。组态软件能否从原有的局域网运行方式跨越到支持 Internet 是摆在所有组态软件开发商面前的一个重要课题。限于国内目前的网络基础设施和工业控制应用的程度，笔者认为，在较长时间内，以浏览器方式通过 Internet 对工业现场的监控，将会在大部分应用中停留于监视阶段，而实际控制功能的完成应该通过更稳定的技术，如专用的远程客户端、由专业开发商提供的 ActiveX 控件或 Java 技术实现。

6. 组态软件的控制功能

随着以工业 PC 为核心的自动控制集成系统技术的日趋完善和工程技术人员使用组态软件水平的不断提高，用户对组态软件的要求已不像过去那样主要侧重于画面，而是考虑一些实质性的应用功能，如软件 PLC，先进的过程控制策略等。

软 PLC 产品是基于 PC 机开放结构的控制装置，它具有硬 PLC 在功能、可靠性、速度、故障查找等方面的特点，利用软件技术可将标准的工业 PC 转换成全功能的 PLC 过程控制器。软 PLC 综合了计算机和 PLC 的开关量控制、模拟量控制、数学运算、数值处理、通信网络等功能，通过一个多任务控制内核，提供了强大的指令集、快速而准确的扫描周期、可靠的操作和可连接各种 I/O 系统及网络的开放式结构。所以可以这样说，软 PLC 提供了与硬 PLC 同样的功能，而同时具备了 PC 环境的各种优点。

　　随着企业提出高柔性、高效益的要求，以经典控制理论为基础的控制方案在已经不能适应以多变量预测控制为代表的先进控制策略要求之后，先进过程控制受到了过程工业界的普遍关注。先进过程控制(advanced process control，APC)是指一类在动画环境中，基于模型，充分借助计算机能力，为工厂获得最大利益而实施的运行和控制策略。先进控制策略主要有：双重控制及阀位控制、纯滞后补偿控制、解耦控制、自适应控制、差拍控制、状态反馈控制、多变量预测控制、推理控制及软测量技术、智能控制(专家控制、模糊控制和神经网络控制)等，尤其智能控制已成为开发和应用的热点。目前，国内许多大企业纷纷投资，在装置自动化系统中实施先进控制。国外许多控制软件公司和 DCS 厂商都在争相开发先进控制和优化控制的工程软件包。

　　7."软总线"技术

　　很多新的技术将被不断地应用到组态软件当中，组态软件装机总量的提高会促进某些专业领域专用版软件的诞生，市场被自动地细分了。为此，一种称为"软总线"的技术将被广泛采用。在这种体系结构下，应用软件以中间件或插件的方式被"安装"在总线上，并支持热插拔和即插即用。这样做的优点是，所有插件遵从统一标准，插件的专用性强，每个插件开发人员之间不需要协调，一个插件出现故障不会影响其他插件的运行。XML 技术将被组态软件厂商加以利用，来改变现有的体系结构，它的推广也将改变现有组态软件的某些使用模式，满足更为灵活的应用需求。

6.1.5　系统构成

　　在组态软件中，通过组态生成的一个应用项目在计算机硬盘中占据唯一的逻辑空间，可以用唯一的名称来标识，被称为一个应用程序。在同一计算机中可以存储多个应用程序，组态软件通过应用程序的名称来访问其组态内容，打开其组态内容进行修改或将其应用程序装入计算机内存投入实时运行。

　　组态软件的结构划分有多种标准，这里以使用软件的工作阶段和软件体系的构成两种划分标准讨论其系统结构。

　　以使用软件的工作阶段划分，也可以说是按照系统环境划分，从总体上讲，组态软件是由系统开发环境和系统运行环境两大部分构成的。首先是系统开发环境，它是在组态软件的支持下进行应用程序生成工作所必需依赖的工作环境。系统开发环境由若干个组态程序组成，如图形界面组态程序、实时数据库组态程序等，通过建立一系列用户数据文件，生成最终的图形目标应用系统供系统运行环境运行时使用。其次在系统运行环境下，目标应用程序被装入计算机内存并投入实时运行；系统运行环境由若干个运行程序组成，如图形界面运行程序、实时数据库运行程序等。组态软件支持在线组态技术，即在不退出系统运行环境的情况下可以直接进入组态环境并修改组态，使修改后的组态直接生效。

以软件体系的构成划分是因组态软件的每个功能相对来说具有一定的独立性，对应不同的程序组件，所以可根据程序组件的类型不同进行构成划分。具体地，可以按照类型分出如下几种典型组件。

1. 应用程序管理器

应用程序管理器是提供应用程序的搜索、备份、解压缩、建立新应用等功能的专用管理工具。自动化工程设计工程师应用组态软件进行工程设计时，经常会遇到下面一些烦恼：经常要进行组态数据的备份；经常需要引用以往成功应用项目中的部分组态成果（如画面）；经常需要迅速了解计算机中保存了哪些应用项目。虽然这些操作可以以手工方式实现，但效率低下，极易出错。有了应用程序管理器的支持，这些操作将变得非常简单。

2. 图形界面开发程序

它是自动化工程设计工程师为实施其控制方案，在图形编辑工具的支持下进行图形系统生成工作所依赖的开发环境所使用的程序。通过建立一系列用户数据文件，生成最终的图形目标应用系统供图形运行环境运行时使用。

3. 图形界面运行程序

在系统运行环境下，图形目标应用系统被图形界面运行程序装入计算机内存并投入实时运行。

4. 实时数据库系统组态程序

有的组态软件只在图形开发环境中增加了简单的数据管理功能，因而不具备完整的实时数据库系统。目前比较先进的组态软件（如力控等）都有独立的实时数据库组件，以提高系统的实时性，增强处理能力。实时数据库系统组态程序是建立实时数据库的组态工具，可以定义实时数据库的结构、数据来源、数据连接、数据类型及相关的各种参数。

5. 实时数据库系统运行程序

在系统运行环境下，目标实时数据库及其应用系统被实时数据库系统运行程序装入计算机内存并执行预定的各种数据计算、数据处理任务。历史数据的查询、检索、报警的管理都是在实时数据库系统运行程序中完成的。

6. I/O 驱动程序

这是组态软件必不可少的组成部分，用于和 I/O 设备通信，互相交换数据，DDE 和 OPC 客户是两个通用的标准 I/O 驱动程序，用来和支持 DDE 标准和 OPC 标准的 I/O 设备通信。多数组态软件的 DDE 驱动程序被整合在实时数据库系统或图形系统中，而 OPC 客户则多数单独存在。

7. 扩展可选组件

扩展可选组件是对基础组件的重要补充，可以在组态软件界面上进行自定义设计与开发，主要有五种组件。

其一是通用数据库接口（ODBC 接口）组态程序。通用数据库接口组件用来完成组态软件的实时数据库与通用数据库（如 Oracle、Sybase、FoxPro、DB2、Informix、SQL Server 等）的互联，实现双向数据交换，通用数据库既可以读取实时数据，也可以读取历史数据；实时数据库也可以从通用数据库实时地读取数据。通用数据库接口（ODBC 接口）组态环境用于指定要交换的通用数据库的数据库结构、字段名称及属性、时间区段、采样周期、字段与实时数据库数据的对应关系等。

其二是通用数据库接口（ODBC 接口）运行程序。以组态的通用数据库连接被装入计算机内存，按照预先指定的采样周期，在规定时间区段按照组态的数据库结构建立起通用数据库和实时数据库间的数据连接。

其三是策略（控制方案）编辑组态程序。它是以 PC 为中心实现低成本监控的核心软件，具有很强的逻辑、算术运算能力和丰富的控制算法。策略编辑/生成组件以 IEC61131-3 标准为使用者提供标准的编程环境，共有 4 种编程方式：梯形图、结构化编程语言、指令助记符、模块化功能块。使用者一般都习惯于使用模块化功能块，根据控制方案进行组态，结束后系统将保存组态内容并对组态内容进行语法检查、编译。编译生成的目标策略代码既可以与图形界面在同一台计算机上运行，也可以下载到目标设备（如 PC/104、Windows CE 系统等 PC-Based 设备）上运行。

其四是策略运行程序。组态的策略目标系统被装入计算机内存并执行预定的各种数据计算数据处理任务，同时完成与实时数据库的数据交换。

其五是通信程序组件。实用通信程序极大地增强了组态软件的功能，可以实现与第三方程序的数据交换，是组态软件价值的主要表现之一。通信程序具有以下功能：一是可以实现操作站的双机冗余热备用；二是实现数据的远程访问和传送。通信程序可以使用以太网、RS-485、RS-232、PSTN 等多种通信介质或网络实现其功能。通信程序组件可以划分为"服务器"和"客户"两种类型，"服务器"是数据提供方，"客户"是数据访问方，一旦"服务器"和"客户"建立起了连接，二者就可以实现数据的双向传送。

6.1.6　产品介绍

北京力控元通科技有限公司简称力控科技，是制造业+互联网融合的行业，是解决方案及相关工业软件产品提供商及服务商。力控科技丰富的产品线构建了完整的工业互联网体系架构，主要包含工业软件领域的 HMI/SCADA 自动化软件、企业级实时历史数据库、工业能源管理信息平台、企业 MES 管理平台、工业物联网平台、移动智能监控平台、智能优化及工控信息安全等系列产品，为客户提供从自动化到信息化的工业软硬件平台服务及行业解决方案。涵盖各行业的生产监控与管理、数字化车间、智能工厂、集团决策等多层次的智能管控，在智能工厂、油气生产、公用事业、工业能源管控、智慧园区等诸多行业领域进行了大量的实践和应用，协助企业推动从智能生产到运营管理的创新。力控科技助力互联网+工业模式升级，为中国智能制造服务。

力控科技在 HMI/SCADA 自动化软件、实时历史数据库、企业 MES 管理平台、工业物联网、工业大数据及数据挖掘、先进制造及工业控制系统安全等领域拥有完整的系列产品及解决方案，先后参与了多个国家重点大型两化融合项目的规划、咨询与总体设计，参与起草了多个专业与行业规范，引领着相关行业向智能化新时代迈进。

力控 SCADA 平台组态软件是力控产品家族的重要组成部分，是力控科技为企业用户的工业信息化应用提供的一个基础软件平台，这个 SCADA 平台的设计涵盖从现场监控站到调度中心，为企业提供从下到上的完整的生产信息采集与集成服务，为企业综合自动化、工厂数字化及完整的"管控一体化"提供的解决方案支撑平台。

从时间上来说，力控是国内较早出现的组态软件之一。只是因为早期力控一直没有将其作为正式商品广泛推广，所以并不为大多数人所知。大约在 1993 年，力控就已形成了第一个组态软件版本，只是那时还是一个基于 DOS 和 VMS 的版本。后来随着 Windows 3.1 的流行，又开发出了 16 位 Windows 版的力控软件。但直到 Windows 95 版本诞生之前，它主要用于公司内部的一些项目。32 位下的1.0 版本，在体系结构上就已经具备了较为明显的先进性，其最大的特征之一就是其基于真正意义的分布式实时数据库的三层结构。

力控 SCADA 平台组态软件以分布式区域实时数据库为核心，分布式实时数据库技术可以保证生产数据精确输出并完成可视化，实时数据库无限的分层结构可使大型企业信息尽收眼底。力控 SCADA 平台组态软件具有灵活的系统应用架构，可以自由构建不同规模的应用，满足用户对企业信息化的多样性要求，用户在此基础上可以灵活地构建适合企业应用的解决方案。

力控 SCADA 平台组态软件支持独立的历史归档数据库，可进行海量历史数据归档，方便历史数据追忆。具备分布式的数据源管理模式，SCADA 平台软件的可视化人机交互界面无须编程，直接通过远程数据源的组态方式就能与远程数据库进行信息交互，完成生产监控、查询、曲线分析等各项功能，满足企业"两化融合"的需要。

6.1.7 产品特点

1. 灵活的系统架构

力控 SCADA 平台组态软件具有灵活的系统应用架构，可以自由构建不同规模的应用，从单用户的客户机/服务器系统到 C/S 客户端、B/S 客户端、冗余等混合应用的大型系统，使用力控平台组态软件可以自由设计。系统具有灵活的扩展性，可方便地添加客户机，不会对现有系统造成任何影响。内置的 Web 服务器，经过简单配置就可以进行发布，实现在任何地方对生产过程的监控。

产品的分布式体系结构可以保证"复杂任务"的动态负载平衡，充分保证多个客户端并发访问时的系统稳定性。产品具备极大的"自由的伸缩性"，分布式可以表现在各个组件程序间的关系上，所有组件间通过一个内部的分布式实时数据库进行信息交互。系统把历史存储、报警、事件、信号采集等各个功能组件分别建立在同一网络不同的服务器上，通过同一数据层进行数据交互，这样数据采集、运算处理和变量记录就把负荷分散于整体系统的各个角落。其部署架构如图 6-1 所示。

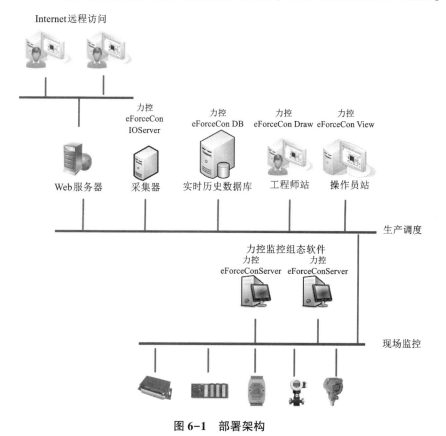

图 6-1 部署架构

2. 分布式实时历史数据库

力控在国内率先将分布式实时数据库的理论引入 SCADA 平台组态软件领域 (图 6-2),并用之来描述大型生产企业数据模型。SCADA 平台组态软件内嵌实时和历史数据库,具备分布式的数据源管理模式。支持按照区域部署的方式多层分级管理数据,区域实时数据库测点参数管理面向大型"工厂数字化模型"进行设计,产品可适应大规模系统的数据管理与历史数据归档,具备良好的数据查询、备份、插入、导入、导出、查看机制,方便扩展应用,历史归档支持独立的历史服务器的设计和部署,历史归档支持数据的逻辑压缩和物理压缩算法。

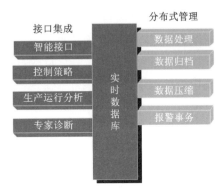

图 6-2　分布式特性

3. 灵活的模板化设计环境

提供集成化的设计环境,在进行界面设计时可以打造自己的开发环境和操作风格,支持多人协作和工程分辨率的调整,支持系统一机多屏配置,方便构建大型调度系统。

支持工程模板、窗口模板、画面模板、对象模板等,支持工程模型的导入与导出,方便快速进行工程组态,提供了快速的曲线、报表、报警的模板。

具备丰富的"矢量"行业图库集(图 6-3),提供上千种丰富的图形元素,包括直线、矩形、椭圆,多边形等多种基本图元,提供典型的如开关手操器、模拟手操器、PID 手操器等面板,提供自定义图库开发工具,用户可以方便地生成自己的自定义图库。

可嵌入 BMP、GIF、JPG、JPEG、CAD 等各种格式的图片,图片浏览组件可方便浏览快照,画面图元和 Flash 图元支持多种动画连接方式来构建动态的流程画面。

4. 完整的冗余方式

力控 SCADA 平台组态软件支持控制设备冗余、控制网络冗余、服务器冗余、系统网络冗余、系统网络客户端冗余等多种系统冗余方式。冗余结构如图 6-4 所示。

实时服务器(实时数据库)支持以"软"冗余的"温备"工作方式,冗余的备用服务器周期性向工作服务器发送数据同步请求,工作服务器响应这些请求,实现两个服务器之间的实时、历史数据、时钟同步;实时服务器也支持双工热备冗余模式,在具备高可用的 TCP 网络下的双实时服务器工作策略,第一时间保证可视

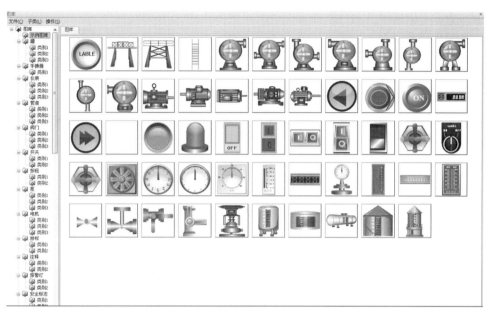

图 6-3　图库资源

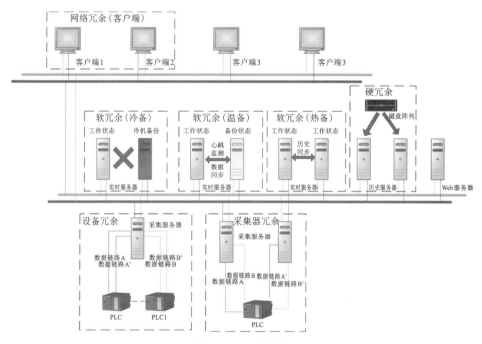

图 6-4　冗余结构

化工作站系统"零"消耗切换，实时数据库无间断运行；系统还支持"硬冗余"集群配置方式，依据硬件的可靠性实现系统冗余功能。

历史服务器(历史数据库)为保证数据的可用性及一致性，采用高可用群集的方式来保证业务的连续性。一方面共享存储避免了数据同步带来的压力且保证了一致性，另一方面客户端也无须做任何处理便可直接访问。

网络客户端具备一套服务器冗余状态检测机制，分布式部署时根据冗余策略实现自动故障、网络异常等系统切换功能。

设备冗余支持设备冗余，通道冗余方式，支持普通的 232、485、以太网等控制网络的冗余，支持控制网络的异种通信链路故障切换，多进程和多线程 I/O 调度机制保证了通信效率更高、速度更快。

5. 先进的容错技术

采用对图形与图像间"隔离"的封装设计、可视化与数据处理分离的服务技术，避免了过多的图形及图像资源的消耗给数据层带来的干扰，使不同的用户根据行业要求可进行任意的动态图像与图形模式的选择，在保证较好的监控效果的同时，又保证了系统的稳定性。

负载均衡技术深入到分布式组件的设计，多进程与多线程的设计使系统的工作任务得到分解，"软"总线技术保证系统扩展方便，远程数据传输支持断线重连与恢复机制，使进程之间的数据同步、网络通信的可靠性得到了飞速的提高。

具备自诊断与自恢复技术，保证了系统中各进程的状态被随时监控，故障自恢复，从而保证整个系统的稳定与安全。通信的负载均衡与通信效率的动态优化，有效提高了数据读与写的通信效率的平衡。

6. 便捷的第三方系统集成环境

力控 SCADA 平台组态软件提供丰富的集成插件，可通过后台标准化接口实现多个组件间的内部对象化操作，以完成外部系统的集成。典型的复合组件包括标准关系库集成工具、视频集成组件、GIS 组件、条形码组件等。

力控 SCADA 平台组态软件可以完成对多种软件系统快速集成，如典型的地理信息系统、视频监控系统、多媒体系统等来构成了一个综合的监控系统。

各类多媒体插件与视频、音频等技术完美结合，支持包括幻灯片播放、图片显示、GIF 动画文件播放、Flash 文件播放，支持 Windows Media PLAYER 所支持的全部文件格式。该插件支持容器播放，至于在数据类型不支持或者兼容性不能保证的情况下，可以放在 VBA 的 form 里通过力控界面里调用显示。

GIS 组件则支持丰富的地图显示和地图操作功能，用户可以自由地浏览地图，实现多种形式的地图变换。

视频组件能与视频监控系统进行良好的集成(图 6-5)，支持 SCADA 画面如何与视频画面进行联动，可以与数字视频技术基于服务器端与客户端方式的开放融合。可以完成视频图像的实时播放，视频图像的存储、捕捉和回放，可以播放各种格式的视频、音频文件，可以有效地集成视频监控。

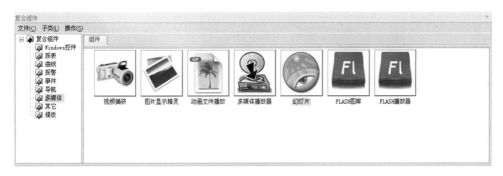

图 6-5　多媒体插件

7. 强大的数据采集与转发能力

力控 SCADA 平台组态软件支持以多种通信方式与不同种类的设备进行数据通信，支持通过 RS232、RS422、RS485、电台、电话轮巡拨号、以太网、移动 GPRS、CDMA、GSM 网络等方式和控制设备进行通信。支持与国内外主流的 PLC、SCADA 软硬件、DCS、PAC、IPC 等设备的通信与联网等；支持通过 OPC、ODBC、OLEDB 等方式与信息化系统进行数据采集（图 6-6）。支持以 OPC、MODBUS、101、104 等协议对外转发数据完成联网。支持 IO 通信多"进程"调度模式，根据实际需要可自由选择与分配信道与设备的数量。支持断线重连和续传，通信故障后具备自动恢复功能，软件支持通信事件的记录与存盘。软件提供 3000 个以上驱动程序，软件提供 IO SDK 开发包和 IO 快速开发工具，支持以协议宏命令的方式进行设备驱动程序开发。

8. 系统安全性

力控 SCADA 平台组态软件提供完备的安全保护机制，以保证生产过程的安全可靠，用户管理具备多个级别，并可根据级别限制对重要工艺参数的修改，以有效避免生产过程中的误操作。它提供了安全区的概念，提供基于远程的用户管理，增加更多的用户级别及安全区，管理用户的远程登录信息。同时也支持工程加密，没有此加密锁任何非法用户无法侵入，保护了自己的工程结构。

9. Web 网络发布功能

力控 SCADA 平台组态软件具备独立的 Web 发布功能，Web 通信的负载均衡使系统具备高容量的数据吞吐能力和良好的健壮性，可保证几百个 Web 客户端的并发访问。

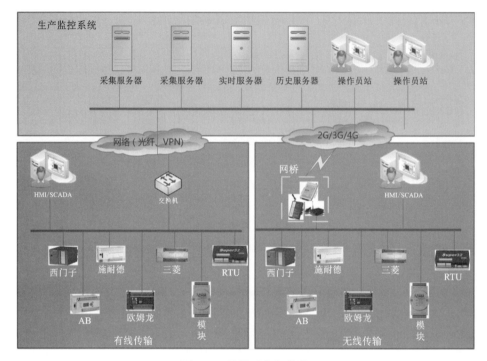

图 6-6　数据采集与转发

软件提供 Web 方式的 DrawCom 控件进行网络发布，该控件增强了与调用者的交互机制，可通过内部的脚本函数输出信息给外部调用者来完成交互。

10.接口与开放性

力控 SCADA 平台组态软件采用多进程与多线程的设计和开放式体系架构，全面支持 DDE、OPC、ODBC/SQL、ActiveX、.NET 标准，可以提供实时、历史和报警数据的远程访问接口，提供自定义图形的接口，以 OLE、COM/DCOM、动态链接库等多种形式提供外部访问接口（图 6-7）。

力控 SCADA 平台组态软件具备强大的对象及 OCX 容器，支持系统灵活扩展访问方式，开放的图形界面支持封装成 ActiveX 控件，通过"脚本"利用 ActiveX 控件容器可以完美地集成第三方的 ActiveX 插件，并且支持以 WPF 等.NET 开发的程序集成到力控软件的图形界面环境中。

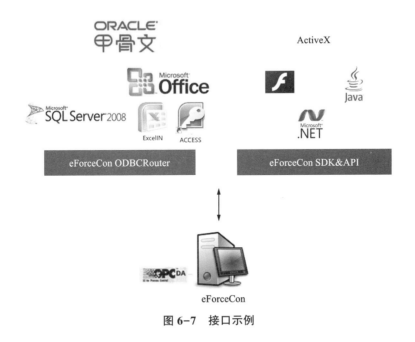

图 6-7　接口示例

6.2　网络标准与协议

网络协议是为计算机网络中进行数据交换而建立的规则、标准或约定的集合。网络协议由三个要素组成，分别是语义、语法和时序。语义解释控制信息每个部分的含义，它规定需要发出何种控制信息以及完成的动作与做出什么样的响应；语法是用户数据与控制信息的结构与格式及数据出现的顺序；时序是对事件发生顺序的详细说明。人们形象地将这三个要素描述为：语义表示要做什么，语法表示要怎么做，时序表示做的顺序。

6.2.1　OSI 协议

国际标准化组织和国际电报电话咨询委员会联合制定的开放系统互连参考模型(英文为 open system interconnect，缩写即 OSI)，其目的是为异种计算机互连提供一个共同的基础和标准框架，并为保持相关标准的一致性和兼容性提供共同的参考。OSI 采用了分层的结构化技术，从下到上分为物理层、数据链路层、网络层、传输层、会话层、表示层、应用层共七层。

物理层包括物理联网媒介，如电缆连线连接器。该层协议产生并检测电压以便发送和接收携带数据的信号。具体标准有 RS232、V. 35、RJ-45、FDDI。

数据链路层控制网络层与物理层之间的通信。它的主要功能是将从网络层接收到的数据分割成特定的可被物理层传输的帧。常见的协议有 IEEE 802.3/.2、HDLC、PPP、ATM。

网络层的主要功能是将网络地址(例如 IP 地址)翻译成对应的物理地址(例如网卡地址),并决定如何将数据从发送方路由到接收方。在 TCP/IP 协议中,网络层具体协议有 IP、ICMP、IGMP、IPX、ARP 等。

传输层主要负责确保数据可靠、顺序、无错地从 A 点传输到 B 点。如提供建立维护和拆除传送连接的功能;选择网络层提供最合适的服务;在系统之间提供可靠、透明的数据传送提供端到端的错误恢复和流量控制。在 TCP/IP 协议中,具体协议有 TCP、UDP、SPX。

会话层负责在网络中的两节点之间建立和维持通信,以及提供交互会话的功能,如三种数据流方向的控制,即一路交互、两路交替和两路同时会话模式。常见的协议有 RPC、SQL、NFS。

表示层如同应用程序和网络之间的翻译官,表示层的数据将按照网络能理解的方案进行格式化;这种格式化因所使用网络的类型不同而不同。表示层管理数据的解密加密、数据转换、格式化和文本压缩。常见的协议有 JPEG、ASCII、GIF、MPEG。

应用层负责对软件提供接口以使程序能使用网络服务,如事务处理程序、文件传送协议和网络管理等。在 TCP/IP 协议中,常见的协议有 HTTP、Telnet、FTP、SMTP。

6.2.2 标准规范

IEEE 802 规范定义了网卡如何访问光缆、双绞线、无线等传输介质,以及如何在传输介质上传输数据的方法,还定义了传输信息的网络设备之间连接建立、维护和拆除的途径。遵循 IEEE 802 标准的产品包括网卡、桥接器、路由器以及其他一些用来建立局域网络的组件。IEEE 802 规范包括:802.1(802 协议概论)、802.2(逻辑链路控制层 LLC 协议)、802.3(以太网的 CSMA/CD 载波监听多路访问/冲突检测协议)、802.4(令牌总线 Token Bus 协议)、802.5(令牌环 Token Ring 协议)、802.6(城域网 MAN 协议)、802.7(FDDI 宽带技术协议)、802.8(光纤技术协议)、802.9(局域网上的语音/数据集成规范)、802.10(局域网安全互操作标准)、802.11(无线局域网 WLAN 标准协议)。

以太网规范 IEEE 802.3 是重要的局域网协议,其中 IEEE 802.3 为标准以太网,数据通信能力为 10 Mb/s,传输介质为细同轴电缆;IEEE 802.3u 为快速以太网,数据通信能力为 100 Mb/s,传输介质为双绞线;IEEE 802.3z 为千兆以太网,数据通信能力为 1000 Mb/s，传输介质为光纤或双绞线。

FDDI/光纤分布式数据接口是于 20 世纪 80 年代中期发展起来一项局域网技术，提供的高速数据通信能力要高于当时的以太网(10 Mb/s)和令牌网(4 或 16 Mb/s)的能力。广域网协议包括 PPP 点对点协议、ISDN 综合业务数字网、xDSL(DSL 数字用户线路的统称：HDSL、SDSL、MVL、ADSL)、DDN 数字专线、x.25、FR 帧中继、ATM 异步传输模式等。

6.2.3　网络协议

Internet 又称互联网，是一个包括全球数十亿台电脑和移动终端的巨大的计算机网络体系，它把全球数百万计算机网络和大型主机连接起来进行交互。Internet 是一个不受政府管理和控制的、包括成千上万相互协作的组织和网络的集合体。TCP/IP 协议是 Internet 的核心。

1. 应用层协议

在应用层中，定义了很多面向应用的协议，应用程序通过它本层的协议利用网络完成数据交互任务。这些协议主要有 FTP、TFTP、HTTP、SMTP、DHCP、Telnet、DNS 和 SNMP 等。

FTP(英文为 file transport protocol，文件传输协议)是网络上两台计算机传送文件的协议，运行在 TCP 之上，通过 Internet 将文件从一台计算机传输到另一台计算机的一种路径。FTP 的传输模式包括 Bin(二进制)和 ASCII(文本文件)两种，除了文本文件之外，都应该使用二进制模式传输。FTP 在客户机和服务器之间需建立两条 TCP 连接，一条用于传送控制信息(使用 21 号端口)，另一条用于传送文件内容(使用 20 号端口)。

TFTP(trivial file transfer protocol，简单文件传输协议)是用来在客户机与服务器之间进行简单文件传输的协议，提供不复杂、开销不大的文件传输服务。TFTP 建立在 UDP(user datagram protocol，用户数据报协议)之上，提供不可靠的数据流传输服务，不提供存取授权与认证机制，使用超时重传方式来保证数据的到达。

HTTP(Hypertext Transfer Protocol，超文本传输协议)是用于从 WWW 服务器传输超文本到本地浏览器的传送协议。它可以使浏览器更加高效，使网络传输减少。HTTP 建立在 TCP 之上，它不仅保证计算机正确快速地传输超文本文档，还确定传输文档中的哪一部分，以及哪部分内容首先显示等。

SMTP(simple mail transfer protocol，简单邮件传输协议)建立在 TCP 之上，是一种提供可靠且有效的电子邮件传输的协议。SMTP 是建模在 FTP 文件传输服务上的一种邮件服务，主要用于传输系统之间的邮件信息，并提供与电子邮件有关的通知。

DHCP(dynamic host configuration protocol，动态主机配置协议)是建立在 UDP

之上，基于客户机/服务器模型设计的协议。所有的 IP 网络设定数据都由 DHCP 服务器集中管理，并负责处理客户端的 DHCP 要求；而客户端则会使用从服务器分配下来的 IP 环境数据。DHCP 通过租约（默认为 8 天）的概念，有效且动态地分配客户端的 TCP/IP 设定。当租约过半时，客户机需要向 DHCP 服务器申请续租；当租约超过 87.5% 时，如果仍然没有和当初提供 IP 的 DHCP 服务器联系上，则开始联系其他的 DHCP 服务器。DHCP 分配 IP 地址有三种方式，分别是固定分配、动态分配和自动分配。

Telnet（远程登录协议）是登录和仿真程序，建立在 TCP 之上，它的基本功能是允许用户登录进入远程计算机系统。之前，Telnet 是一个将所有用户输入送到远程计算机进行处理的简单的终端程序。现在，它的一些较新的版本是在本地执行更多的处理，可以提供更好的响应，并且减少了通过链路发送到远程计算机的信息数量。

DNS（domain name system，域名系统）在 Internet 上的域名与 IP 地址之间是一一对应的，域名虽然便于人们记忆，但机器之间只认识 IP 地址，它们之间的转换工作称为域名解析，域名解析需要由专门的域名解析服务器来完成，DNS 就是进行域名解析的服务器。DNS 通过对用户友好的名称查找计算机和服务。当用户在应用程序中输入 DNS 名称时，DNS 服务可以将此名称解析为与之相关的其他信息，例如 IP 地址。

SNMP（simple network management protocol，简单网络管理协议）是为了解决 Internet 上的路由器管理问题而提出的，它可以在 IP、IPX、AppleTalk 和其他传输协议上使用。SNMP 指一系列网络管理规范的集合，包括协议本身、数据结构的定义和一些相关概念。目前，SNMP 已成为网络管理领域中事实上的工业标准，得到了广泛支持和应用，大多数网络管理系统和平台都是基于 SNMP 的。

2. 传输层协议

传输层主要有两个传输协议，分别是 TCP 和 UDP（user datagram protocol，用户数据报协议），这些协议负责提供流量控制、错误校验和排序服务。

TCP 是整个 TCP/IP 协议族中最重要的协议之一，它在 IP 协议提供的不可靠数据服务的基础上，采用了重发技术，为应用程序提供了一个可靠的、面向连接的、全双工的数据传输服务。TCP 协议一般用于传输数据量比较少，且对可靠性要求高的场合。

UDP 是一种不可靠的、无连接的协议，可以保证应用程序进程间的通信，与 TCP 相比，UDP 是一种无连接的协议，它的错误检测功能要弱得多。可以这样说，TCP 有助于提供可靠性，而 UDP 则有助于提高传输速率。UDP 协议一般用于传输数据量大，对可靠性要求不是很高，但要求传输速度快的场合。

3. 网络层协议

网络层中的协议主要有 IP、ICMP（internet control message protocol，网际控制报文协议）、IGMP（internet group management protocol，网际组管理协议）、ARP（address resolution protocol，地址解析协议）和 RARP（reverse address resolution protocol，向地址解析协议）等，这些协议处理信息的路由和主机地址解析。

IP 所提供的服务通常被认为是无连接的和不可靠的，它将差错检测和流量控制之类的服务授权给了其他的各层协议，这正是 TCP/IP 能够高效率工作的一个重要保证。网络层的功能主要由 IP 来提供，除了提供端到端的分组分发功能外，IP 还提供很多扩充功能。例如为了克服数据链路层对帧大小的限制，网络层提供了数据分块和重组功能，这使得很大的 IP 数据包能以较小的分组在网络上传输。

ARP 用于动态地完成 IP 地址向物理地址的转换。物理地址通常是指计算机的网卡地址，也称为 MAC（media access control，媒体访问控制）地址，每块网卡都有唯一的地址。RARP 则用于动态完成物理地址向 IP 地址的转换。

ICMP 是一个专门用于发送差错报文的协议，由于 IP 协议是一种尽力传送的通信协议，即传送的数据可能丢失、重复、延迟或乱序，因此需要一种尽量避免差错并能在发生差错时报告的机制，这正是 ICMP 的功能。

IGMP 允许 Internet 中的计算机参加多播，是计算机用作向相邻多目路由器报告多目组成员的协议。多目路由器是支持组播的路由器，它向本地网络发送 IGMP 查询，计算机通过发送 IGMP 报告来应答查询。多目路由器负责将组播包转发到网络中所有组播成员。

6.2.4 网络交换

网络交换是指通过一定的设备，如交换机等，将不同的信号或者信号形式转换为对方可识别的信号类型从而达到通信目的的一种交换形式，常见的有数据交换、线路交换、报文交换和分组交换。在计算机网络中，按照交换层次的不同，网络交换可以分为物理层交换（如电话网）、链路层交换（二层交换，对 MAC 地址进行变更）、网络层交换（三层交换，对 IP 地址进行变更）、传输层交换（四层交换，对端口进行变更，比较少见）和应用层交换。

在网络互联时，各节点一般不能简单地直接相连，而是需要通过一个中间设备来实现。按照 OSI 参考模型的分层原则，这个中间设备要实现不同网络之间的协议转换功能，根据它们工作的协议层不同进行分类，网络互联设备有中继器（实现物理层协议转换，在电缆间转换二进制信号）、网桥（实现物理层和数据链路层协议转换）、路由器（实现网络层和以下各层协议转换）、网关（提供从最底层到传输层或以上各层的协议转换）和交换机等。在实际应用中，各厂商提供的设备都是多功能的组合且向下兼容的。随着无线技术的普及与运用，无线网卡、无线 AP、无线网桥和无线路由器等产品也已经得到推广及应用。

6.3 系统与设备

根据监控系统通信传输信道的不同,远程监测系统分为有线系统和无线系统。为了方便检测与数据采集,监控端通常会装设远方终端装置,用来完成远程接收、输出执行、遥控、遥信量的数据采集及发送功能。

6.3.1 有线系统

目前可以利用的有线通信信道很多,按照信道的运营方式不同,可分为公用网和专用网。

1.公用网

公用通信网是向全社会开放的通信网。利用电信部门提供的公用通信网传输监控系统的数据,常用的有公用电话交换网、公众数据网等。数字数据网(英文 digital data network,DDN)是采用数字信道传输信号的数据传输网,一般用于向用户提供专用的数字传输信道,或提供将用户接入公用数据交换网的接入信道,传输链路有光纤、数字微波、卫星信道等。利用数字信道传输数字信号与传统模拟信道比,具有传输质量高、速度快、宽带利用率高等优点,公用数据网就是使用数字数据网为公众提供数字传输的网络。

2.专用网

相对公用网而言,专用网是国防、军事、国民经济某一专业部门(如铁道、石油、水利电力等部门)自建或向电信部门租用线路构成的网络,它是专供本部门内部业务使用的通信网。如电力系统的载波线路、有线电视网的电缆网路等。以电力系统为例,电力载波线路通常是电力部门架设供电电线时同时建立的,是电力系统通信系统的通信通道。对电力系统而言,这种通道的最大好处是网络自成一体,整体数据快,比公用电话网和无线网的通信速度快 10 多倍;缺点是线路可能有干扰,影响通信质量,而且系统如果要增加、改造,必须要求线路停电,业务影响较大。

6.3.2 无线系统

无线系统泛指通过无线信道传输信息的系统,可以满足人们不受时空限制,随时随地获得信息的需要,通常说无线系统时主要指电信部门提供的公用无线网络,如 GSM、GPRS、CDMA 等。

1. 全球移动通信系统

作为世界上采用最多的数字移动通信制式,全球移动通信系统(global system for mobile communication, GSM)已被全球 130 多个国家采用。GSM 系统由三个主要部分组成,分别是移动台(MS)、基站系统(BSS)和移动交换中心(MSS)。移动台中有 SIM 和移动装备这两个组件。SIM 称为用户标识模块,包含该移动终端的标识和连接信息,可以发出和接收信息以及使用其他预定的服务。

基站系统由基础发射-接收机站和基站控制器组成。基础发射-接收机站包含着定义信元和移动单元通信相关协议的必要组件。基站控制器是基站用来管理基础发射-接收机站单元的资源和移动交换中心通信的部件。这两个组件集成在一起,能提供移动交换中心的服务。

移动交换中心(MSC)是无线系统与公用电话交换网(PSTN)之间的接口,完成所有信号处理功能,附带有支持认证和用户注册能力。MSC 还协调呼叫与基站控制器之间的转接,呼叫路由与预定服务之间的配合。为了能利用高效的交换方法,MS 选择了使用七号信令系统网络体系。

2. 专用网

随着移动通信和因特网的发展,人们对话音通信以外的数据通信,特别是无线数据通信提出了越来越迫切的需求,通用无线分组业务(general packet radio service, GPRS)位于 GSM 组网体系结构之上,提供比现有的 GSM 网更高的数据传输速率,在 56 kbps 到 170 kbps 之间。

GPRS 是通用分组无线业务(general packet radio service)的简称,它突破了 GSM 网只能够提供电路交换的思维方式,只通过增加相应的功能实体和对现有的基站系统进行部分改造来实现分组交换,这种改造的投入相对来说并不大,但得到的用户数据速率却相当可观。GPRS(general packet radio service)是一种以全球移动通信系统(GSM)为基础的数据传输技术,可说是 GSM 的延续。GPRS 和以往连续在频道传输的方式不同,它是以封包方式进行数据传输,因此使用者所负担的费用以其传输资料单位计算,并非使用其整个频道。

GPRS 的另一个特点,就是它的传输速率可提升至 56~114 kbps。而且,因为不再需要现行无线应用所需要的中介转换器,所以连接及传输都会更方便容易。因此,使用者可实时联机上网,参加视讯会议等互动传播,而且在同一个视讯网络上(VRN)的使用者,甚至可以无须通过拨号上网便能够持续与网络连接。

6.3.3　远动终端设备

数据采集与监视控制系统在需远程进行管理的环境下常会在监控端装设以微机为基础的主监控机,它监控所选定的远方终端装置(remote terminal unit, RTU)由微处理器和接口电路等部件组成,这种计算机的远动装置具有体积小、可靠性高、易于扩展、价格便宜等特点。

它的主要功能如下。

1. 数据收集

监控端收集各 RTU 发送来的数据,如模拟量、数字量、状态量、脉冲量,这些量由调度端和遥信来完成,并在 CRT 上显示有关数据。

2. 数据处理

在监控端上对 RTU 送来的数据进行处理、运算、判断;如有功功率、无功功率、电流、电压值、上下限报警、电能曲线、气体流量曲线等。

3. 控制与调节

实现形成命令与下发命令到 RTU 的实现遥控操作有关设备,如泵的开关、供水的启停、阀门的调节。

4. 人-机联系

监控中心收集整理与处理 RTU 上传数据,显示有关数据,实时显示现场流程图、接线图、曲线图、负荷曲线、电压线形图、电流线形图,修改实时数据库,修改图形报表,发送遥控,遥测命令,校对命令。在人-机联系的另功能是制表打印,定时和随机打印瞬时报表,小时报表,日、月运行报表;召唤打印,操作报表打印,异常及事故打印、画面拷贝等。

工厂中几乎都会用到远动终端设备,通过数据传输来采集各台热工装备的实时运行参数,接收并执行生产管理办公室或调度中心的控制与调节命令。对于热工装备,RTU 在数据传输的过程中可以完成下述工作。

1)采集状态量信息。

通过一些接口电路,把泵、灯的开关状态,变电间的断路器、隔离开关的状态转变为二进制数据,存在计算机的某个内存区。

2)采集模拟量测量值。

把监控现场的电流、电压、功率、水位、温度等模拟量,通过传感器、变送器、A/D 转换器变成二进制数据,存储在计算机的某个内存区。

3)与调度端进行通信。

把采集到的各种数据,组成一帧一帧的报文,按一定的通信规约(如应答式、循环式等)送往调度端,并接收调度端送来的命令报文。

4)测量死区传送。

将每次采集到的模拟量与上一次采集到的模拟量(旧值)进行比较,若差值超过一定的限度(死区),则送往调度端;否则,认为无变化,不传送,这可以大大地减少数据的传输量。

5)事件顺序记录。

当某个开关状态发生变位后,记录下开关号、变位后的状态及变位的时刻。

事件顺序记录有助于调度人员及时掌握被控对象发生事故时各个开关和保护动作的状况及动作时间,以区别事件顺序,做出运行对策和事故分析。

6)执行遥控命令。

调度端发来遥控命令,RTU 收到命令,确认无误后,即进行遥控操作,通过接口电路,执行机构,使某个或多个短路器或隔离开关进行"合"或"分"的操作。

7)系统校时采用全球定位系统 GPS,利用全球定位系统 GPS 提供的时间频率同步对时。各站点需安装 GPS 接收机、天线和放大器,并通过 RS-232 口和RTU 相连。能通过检测广播电台的报时信号同步对时。采用软件对时各站点接收调度端的校时数据,RTU 端通过软件对时。由于受到通信速率的影响,因此需采取修正措施,使用该方法不需增加硬件设备。

8)自恢复和自检测功能。

RTU 作为远动系统的数据采集单元,必须保证不间断地完成和调度中心通信;但 RTU 的工作环境恶劣,具有强大的电磁干扰,运行中难免会发生程序受干扰或通信瞬时被中断等异常情况,有时还会发生电源瞬时掉电的情况,都会造成RTU 死机,而使系统无法收到该被控对象的信息。因此要求 RTU 在遇到这些情况时,能在最短时间内自动恢复,重新从头开始运行程序;为了维护方便,RTU中通常具有自检程序。

6.4　现场总线技术

根据国际电工委员会 IEC 标准和现场总线基金会(fieldbus foundation,FF)的定义,现场总线是连接智能现场设备和自动化系统的数字式、双向传输、多分支结构的通信网络,是将智能化的、功能自给的现场设备连在一起,并实现信息上传、下达的控制网络,连接在总线上的设备可以是各种具有智能和通信特点的传感器、控制器,也可以是通信设备和计算机。

现场总线(fieldbus)是当今自动化领域数据发展的热点之一,是计算机局域网在自动化领域中的应用。现场总线是在集散控制系统的基础上产生的,突破了集散控制系统中通信由专用网络的封闭系统来实现所造成的缺陷,把基于封闭、专用的解决方案变成了基于公开化、标准化的解决方案,即可把来自不同厂商而遵守同一协议规范的自动化设备,通过现场总线网络连接成系统,实现综合自动化的各种功能,同时把集中与分散相结合的集散系统结构变成了新型的全分布式结构,把控制功能彻底下放到现场,依靠现场智能设备本身便可实现基本控制功能。

现场总线的发展与其他网络技术的发展一样,最初是由不同的公司开发出来的不同类型、独立的技术形式的应用产品。自20世纪80年代末以来，随着信息、电子和人工智能等技术的发展，国际上知名的大公司先后推出了几种工业现场总线和现场通信协议，例如HART、CAN、Profibus、WorldFIP、LonWorks等。但由于各公司技术政策和所采用的技术标准不尽相同，因此现场总线没有形成一个统一的标准。这就严重地限制了工业控制领域信息化的进程，但这些现场总线具有各自的特点，也显示了较强的生命力。在一段时间内，几种技术并存的局面还将继续维持。但是，随着应用规模的扩大，现场总线将不可避免地朝着开放系统、统一标准的方向发展。

6.4.1 发展与定义

工业测控设备和系统中长期采用的RS232/485通信标准，是一种低速率的数据传输标准，而且其协议并不完善，难以组成大规模的网络系统。由于控制系统复杂且生产规模在不断增大，如工业现场控制或生产自动化领域中需要使用传感器、控制器等分布广泛的设备，采用传统的星形网络拓扑结构或LAN组件及环形拓扑结构成本较高，因此需要在最底层设计一种造价低又适于现场环境的通信系统，这就是后来被称为现场总线的网络系统。

1983年，Honeywell公司推出的智能化仪表，在4~20 mA的直流电信号上叠加了数字信号，使现场与控制室之间的信息交换由模拟信号向数字信号过渡。Rosemount公司在此基础上制定了HART数字通信协议。在此后的几十年间，各大公司都相继推出了各种智能仪表，基本上都是模拟数字混合仪表，它们克服了单一模拟信号仪表的技术缺陷，为现场总线的产生奠定了基础。

但是，不同公司的分散控制系统不能互联。各种仪表通信标准也不统一，或者功能太简单(如RS232、RS485协议)，严重束缚了工厂底层网络的发展，从用户到制造商都强烈要求统一的标准，组成开放互联网络，即现场总线。

现场总线是用于过程自动化和制造自动化最底层的现场设备或现场仪表互连的通信网络，是现场通信网络与控制系统的集成。根据国际电工委员会(international electrotechnical commission, IEC)标准和现场总线基金会的定义，现场总线是连接智能现场设备和自动化系统的数字式、双向传输、多分支结构的通信网络。现场总线是"在制造或过程现场和安装在生产控制室先进自动化装置中配置的主要自动化装置之间的一种串行数字通信链路"。

现场总线是在生产现场的测量控制设备之间实现双向串行多节点数字通信、完成测量控制任务的系统；是一种开放型的网络，使测控装置随现场设备分散化，被誉为自控领域的局域网。从OSI网络模型的角度来看，现场总线网络一般只实现了第1层(物理层)、第2层(数据链路层)、第7层(应用层)通信，它在制造业、流程工业、交通等相关的自动化系统中具有广泛的应用前景。

现场总线的本质含义表现在如下几个方面。

1. 现场通信网络

现场总线的工作场所以生产现场为主,是一种串行多节点数字通信系统。现场总线最基本的功能是连接生产现场的智能仪表或设备,将一般的测量和控制功能逐渐分散到现场的设备中来完成。采用现场总线的系统可以节约大量的电缆,通常费用较低,可以用低廉的造价组成一个系统,而且与上层网络连接的费用也不高。

2. 操作与互换

不同厂家产品只要使用同样的总线标准,就能实现设备的互操作、互换,这使设备具有更好的可集成性。并且让用户具有高度的系统集成主动权。

3. 分散功能块

实现了现场通信网络与控制系统的集成,使控制系统在功能和地域上彻底分散化。现场设备智能化程度高,功能自理性强。

4. 通信线供电

这种方式用于本质安全环境下的低功耗现场仪表,允许现场仪表直接从通信线上摄取能量,通常会配套安全栅。

5. 开放式的互联网络

系统为开放式,可以让不同厂商将控制算法、工艺流程、配方等自己专长的技术都集成到通用系统中去,使系统的组织更灵活、更有针对性。同时,开放式的系统能够为系统的维护检修以及升级扩容带来很大便利。

6.4.2 技术优点

(1)实现了全数字化通信。分散控制系统是一个半数字信号系统,在现场总线控制系统中信号是数字化的。全数字化通信使得过程控制的准确性和可靠性大大提高。

(2)实现了不同厂家产品互操作。将不同厂家的产品集成于同一系统并实现互操作需要公开的规范,同一种现场总线有一个开放性的协议便于实现互操作。

(3)实现真正的分布式控制,即分散式控制。分散控制系统从结构上来讲不是一个真正的分散式系统,而是一个"半分散"的系统,现场总线控制系统才是真正的分布式系统,它把控制功能下放到现场每个控制回路,完全分散在现场仪表中,大大提高了系统的可靠性。

(4)传送多个过程变量的同时可将仪表标识符和简单诊断信息一并发送,并用此特征可以生产最先进的现场仪表、多变量的变送器。

(5)可提高测试精度。现场总线的数字信号比 4~20 mA 模拟量信号的精度高 10 倍,可以减少模数转换所带来的误差。

(6)增强了系统的自理性。具有 CPU 的现场设备和仪表可以完成许多的功能，包括下放底层的部分控制功能，甚至一些高级算法也可在底层进行。

6.4.3　总线分类

现场总线技术的最初设想为：实现开放式互联网络，设备具有互操作性与互换性，建立统一的现场总线技术标准。于是国际电工委员会在 1984 年提出了制定现场总线技术标准 IEC61158(TS)。IEC61158(TS)是一个面向整个工业自动化的现场总线标准。根据不同行业对自动化技术的不同需求，IEC61158(TS)将自动化技术分为 5 个不同的行业标准。经过多年的努力，这个标准最终被 IEC61158(TS)加上 Add. Protocols 作为 IEC61158 技术标准所代替。自动化行业最终形成一个多种总线技术标准并存的现状。接下来将简单地介绍几种影响力较大的现场总线分类。

1. 基金会现场总线

基金会现场总线是为了适应自动化系统，特别是过程自动化系统在功能、环境与技术上的需要而专门设计的，它可以工作在工厂生产的现场环境下，能适应本质安全防爆的要求，还可以通过传输数据的总线为现场设备提供工作电源。

基金会现场总线以 OSI 模型为基础，取 OSI 模型的物理层、数据链路层、应用层为基金会现场总线通信模型的相应层次，并在应用层上增加了用户层。用户层主要针对自动化测控应用的需要，制定了信息存取的统一规则，采用设备描述语言通过的功能块集。

基金会现场总线在应用层上增加了丰富的用户层，充分实现互操作性。但是基金会现场总线的高速总线仍然未推出，它的低速总线通过了一致性和相互操作性测试，但经过登记的产品并不多。因此基金会现场总线的推广应用还需要一段时间。

2. 过程现场总线

过程现场总线 profibus 的全称为 process fieldbus，结构参考 OSI 模型，为德国标准。过程现场总线有三种改进型，分别是 profibus DP、profibus FMS、profibus PA，用于不同的场合。

profibus DP 和 profibus PA 均只采用了物理层和数据链路层，其中 profibus DP 还提供了进入数据链路层的用户接口，Profibus PA 则使用了描述现场设备的行规；Profibus FMS 使用了物理层、数据链路层和应用层，其应用层包括现场总线信息规范和低层接口。三个版本使用相同的总线存取协议，数据传输模式支持主-从方式、主-主方式(令牌传递)和混合方式，媒体访问算法为令牌传送，Profibus DP 和 Profibus FMS 传输技术采用 RS-485，传输介质为屏蔽双绞线和电缆，最大节点数为每网 127 个，Profibus DP 的最大传输速率为 12 Mbps，Profibus FMS 传输速率为 500 kbps；Profibus PA 采用 IEC61158-2 传输技术，介质为双绞线，传输速率为 31.25 kbps，最大节点数是每网 256 个。

Profibus 引入了功能模块的概念，不同的应用需要使用不同的模块。在一个确定的应用中，按照 Profibus 规范来定义模块，写明其硬件和软件的性能，规范设备功能与 Profibus 通信功能的一致性。

Profibus 是较为成熟的技术，获得了广泛的支持，世界上许多自动化技术生产厂家为他们的设备提供了 Profibus 接口。此外，Profibus 产品品种比较齐全，从芯片软件到开发工具已有 1500 余种产品，占有一定的市场份额。

3. 局部操作网络总线

实现了现场通信网络与控制系统的集成，使控制系统在功能和地域上彻底分散化。现场设备智能化程度高，功能自理性强。局部操作网络（local operating network，LonWorks）由美国 Echelon 公司推出，是一种功能全面的控制网络。对工厂及车间的环境、安全、保卫、报警过程、动力分配、供水控制、库房或材料管理等，可以用 LonWorks 组建一个综合性、分布式测控网络。

LonWorks 采用了 OSI 的全部 7 层模型，是面向对象的协议，并采用网络变总的形式，通过网络变量的相互连接来实现节点间的数据传输。LonWorks 的核心技术是神经元芯片，此芯片为 LonWorks 的总线通信处理器，也可以作数据采集或控制的通用处理器，它是构成网络控制结点的主体。芯片中共有 3 个 8 位的 CPU，分别用于完成 OSI 模型中的第 1 层和第 2 层、第 3 层到第 6 层和第 7 层的功能。第 1 个 CPU 为介质访问控制处理器，实现协议的第 1 层和第 2 层功能；第 2 个 CPU 为网络处理器，实现协议的第 3 层到第 6 层功能；第 3 个 CPU 为应用处理器，实现协议的第 7 层功能，执行用户程序及所调用的操作系统服务。LonWorks 技术还包括一个网络管理工具，用于网络安装、维护和监控。LonWorks 通信速率为 300 kbps 至 1.5 Mbps，通信距离为 2700 m，支持多种传输介质，并开发了相应的安全防爆产品，可工作在防爆环境，被誉为通用控制网络。LonWorks 被广泛用于楼宇自动化、交通、工业过程控制等行业。

4. 控制器局域网现场总线

control area network 是一种架构开放、广播式的新一代网络通信协议，称为控制器局域网现场总线，简称 CAN。CAN 以 OSI 的物理层、数据链路层和应用层作为其结构模型。CAN 的通信采用多组工作方式，通信方式灵活，易于构成多机备份系统，通过报文滤波实现点对点、一点对多点和广播等方式的数据传送和接受。CAN 可实现全分布式多机系统，且无主、从机之分，每个节点均可主动发送报文，此特点可方便地构成多机备份系统。信号传输采用传输时间短，抗干扰能力强的短帧结构。CAN 通信的传输介质为双绞线，当传输速率在 5 kbps 以下时，直接通信距离最高为 10 km；当通信距离小于 40 m 时，通信的最高速率可达

1 Mbps，结点数为 110 个。CAN 采用非破坏性总线优先级仲裁技术，当两个节点同时向网络上发送信息时，优先级低的节点主动停止发送数据，而优先级高的节点可不受影响地继续发送信息[24]。CAN 按节点类型分成不同的优先级，可以满足不同的实时要求。它支持 4 类报文帧：数据帧、远程帧、出错帧和超载帧。采用短帧结构，如有效字节数为 8 个，这样做使得 CAN 的传输时间短，受干扰概率低，且具有较好的检错效果。采用循环冗余校验 CRC 及其他检错措施，保证了极低的信息出错率。

CAN 中的节点具有自动关闭功能，在节点错误严重的情况下，会自动切断与总线的联系，这样可不影响总线正常工作。CAN 总线可广泛应用于离散控制领域中的过程监测和控制，特别是工业自动化的底层监控，以解决控制与测试之间的可靠和实时数据交换问题。

5. 以太网控制自动化技术总线

ethernet 网络又称以太网。以太网络由网段构成。主要采用了 IP 协议、TCP 协议和 UDP 协议。利用这些协议可以实现以太网网络装置、工作站、个人计算机以及第三方生产的以太网单元的通信。以太网控制自动化技术总线是一个开放架构，是以以太网为基础的现场总线系统，英文名为 EtherCAT。其名称中的 CAT 为控制自动化技术英文词组 control automation technology 首写字母的缩写。EtherCAT 是确定性的工业以太网，最早由德国的 Beckhoff 公司研发。

自动化对通信一般会要求较短的资料更新时间（又称为周期时间），资料同步时通信抖动量低，而且硬件的成本要低，EtherCAT 开发的目的就是让以太网可以运用在自动化应用中。

一般工业通信的网络各节点传送的资料长度不长，多半都比以太网帧的最小长度要小[25]。而每个节点每次更新资料都要送出一个帧，造成带宽利用率低，网络的整体性能也随之下降。EtherCAT 利用一种称为"飞速传输"的技术改善了以上的问题。

在 EtherCAT 网络中，当资料帧通过 EtherCAT 节点时，节点会复制资料，再传送到下一个节点，同时识别对应此节点的资料，并会进行对应处理，若节点需要送出资料，也会在传送到下一个节点的资料中插入要送出的资料。每个节点接收及传送资料的时间少于 1 μs，一般而言只用一个帧的资料就可以供所有网络上的节点传送及接收资料。

EtherCAT 通信协定针对程序资料进行优化，利用标准的 IEEE802.3 以太网帧传递数据，Ethertype 为 0x88a4。其资料顺序和网站上设备的实体顺序无关，定址顺序也没有限制。主站可以和从站进行广播及多播等通信。若需要 IP 路由，EtherCAT 通信协定可以放入 UDP/IP 资料包中。

EtherCAT 的周期时间短，是因为从站的微处理器不需处理以太网的封包。所有程序资料都由从站控制器的硬件来处理。此特性再配合 EtherCAT 的机能原理，使得 EtherCAT 可以成为高性能的分散式 I/O 系统，例如包含一千个分散式数位输入/输出的程序资料交换只需 30 μs，相当于传输速率为 100 Mbit/s 的以太网传输 125 个字节的资料。读写一百个伺服轴的系统可以以 10 kHz 的速率更新，一般的更新速率为 1~30 kHz，但也可以使用较低的更新速率，以避免太频繁的直接内存及存取影响主站或设备工控机的运作。

热工装备通常使用的现场总线为 EtherCAT 或 CAN。

6.5　软件设计

信息系统是一个极为复杂的人机交互系统，它不仅包含计算机技术、通信技术和网络计划及其他的工程技术，而且，它还是一个复杂的管理系统，需要管理理论和方法的支持。对于监控系统，设计时要结合它的基本功能、数据库、制作软件需求规格说明书再进行开发。

6.5.1　基本功能

作为一个监控系统，需要能对所有受控因素进行正常的、自动的处理。考虑到一些实时测控系统存在许多不受计算机控制的因素，需要从现场生产管理的角度去管理和控制，这就要求系统能提供完整的历史数据，可供以后对不正常的操作进行处理。包括实时数据采集、串行通信功能、网络通信管理、数据列表显示、流程图显示、参数调整、密码管理(各种权限密码的增加、修改、查询、删除等)、历史数据曲线管理(日曲线、月曲线、年曲线)数据报表(瞬时报表、小时报表、日报表、月报表、年报表等)、历史数据管理、系统状态显示、数据与图形拷贝、人机接口控制、控制回路调节等基本功能。关于软件的主要功能，将在下文分别做介绍。

1. 数据采集、处理、存储

1) 数据采集周期。

数据采集的周期指在系统建成之前，应测试系统能够达到的"采样周期"的范围，以保证系统稳定可靠地运行。采集周期与信号的数量、数据采集的硬件有关。在系统运行可靠的前提下，采样周期应可能地短。

2) 数据处理周期。

在一些系统中，为了保证系统的实时性和数据结果的准确性，应对数据处理的周期进行规定(一般为 1~60 s)，可由系统管理人员设置；数据处理周期与系统信号的数量和接口模板的处理速度、计算机的计算能力(CPU 的速度)、程序设计的结构有关。

3)实时工况数据存储周期。

为了对测控系统运行的实时数据进行保存,供以后分析和查询用,系统生成的有关报表,必须定时(一般在 1~60 s 取值)存入数据库中。此数据除了事后生成各种历史报表外,还可生成有关的运行曲线等。

2. 测量数据的显示

测量数据的显示一般以运行流程图和列表显示,操作人员可在两种方式之间切换。

1)流程图方式显示。

在计算机屏幕上,通过专用绘图软件(画笔等),根据不同的项目(供电、供水、供气等),绘制各种系统的参数运行图,或者采用电子地图,并在相应位置上,实时显示有关动态数据(电流、电压、频率、功率;水位、压力、流量;压力、差压、温度、瞬时流量、累计流量等),若该数据超过设置的范围,用红色显示。

2)列表显示。

为了方便、直观、实时、动态地总览检测参数,常用列表及分类的方式显示有关参数。

3. 系统安全性

在大的系统中,每一级管理人员具有不同的权限,不同的权限操作不同的功能,主要目的是保证系统本身的安全,另外,对一些运行的状态,黑匣子记录的数据只有权限级别高的管理人员才能查询和分析。

系统的报警设置是指根据不同的系统,将系统的有关参数设置(电压、电流、水位、压力、差压、温度、流量变化率等)报警的上、下限,将设备的工作状态、系统的通信状态等自动记录在报警数据库中,并记录报警点,报警性质(上限、下限、变化率),报警时间,报警前、报警后的测量值,当班操作人员等;并同时打印该报警信息。

黑匣子功能是指对系统操作人员或管理人员在系统中的重要操作,以及系统自动进行的重要操作进行记录,如修改系统参数事件、系统的启动和系统的停运事件、控制有关设备、系统自动复位等,要求系统能够自动记录并打印所发生的事件及操作前后的相关数据。这些数据也称为系统事件,将其存入黑匣子数据库中。

6.5.2　数据库

远程数据监控系统的数据库不同于一般的商用数据库系统,它是根据特定的系统特点和要求来建立数据库的。在数据库中不仅要详细描述系统对被控系统的处理,而且要描述监控系统本身,以及监控系统对数据的处理、显示。即数据库不仅有对被监控系统的描述数据和被监控系统运行的数据,还有监控系统本身的工作过程数据。在远程监控系统中数据库包含的数据可归纳为需要采集的集中远程监控系统本身表明运行状态的数据、需要采集的被监控系统的数据、对被监控数据的描述数据和系统的配置数据、通过对来自被监控系统的采集数据经过某些操作或计算机处理后的数据和被监控系统的固有数据这四大类。

1. 数据规则

静态数据用于描述构成控制系统的组成元素,主要包括:

(1)与控制系统硬/软件有关的数据,包括各种 I/O 接口数据。

(2)构成被控系统的有关设备参数。

(3)与接入系统的 RTU 硬/软件有关的数据,包括各种 I/O 接口数据。

(4)与工程项目有关的参数。

(5)与被监控对象系统布置图有关的数据。

动态数据反映运行状态和变化的数据,主要包括:

(1)实时采集数据。

(2)监控系统运行实时数据。

(3)计算值。

(4)历史归档数据。

(5)预测估算和研究开发数据。

2. 数据规划原则

数据库数据的规划过程是将数据格式化和标准化的过程。以数据库文件要求的逻辑形式对那些真实的各种数据的特征和属性进行统一描述和定义,使得规划后的数据文件能很方便地实现管理、识别、维护。模板的板地址,信息的字节地址以及位地址的编排要尽可能全系统确定统一的编排原则,以有利于数据库的维护管理和数据的交流使用。

3. 数据库的结构

1)合理安排数据的存储。

有些实时测控系统,要不断地存入大量的数据,如每秒钟存入一组数据,并且都写入硬盘,不断地写盘,很容易损坏硬盘,且速度也慢;解决的办法为在内存中建立一个虚拟盘,或使用电子盘先每秒钟将数据写入虚拟盘(或电子盘),再每分钟将虚拟盘中数据写入硬盘。

2)网络的分布化。

随着系统综合化、自动化的发展,数据库的网络功能显得越来越重要,用户可访问当地的数据库,也可访问异地数据库。需要注意的是,用户只指明要访问的数据库名而不指定机器名。

4. 环境的开放

首先是接口开放。用高级语言编写程序访问数据库的接口(其他系统)。交互式的人机接口,用户可以以联机的方式根据提示交互访问数据库。国际标准数据库用 SQL 语言编写程序。

然后为操作开放。用户不仅可以存取、修改、删除现有数据库中的数据,也可以将简单命令组合起来,生成自己新的操作命令。

最后是机器开放。同一操作系统的数据库应能相互移植。监控系统的实时性要求较高,有时采用本机实时存储,其他机器或管理部门分析数据并生成报表等。

6.5.3　软件需求规格说明书

软件需求规格说明书(software requirement specification, SRS)是需求开发活动的产物,编制该文档为的是让项目关系人与开发团队对系统的初始规定有一个共同的理解,使之成为整个开发工作的基础。它是软件开发过程中最重要的文档之一。

以软件需求规格说明书为基础进行后续开发工作,在系统分析阶段,检测软件需求规格说明书中的错误并采取措施相比于交付系统之后才发现需求存在问题将节省相当多的时间和资金。综上所述,软件需求规格说明书是必不可少的。

在实际工作中,通过需求评审和需求测试工作来对需求进行验证。需求评审就是对软件需求规格说明书进行技术评审,以确保需求符合良好特性。软件需求规格说明书的评审是一项精益求精的技术,它可以发现那些二义性的或不确定性的需求,为项目干系人提供在需求问题上达成共识的方法。需求的遗漏和错误具有很强的隐蔽性,通常情况下仅仅通过阅读软件需求规格说明书,很难想象在特定环境下的系统行为。只有在需求基本明确,用户要求部分确定时,同步地进行需求测试才可能及早发现问题,从而可以在需求开发阶段以较低的代价来解决这些问题。

6.5.4　系统开发

热工装备监控系统中,用于微纳米加工制造的设备所配套的监控系统可作为典型。以高温扩散/氧化系统为例,进行设计开发。采用原型化的方法,要求监控系统具有友好的人机对话界面,为全中文的操作环境;操作简单方便,能够提供各种操作提示,能手动控制气体流量、电机、温度,或按工艺编辑的数据自动运行。操作人员还能实时观察各种工艺参数,确保设备安全、稳定地运行。监控系统所具有的主要功能及相关界面,将在后文作详细介绍。

1. 数据录入

由于扩散炉的计算机输入采用触摸屏的操作方式, 因此在监控程序的运行期间, 所有的数据输入操作均通过触摸屏进行。监控程序的数据输入操作除"工艺编辑"窗口中的工艺参数的输入外, 均使用如图 6-8 所示的"数据录入"窗口来进行数据输入。

在用户选中一个输入对象后, "数据录入"窗口就会自动弹出, 只需在该窗口中点击相应的字母、数字和功能按钮就可输入相应的数据, 输入完成后再单击"确定"按钮, 则输入完毕。系统会自动检查用户的输入是否正确, 如果不正确则给出相应的提示, 例如出现图 6-9 所示的信息。

图 6-8　"数据录入"窗口

图 6-9　操作提示

2. 登录/注销

点击运行监控程序后, 即出现登录界面(图 6-10)。用户必须正确登录才可使用该监控程序。在用户名输入框中选择已存在的用户名, 并在密码输入框中输入该用户的密码后, 单击"确定"按钮, 如果没有出现任何提示, 即登录成功, 否则系统将给出相应的提示。

在程序运行期间, 单击工具栏的"注销"按钮, 即可注销

图 6-10　登录窗口

本次的登录。在注销后, 用户不能进行任何其他操作, 必须点击工具栏的"登录"按钮重新登录后, 才可继续操作。注销期间, 工艺的自动运行等不受影响。

在正确登录或重新登录后, 在程序的状态栏中将显示用户登录或重新登录的

时间、当前的用户名和操作权限等信息。

3. 主窗口

在出现"用户登录"窗口时，即可看到包含"用户登录"窗口的"主窗口"，"主窗口"如图 6-11 所示。窗口最上方为标题栏，显示监控程序的名称。标题栏的下方即为"主窗口"的工具栏，其中有"登录""注销""状态设置""工艺编辑""工艺运行""断点信息""报警状态""实时记录""历史记录""事件记录""用户设置""系统设置""关于""退出"等按钮，分别用来进入不同的子窗口或注销和退出监控程序。

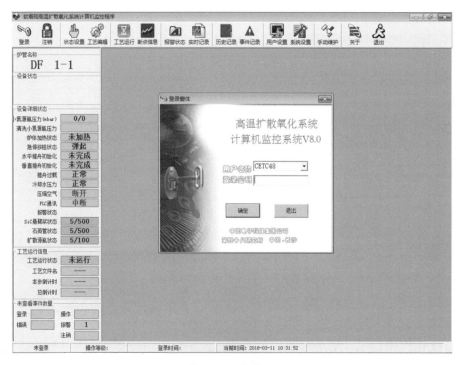

图 6-11 主窗口

在"主窗口"的左侧，有"炉管名称""设备状态""工艺运行信息"和"未查看事件数量"四个信息框，用来显示一些设备的基本数据和主要运行状态。

加热软启动按钮在设备状态栏中。

"主窗口"的下方为它的状态栏，用来显示最新的登录信息和当前时间等信息。

4. 状态设置

在"状态设置"窗口中可手动设置系统中的各个控制对象的参数、进行工艺自动运行和工艺断点运行的各项操作。在用户正确登录或注销后出现"状态设置"
窗口(图 6-12),另外在已经登录的情况下,点击"主窗口"工具栏中的"状态设
置"按钮或关闭其他的窗口后也会出现"状态设置"窗口。有关工艺自动运行的操
作详见"工艺运行"部分,有关工艺断点运行的操作详见"断点运行"部分。

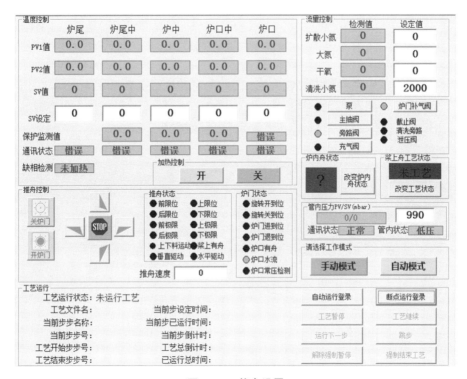

图 6-12 状态设置

进行控制对象的参数设置时,先单击相应的设置框,然后在弹出的"数据输
入"窗口中输入相应的设定值即可,更改将立即生效。如果设置的参数不合理,
系统将给出提示信息,并自动恢复原有的参数设置。

如果当前正在自动运行工艺,并且当前登录的用户的等级为"操作员级",则
不允许手动修改控制对象的参数,并且此时的流量的设定值、流量的检测值、温
区的 PV 值(温度的当前值)、工艺的已运行总时间和当前步设定时间均用"X"来
表示。另外在未运行工艺的情况下,"操作员级"用户不能设置温区的 PV 值。

在未运行工艺的情况下,当前登录用户为"管理员级"或"工艺员级"时,可对
全部控制对象的参数进行设定。如果系统设置中的"运行工艺时可修改控制参
数"未选择,则"管理员级"和"工艺员级"的用户在工艺运行时也不可修改控制对
象的参数,反之则可以修改。

计算机重新启动后,"炉内舟状态"为"未知",该状态下推舟不能水平运动! 请在计算机启动后或设备异常时手动更改"炉内舟状态",以保持"炉内舟状态" 与实际一致(正常运行时计算机会自动跟踪舟状态),否则可能损坏石英舟。

桨上舟工艺状态默认为未工艺,只有经过整个工艺过程后才变为已工艺。机械手自动将舟从桨上取下的条件是已工艺,当状态为未工艺时机械手不能将舟从桨上取下。在计算机重新启动后,桨上舟状态可能和实际情况不符合。可手动将状态改变为与实际情况相符。

5. 工艺编辑

因监控程序中没有预先设置工艺,因此要自动运行工艺必须先编辑工艺。进行工艺编辑须先进入"工艺编辑"窗口,点击"主窗口"工具栏中的"工艺编辑"按钮即可进入"工艺编辑"窗口,"工艺编辑"窗口如图6-13所示。

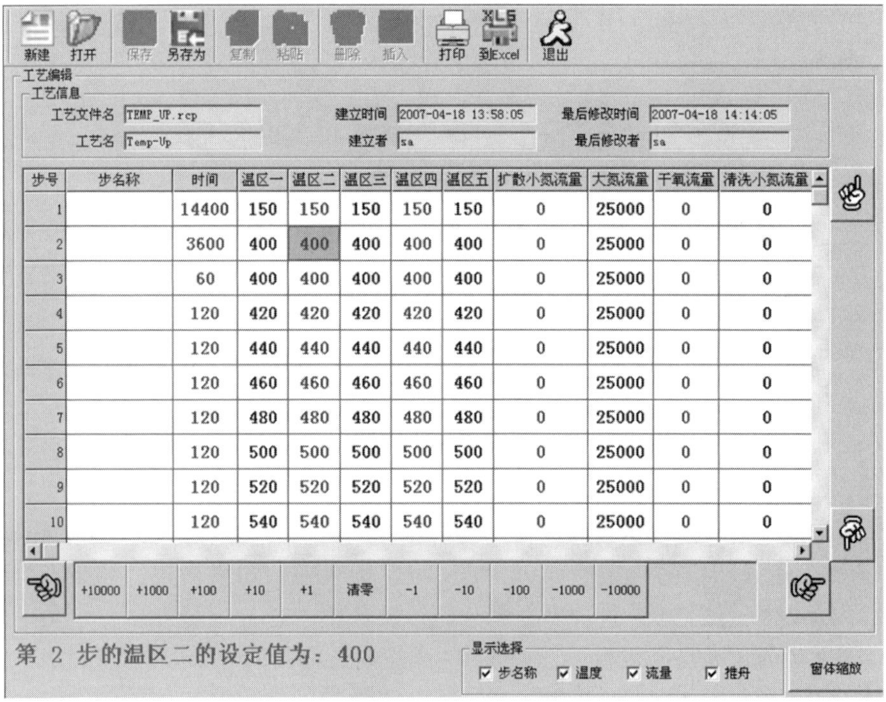

步号	步名称	时间	温区一	温区二	温区三	温区四	温区五	扩散小氮流量	大氮流量	干氧流量	清洗小氮流量
1		14400	150	150	150	150	150	0	25000	0	0
2		3600	400	400	400	400	400	0	25000	0	0
3		60	400	400	400	400	400	0	25000	0	0
4		120	420	420	420	420	420	0	25000	0	0
5		120	440	440	440	440	440	0	25000	0	0
6		120	460	460	460	460	460	0	25000	0	0
7		120	480	480	480	480	480	0	25000	0	0
8		120	500	500	500	500	500	0	25000	0	0
9		120	520	520	520	520	520	0	25000	0	0
10		120	540	540	540	540	540	0	25000	0	0

第 2 步的温区二的设定值为:400

图 6-13　工艺编辑窗口

"工艺编辑"窗口的最上面为它的工具栏,包含"新建""打开""保存""另存为""复制""粘贴""删除""插入""打印""到Excel"和"退出"共11个按钮,用于工艺编辑的各种操作。

单击"新建"按钮后,在"工艺编辑"窗口将出现如图6-14所示的"新建工艺"

界面,在相应的输入框中输入工艺文件名和
工艺名后就可建立新的工艺文件,并自动进
入到该工艺的编辑界面中。工艺文件名和
工艺名可由字母、数字和下划线组成,不用
输入后缀名,工艺文件名和工艺名的长度应
大于 0,小于等于 30。

图 6-14 "新建工艺"界面

　　单击"打开"按钮,在"工艺编辑"窗口
中将出现如图 6-15 所示的"打开工艺"界
面,该界面用于打开或删除已有的工艺文件,首先须在"工艺列表"中选中工艺,
然后单击"确定"或"删除"按钮,来打开或删除工艺。选中工艺后,在该界面的右
侧将显示诸如该工艺文件的建立时间等信息。另外程序提供了"以文件名方式"
和"以工艺名方式"两种显示工艺列表的功能。

　　单击"另存为"按钮,在"工艺编辑"窗口中出现如图 6-16 所示的"工艺另存
为"界面,用来将当前打开的工艺进行另存操作。

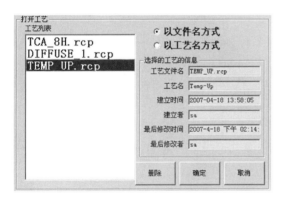

图 6-15 "打开工艺"界面

图 6-16 "工艺另存为"界面

　　工具栏中的"复制""粘贴""删除"和"插入"按钮的操作均是针对工艺步来
进行的。要复制某步的工艺时,先点击要复制的工艺步的"步号",再点击"复制"
按钮,然后再点击目标步的"步号",最后点击"粘贴"按钮即可。要删除某步时,
先点击该步的"步号",再点击"删除"按钮即可。要进行插入步操作,首先点击欲
在其前插入一个工艺步的该步的"步号",然后再点击"插入"按钮即可。

　　单击"到 Excel"按钮,在"工艺编辑"窗口中出现如图 6-17 所示的"保存到
Excel"界面,用来将当前编辑的工艺文件转换成 Excel 文件。首先在"Excel 文件
名"输入框中输入一个文件名(不需后缀),然后点击"确定"按钮,即可完成工艺
文件的 Excel 转换。

监控程序的每个工艺都由 100 个工艺步组成，工艺步的步号为 1～100，每个工艺步均由"步号""步名称""时间"和 5 个温区温度设定值、各个流量设定值及"推舟状态""推舟速度""净化风机""温度能否修改"等设置项组成。其中"温度能否修改项"是指该步的温度设定值能否由"操作员级"用户来修改。

图 6-17　"保存到 Excel"界面

设置工艺的具体参数时，先要在工艺参数列表中单击要设置的设置项，此时该设置项的背景色将变成绿色(例如图 6-13 中的第 2 步的温区二的设置项)，然后单击工艺参数列表下发的相应设置按钮进行设置。在选择某个设置项后，将在"工艺编辑"窗口的下方给出相应的提示信息(例如图 6-13 中的"第 2 步的温区二的设定值为：400")。

在"工艺编辑"窗口中的四个方向按钮用来制作工艺参数表格，包括左移、右移、上移和下移。

在"工艺编辑"窗口中的"窗口缩放"按钮用来缩放窗口的大小，"显示选择"框中的几个选项用来关闭和显示工艺参数表格中的相应列，以方便工艺的编辑和查看。

"工艺编辑"窗口没有提示保存工艺的功能，因此在编辑工艺时请及时存盘。

"工艺编辑"窗口同时也是进行工艺在线编辑的界面，在线编辑与工艺编辑的操作相同，只是在进行保存工艺的操作时，会出现"您现在编辑的工艺是正在运行的工艺，如果保存将立即作用于现在的工艺运行，确定保存?"的确认提示，选择"是"则完成在线编辑，选择"否"则不进行在线编辑。

6. 工艺运行

自动运行工艺时，首先要进入到"工艺运行登录"窗口，在"状态设置"窗口中点击"自动运行登录"按钮或在"主窗口"的工具栏中点击"工艺运行"按钮均可进入到如图 6-18 所示的"工艺运行登录"窗口。

在"工艺运行登录"窗口中，首先要在工艺列表中选择需运行的工艺，然后输入"产品批次""产品数量""员工姓名"和"工艺起始步"等信息，在确定输入无误后单击"确定"按钮即可。系统将检查用户选择的工艺是否合理，如果合理，则立即运行工艺；不合理则给出提示，退出工艺运行。工艺的结束步由程序自动分析出来，即从起始步开始，一步步地往下分析，如果遇到的第一个工艺步时间为零的工艺步的步号为 N，则工艺结束步为 $N-1$，如果工艺步的步时间均不为零，则工艺结束步为第 100 步。"是否自动上下料"默认为勾选，当勾选后，会有等待上料的工艺步，当检测到上下料运动结束，且桨上有舟，并满足腔内无舟、桨在

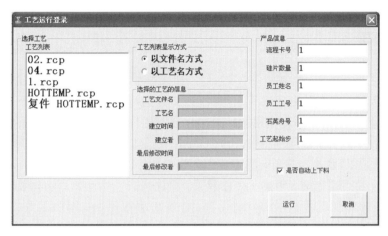

图 6-18　"工艺运行登录"窗口

上限位、后限位，炉门处于关闭状态的条件时，程序会自动跳步到工艺处方的第一步，正式开始执行工艺。当需要空跑工艺时，则将不勾选是否自动上下料。

自动运行工艺时，在"状态设置"窗口中实时显示工艺运行信息，显示的工艺运行信息有"工艺运行状态""工艺名""工艺文件名"和"当前步倒计时"等信息。

自动运行工艺时可进行以下的一些操作。

(1)工艺暂停：在工艺自动运行时，单击"状态设置"窗口的"工艺暂停"按钮，则立即停止工艺的倒计时，使工艺处于暂停状态，各种设置量保持不变。

(2)工艺继续：单击"状态设置"窗口的"工艺继续"按钮则立即结束工艺暂停状态，工艺继续进行倒计时。

(3)运行下一步：单击"状态设置"窗口的"运行下一步"按钮，则程序立即结束本步的工艺运行，进入下一步的运行。如果当前步为工艺的最后一步，则工艺立即结束。

(4)强制结束工艺：单击"状态设置"窗口的"强制结束工艺"按钮，则程序立即结束本次工艺运行。

(5)在线编辑：单击"状态设置"窗口的"在线编辑"按钮，则立即显示"工艺编辑"窗口，用户可在"工艺编辑"窗口实时编辑工艺，编辑完成后，单击"工艺编辑"窗口工具栏的"保存"按钮，系统将询问用户是否使刚才修改的工艺立即作用于当前运行的工艺，如果选择"是"，则程序自动按修改后的工艺继续运行(详见工艺编辑)。

(6)解除强制暂停：监控程序在自动运行工艺时，如果遇到以下情况中的一种，工艺运行将进入"强制暂停"状态：

本步剩余时间小于 5 s, 推舟没有前进到位, 且下一步工艺中含有"扩散小氮流量"。

本步剩余时间小于 5 s, 推舟没有前进到位, 且下一步工艺中含有"清洗小氮流量"。

当工艺运行处于"强制暂停"状态时, 如果造成工艺运行进入"强制暂停"的因素已经解除, 则工艺自动进入运行状态, 继续运行剩余的工艺。另外, "管理员级"和"工艺员"用户均可手动解除工艺的"强制暂停"状态, 方法为点击"状态设置"窗口中的"解除强制暂停"按钮。在使用该功能时应特别注意, 因为解除了工艺的"强制暂停"状态, 并未解除造成工艺强制暂停的原因。

在自动运行工艺时, 根据工艺的设置, 程序可自动实现斜率升降温。除工艺起始步外, 其他工艺步根据温度值设置, 程序自动判断本步温度是升、降温, 还是恒温过程。即本步的温度设定值如果和上一步的温度设定值相同, 则本步为恒温过程, 否则为斜率升降温过程。例如本步的步时间设置为 10 min, 温度设置为 1000 ℃, 上一步的温度设置为 900 ℃, 则本步为斜率升温过程, 升温斜率为 10 ℃/min。

7. 断点运行

有以下两种情况发生断点:

在工艺进行的过程中, 手动点击"状态设置"窗口的"强制结束工艺"按钮来结束本次的工艺运行, 此种情况的断点称为"继续运行"类型。

在工艺进行的过程中, 电脑死机或系统突然断点造成工艺不能按预期完成, 此种情况的断点成为"程序非正常退出"类型。

发生断点后, 程序自动记录断点发生时的工艺运行状况, 在系统恢复正常后, 可点击"状态设置"窗口中的"断点运行登录"按钮或"主窗口"工具栏中的"断点信息"按钮来打开如图 6-19 所示的"断点运行"窗口。在该窗口中详细记录了发生断点时的工艺运行信息。点击"断点运行登录"窗口的"启动断点运行"按钮就可让程序继续运行因发生断点而未完成的剩余工艺。

8. 实时记录和历史记录

监控程序在运行期间, 不管有没有运行工艺都会对各种控制对象的设定值和检测值进行记录, 并保存在历史记录文件中。历史记录文件包含手动运行的历史记录、正常运行工艺时的历史记录和断点运行时的历史记录三种形式。

未运行工艺时的历史记录文件名称的命名为: "H20080912_001. hdt"。其中, "H"为未运行工艺的历史记录数据, "2008"表示工艺运行登录的年份, "09"表示工艺运行登录的月份, "12"表示工艺运行登录的日期, "001"表示当日第几次自动运行工艺, ". hdt"为文件名的后缀。

正常运行工艺时的历史记录数据的文件的命名为: "20080912_001. hdt"。其

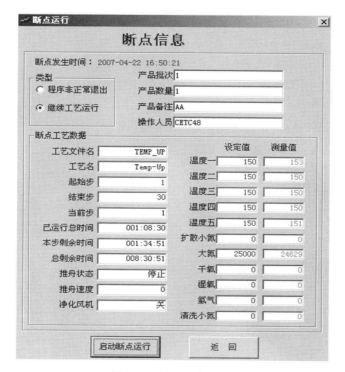

图 6-19　断点运行登录

中，"2008"表示工艺运行登录的年份，"09"表示工艺运行登录的月份，"12"表示工艺运行登录的日期，"001"表示当日第几次自动运行工艺，".hdt"为文件名的后缀。

断点运行时的历史记录数据的文件的命名为："20080912_001B55.hdt"。其中，"20080912_001"表示此次断点运行的工艺在正常运行时的历史记录文件名的前缀，"B"为断点运行时产生的历史记录数据的标志符号，"55"表示此工艺的第几次运行，".hdt"为文件名的后缀。

数据记录的时间间隔为 10 s，单个历史记录文件最多记录 4000 个数据，如果超过 4000，则先去掉前 100 个数据，然后将后面的数据前移 100 位。

每次运行工艺时，都会重新建立一个历史记录，当工艺运行结束后，又重新建立一个历史文件。当前的历史记录文件的数据和曲线在"实时记录"窗口中可查看，其他历史记录文件在"历史记录"窗口中查看。"实时记录"窗口和"历史记录"窗口基本相同。主要的区别如下。

"实时记录"窗口实时显示数据和曲线，会随着时间的推移，自动在数据表格内添加数据和在曲线框中重新绘制曲线。

“历史记录”窗口可以选择历史记录文件，然后显示数据和曲线。

“实时记录”窗口的界面如图 6-20 所示。“历史记录”窗口如图 6-21 所示，界面有“打开历史记录”的功能。在“实时记录”窗口和“历史记录”窗口的“数据”界面可以进行“显示选择”，方便对数据的查看。在“曲线”界面(图 6-22)中提供了 8 个对曲线进行移动和缩放的按钮，方便对曲线的查看。工具栏中的“到 Excel”按钮的操作同“曲线编辑”窗口的“到 Excel”按钮的操作，在此就不再赘述。另外在“历史记录”窗口的“打开历史记录”界面中还有一个“删除”按钮，用于对历史记录文件的删除操作。

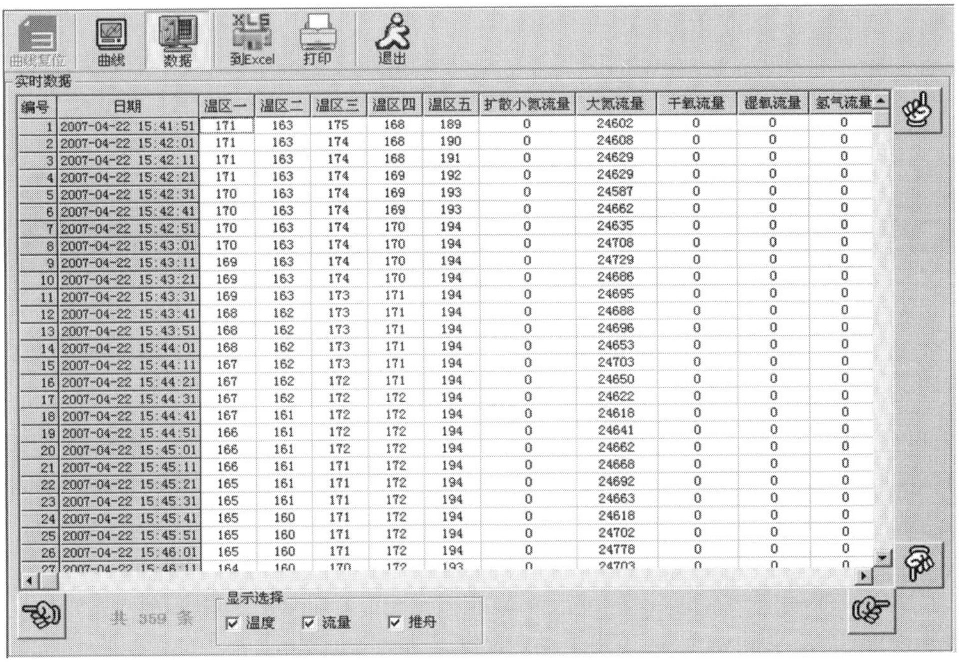

编号	日期	温区一	温区二	温区三	温区四	温区五	扩散小氮流量	大氮流量	干氧流量	湿氧流量	氢气流量
1	2007-04-22 15:41:51	171	163	175	168	189	0	24602	0	0	0
2	2007-04-22 15:42:01	171	163	174	168	190	0	24608	0	0	0
3	2007-04-22 15:42:11	171	163	174	168	191	0	24629	0	0	0
4	2007-04-22 15:42:21	171	163	174	169	192	0	24629	0	0	0
5	2007-04-22 15:42:31	170	163	174	169	193	0	24587	0	0	0
6	2007-04-22 15:42:41	170	163	174	169	193	0	24662	0	0	0
7	2007-04-22 15:42:51	170	163	174	170	194	0	24635	0	0	0
8	2007-04-22 15:43:01	170	163	174	170	194	0	24708	0	0	0
9	2007-04-22 15:43:11	169	163	174	170	194	0	24729	0	0	0
10	2007-04-22 15:43:21	169	163	174	170	194	0	24686	0	0	0
11	2007-04-22 15:43:31	169	163	173	171	194	0	24695	0	0	0
12	2007-04-22 15:43:41	168	162	173	171	194	0	24688	0	0	0
13	2007-04-22 15:43:51	168	162	173	171	194	0	24696	0	0	0
14	2007-04-22 15:44:01	168	162	173	171	194	0	24653	0	0	0
15	2007-04-22 15:44:11	167	162	173	171	194	0	24703	0	0	0
16	2007-04-22 15:44:21	167	162	172	171	194	0	24650	0	0	0
17	2007-04-22 15:44:31	167	162	172	172	194	0	24622	0	0	0
18	2007-04-22 15:44:41	167	161	172	172	194	0	24618	0	0	0
19	2007-04-22 15:44:51	166	161	172	172	194	0	24641	0	0	0
20	2007-04-22 15:45:01	166	161	172	172	194	0	24662	0	0	0
21	2007-04-22 15:45:11	166	161	171	172	194	0	24668	0	0	0
22	2007-04-22 15:45:21	165	161	171	172	194	0	24692	0	0	0
23	2007-04-22 15:45:31	165	161	171	172	194	0	24663	0	0	0
24	2007-04-22 15:45:41	165	160	171	172	194	0	24618	0	0	0
25	2007-04-22 15:45:51	165	160	171	172	194	0	24702	0	0	0
26	2007-04-22 15:46:01	165	160	171	172	194	0	24778	0	0	0
27	2007-04-22 15:46:11	164	160	170	172	193	0	24703	0	0	0

图 6-20 “实时记录”宣传品

9. 事件记录

在监控程序的整个运行期间，系统对于用户的每次工艺操作、登录/注销、系统报警、系统出错都进行记录，并保存于系统的数据库中，同时还提供查看和打印、删除事件记录等功能。

单击“主窗口”的工具栏中的“事件记录”按钮就可打开“事件记录”窗口(图 6-23)。在“事件记录”窗口中提供了各种筛选条件，用于查看特定的事件。在选择好筛选条件后，单击“筛选”按钮就可在事件记录表格中显示出满足条件的事件记录。“事件记录”窗口提供了打印、删除和转换成 Excel 等功能。

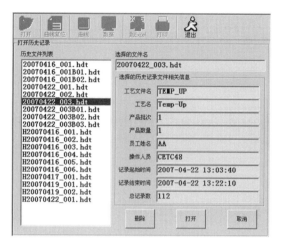

图 6-21　"历史记录"窗口

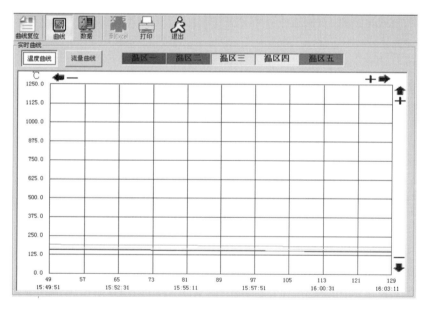

图 6-22　"曲线"窗口

事件类型分为：登录、注销、操作、报警和错误共 5 种，具体含义如下。

(1)登录：包括首次登录和重新登录。主要记录了用户登录的时间。

(2)注销：包含有注销时的用户名和注销时间。

(3)操作：记录用户运行工艺和设置其他项时的各种操作，包括手动设置温度值、流量值，以及自动运行登录、暂停、运行下一步等。

（4）报警：报警主要包括温度超温报警、气体泄漏报警以及在进行氢氧合成过程的流量偏差报警等。主要记录报警发生时的各项参数，以及报警后系统恢复正常的时间。

（5）错误：主要记录包括硬件出错信息和软件中未知的错误。

图6-23 "事件记录"窗口

10. 系统设置

单击"主窗口"的工具栏中的"系统设置"按钮就可打开"系统设置"窗口。在该窗口中可以进行推舟参数设置、气路设置、流量计量程设置、温度设置、压力传感器设置和系统中其他一些参数的设置（图6-24），另外还可以进行推舟悬臂桨清洗、石英管清洗和扩散源瓶更换的登记操作。

设置时，在相应项中输入需要的参数，然后单击工具栏中的"保存"按钮即可。系统会自动检查新的设置值是否合理，如果不合理，则会给出相应的提示，并恢复原有的设置。单击工具栏的"恢复"按钮则恢复原有的系统设置。

进行推舟悬臂桨清洗、石英管清洗和扩散源瓶更换的登记操作时，先点击"设备保养及更换源瓶登记"表格中的相应单元，然后在弹出的确认对话框中选择

"是"即完成了相应的登记操作。

　　"气路"界面中，气路设置的选项包含扩散小氮、大氮、干氧和清洗小氮，勾选代表设备工艺过程中使用了该气体，不勾选代表设备工艺过程中没有使用该气体；报警设置的选项包含扩散小氮、大氮和干氧，勾选代表设备具有该气体的流量偏差报警，不勾选代表设备不具有该气体的流量偏差报警。

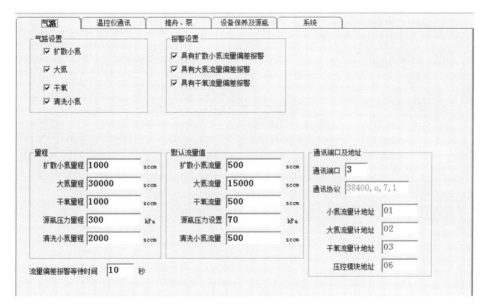

图 6-24　"气路"界面

　　量程则可以设置扩散小氮、大氮、干氧、源瓶压力、清洗小氮等的量程。默认流量值则可以设置扩散小氮、大氮、干氧、源瓶压力和清洗小氮等气体的默认流量，方便设置流量时使用。通信端口及地址用于设置流量计与工控机的通信端口、通信协议、小氮流量地址、大氮流量地址、干氧流量地址和压控模块地址等通信参数。

　　温控通信界面中，温控模块参数可读取和设置五个温区温控模块的 SP 定标上下限、PID 和超温报警阈值，并可以进行串级模式的设置。保温温度值可以通过写入数值设定五个温区的默认温度，通过保温来稳定炉内热场；分界温度则可以设置五个温区的分界温度，方便温控模块参数的设定值 1 和设定值 2 的写入（图 6-25）。默认值一键写入能将温控模块的初始参数进行一次写入，方便初始化恢复。

　　"推舟及泵"界面如图 6-26 所示，主要功能为设置推舟及泵的设备参数。"推舟最大速度"可设置推舟运行时允许的最大速度。"默认推舟速度"可设置推

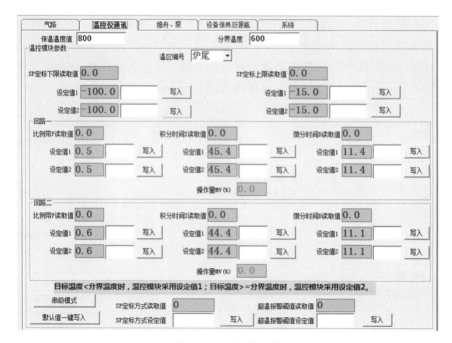

图 6-25　温控仪通信

舟默认的速度，方便设置速度时使用。"垂直最大速度"可设置推舟垂直运行时允许的最大速度。"自动工艺时水平空载速度"可设置自动工艺中放舟、出舟、取舟、进舟时的空载速度。"自动工艺时水平负载最大速度"可设置自动工艺中放舟、进舟、取舟、出舟时的允许的最大满载速度。"出舟音乐持续时间"可设置出舟时的音乐持续时间。"默认炉门关闭气缸延时"可设置默认的炉门关闭气缸的延时时间。"默认炉门打开气缸延时"可设置默认的炉门打开气缸的延时时间。"桨在舟上冷却时间"可设置桨在舟上冷却了设置的时间后才会给出取舟准备好信号。"垂直运行报警重复检测次数"在设置触发垂直运行报警条件后，重复判断设置的次数后才会确认是垂直运行报警。"垂直运行保护时间"可设置垂直运行保护时间。在垂直运行超过设置的时间后将停止运行，达到保护的效果。初始化启动后，推舟或泵则会回到系统中设定好的初始状态。

"设备保养"界面（图 6-27）进行推舟悬臂桨清洗、石英管清洗和扩散源瓶更换的登记，点击表格中的相应单元，然后在弹出的确认对话框中选择"是"即完成了相应的登记操作。

"系统"界面（图 6-28）中"炉管名称"可设置炉管的名称；"工艺步时间最大值"可设置工艺允许运行的最大时间。"保护时大氮流量"为工艺停止时为保护设

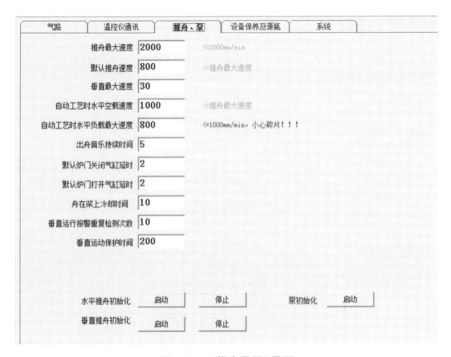

图 6-26　"推舟及泵"界面

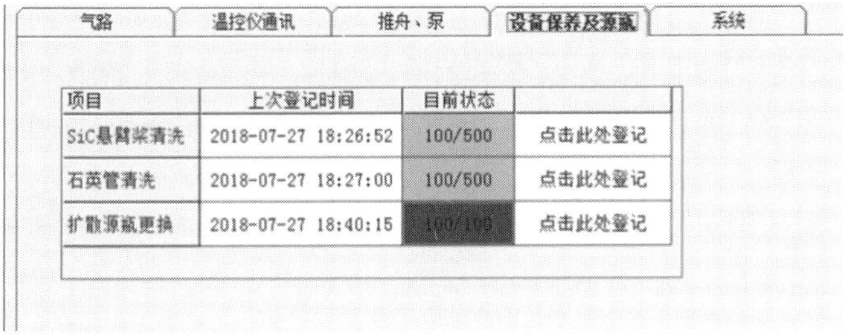

图 6-27　"设备保养"界面

备而通的大氮的流量，"保护时清洗小氮流量"为工艺停止时为保护设备而通的清洗小氮的流量，"延时关闭防腐阀时间"为防止源瓶内压力骤变，在停止通扩散小氮时延时关闭源瓶两侧防腐阀的时间。"SiC 悬臂桨清洗周期"可设置推舟悬臂桨的清洗周期，"石英管清洗周期"可设置石英管的清洗周期，"扩散源瓶更换周期"可设置扩散源瓶的更新周期。

　　"管内常压压力"可设置管内常压时的压力，"允许压力偏差"可设置压力偏差值，当压力超过设置压力±压力偏差值时会给出压力偏差报警，"允许漏率"可

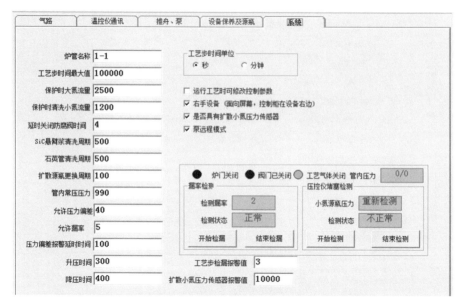

图 6-28 "系统"界面

设置允许漏率值。"压力偏差报警延时时间"可设置压力偏差超过设定时会给出压力偏差报警的时间,"升压时间"可设置工艺升压时,当升压超过设置时间将给出报警的时间,"降压时间"可设置工艺降压时,当降压超过设置时间将给出报警的时间,"工艺步时间单位"可设置工艺时间单位,单位为 s 或者 min。

"运行工艺时可修改控制参数"一栏,当勾选时,在工艺运行过程中可修改控制参数;"右手设备"根据设备是左手或者右手选择勾选或者不勾选;"源瓶恒温槽温度读取"勾选则可读取源瓶恒温槽温度;"漏率检测"可在设备做工艺通入气体前,对反应系统的密封性进行检漏检测,以确定安全;"压控仪堵塞检测"可对压力控制仪是否堵塞进行检测。

初次进入系统时,必须按实际情况设置设备类型—左手设备/右手设备,否则手动时运动方向与屏幕指示不一致。推舟参数设置中,请尽量使用缺省参数,严禁将推舟速度设置过快,以确保设备能长期稳定运行。

11. 用户登录设置

单击"主窗口"的工具栏中的"用户设置"按钮就可进入"用户设置"窗口,在该窗口中可以进行用户密码的修改。在监控程序中只预先设置了四个用户,详见表 6-1。

表 6-1　用户设置

用户名	初始密码	操作等级	备注
CETC48	AAAAA	管理员级	可修改其他人员的密码
operator	AAAAA	操作员级	只能修改自己的密码
techology	AAAAA	工艺员级	只能修改自己的密码
technician	AAAAA	管理员级	只能修改自己的密码

　　修改密码时，先在"用户名列表"中选中要修改密码的用户名，然后再在"密码"输入框和"确认密码"输入框输入修改后的密码，再点击工具栏中的"修改"按钮即可。

　　如果要添加用户，请联系该设备的管理人员，用户管理界面如图 6-29 所示。

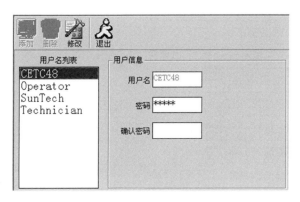

图 6-29　"用户管理"界面

12. 报警

　　监控程序设置了多种报警功能，以保证设备和工艺的安全运行，具体的报警项信息详见表 6-2。

表 6-2　报警功能项目表

编号	含义	报警等级
1	超温报警	3
2	扩散小氮压力传感器报警	1
3	清洗小氮压力传感器报警	1
4	温区 1 热偶短路报警	2

续表6-2

编号	含义	报警等级
5	温区 2 热偶短路报警	2
6	温区 3 热偶短路报警	2
7	温区 4 热偶短路报警	2
8	温区 5 热偶短路报警	2
9	温区 1 热偶断路报警	3
10	温区 2 热偶断路报警	3
11	温区 3 热偶断路报警	3
12	温区 4 热偶断路报警	3
13	温区 5 热偶断路报警	3
14	水压报警	3
15	极限开关被压	3
16	下一步的扩散小氮大于零，但推舟未前进到位	2
17	下一步的清洗小氮大于零，但推舟未前进到位	2
18	扩散工艺过程中出现炉体加热关，且炉温低于 700 ℃	1
19	清洗工艺过程中出现炉体加热关	1
20	扩散小氮流量偏差报警	1
21	大氮流量偏差报警	3
22	干氧流量偏差报警	3
23	湿氧流量偏差报警	3
24	氢气流量偏差报警	3
25	清洗小氮流量偏差报警	1
26	推舟过载	1
27	伺服驱动器错误报警	1
28	炉内有舟不能放舟报警	3
29	按下急停开关报警	3
30	石英舟没有完全退出炉管	3
31	炉门未关到位或推舟未退到位不能进行下一步，工艺强制暂停	1
32	压缩空气断开报警	3

续表6-2

编号	含义	报警等级
33	下位不能放舟或上位不能取舟报警	3
34	桨在后限位和上限位,非空载工艺且桨上无舟	3
35	等待时间到,运行下一步条件不满足	3
36	上料动作完成请确定桨上有舟信号是否正确或上料中止	3
37	工艺运行时由加热开跳变到加热关闭,请开加热	3
38	工艺时最后一步炉门未关到位或推舟未退到位	3
39	工艺步前,压力平衡偏差报警	1
40	缺相检测报警	3
41	垂直驱动器报警	2
42	压力调节超时报警	3
43	工艺开始前检漏偏差报警	3
44	开炉门压力偏差报警	2
45	漏率检测超时报警	3
46	压控仪通信报警	3
47	工艺步运行时,压力平衡偏差报警	3
48	源瓶前压力超压报警	2
49	工艺过程中上位机与 PLC 脱机报警	3
50	垂直运动超时	3
51	后限位丢失,结束炉门动作	2
52	炉口有舟,结束炉门动作	2
53	压控仪检测超时报警	1
54	调功器超温报警	1

报警等级中 1 为最高级,在报警发生后应立即进行保护动作,如果工艺在运行则立即结束工艺运行;2 为次高级,报警发生后立即进行保护动作;3 为最低级,只出现报警信息,无保护动作。

出现报警后,在"主窗口"的"设备状态"栏中的"报警状态"显示框背景色会变成红色并闪烁,同时设备的异常指示灯会闪烁并有声音报警。出现报警后应点击"主窗口"工具栏中的"报警状态"按钮,将弹出如图 6-30 所示的"报警状态"窗口，在"报警状态"窗口中查看报警原因，并对报警原因进行分析和解决问题。排除故障后，再在"报警状态"窗口的"报警状态一览表"中点击相应的报警项来解除监控程序的报警状态。

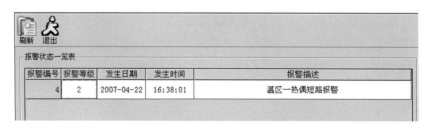

图 6-30 "报警状态"窗口

6.6 测试与管理

软件测试是在将软件交付给客户之前所必须完成的重要步骤。目前，软件的正确性证明尚未得到根本的解决，在调试时进行软件测试仍是发现软件错误缺陷的主要手段。通过测试可以发现软件中的错误及问题，为软件产品的质量测量和评价提供依据。

6.6.1 测试方法

软件测试方法可分为静态测试和动态测试方法。静态测试是指被测试程序不在机器上运行，而采用人工检测和计算机辅助静态分析的手段对程序进行检测。静态测试包括对文档的静态测试和对代码的静态测试。对文档的静态测试主要以检查单的形式进行，而对代码的静态测试一般采用桌前检查、代码走查和代码审查的方式。经验表明，使用这种方法能够有效地发现 30%～70% 的逻辑设计和编码错误。

动态测试是指在计算机上实际运行程序进行软件测试，一般采用白盒测试和黑盒测试方法。白盒测试也称为结构测试，主要用于软件单元测试中。它的主要思想是，将程序看作是一个透明的白盒，测试人员完全清楚程序的结构和处理算法，按照程序内部逻辑结构设计测试用例，检测程序中的主要执行通路是否都能按预定要求正确工作。白盒测试方法主要有控制流测试、数据流测试和程序变异测试等方法。另外，使用静态测试方法也可以实现白盒测试。例如，使用人工检查代码的方法来检查代码的逻辑问题，也属白盒测试的范围。白盒测试方法中，最常用的技术是逻辑覆盖，即使用测试数据运行被测程序，考察对程序逻辑的覆盖程序。主要的覆盖标准有语句覆盖、判定覆盖、条件覆盖、条件/判定覆盖、条件组合覆盖、修正的条件/判定覆盖和路径覆盖等。

　　黑盒测试也称为功能测试，主要用于集成测试、确认测试和系统测试中。黑盒测试将程序看作是一个不透明的黑盒，完全不考虑或者不了解程序的内部结构和处理算法。只检查程序功能是否能按照软件需求规格说明书的要求正常使用，程序是否能适当地接收输入数据并产生正确的输出信息，程序运行过程中能否保持如文件和数据库等外部信息的完整性等。黑盒测试根据软件需求规格说明书所规定的功能来设计测试用例，一般包括等价类划分、边界值分析、判定表、因果图、状态图、随机测试、猜错法和正交试验法等方法。

6.6.2　测试类型

　　软件测试可分为单元测试、集成测试、确认测试、系统测试、配置项测试和回归测试等类别。

　　1. 单元测试

　　单元测试也称为模块测试，测试的对象是可独立编译或汇编的程序模块、软件构件或软件模块，其目的是检查每个模块能否正确地实现设计说明中的功能、性能、接口和其他设计约束等条件，发现模块内可能存在的各种差错。单元测试的技术依据是软件详细设计说明书，着重从模块接口、局部数据结构、重要的执行通路、出错处理通路和边界条件等方面对模块进行测试。

　　2. 集成测试

　　集成测试的目的是检查模块之间以及模块和已集成的软件之间的接口关系，并验证已集成的软件是否符合设计要求。集成测试的技术依据是软件概要设计文档。除应满足一般的测试准入条件外，在进行集成测试前还应确认待测试的模块均已通过单元测试。

　　3. 确认测试

　　确认测试主要用于验证软件的功能、性能和其他特性是否与用户需求一致。根据用户的参与程度，通常包括内部确认测试和验收测试。

　　内部确认测试主要由软件开发组织内部按照软件需求规格说明书进行测试，分为 Alpha 测试和 Beta 测试。对于通用型的软件系统而言，Alpha 测试是指由用户在开发环境下进行测试，通过 Alpha 测试以后的产品通常称为内测版；Beta 测试是指由用户在实际使用环境下进行测试，通过 Beta 测试的产品通常称为用户版。一般在通过 Beta 测试后，才能把产品发布或交付给用户。

　　验收测试是指按照软件需求规格说明书要求，在交付前以用户为主进行的测试。其测试对象为完整的、集成的计算机系统。验收测试的目的是，在真实的用户工作环境下，检验软件系统是否满足开发要求，合同中的技术指标或软件需求规格说明书的要求。验收测试的结论是用户确定是否接收该软件的主要依据。除应满足一般测试的准入条件外，在进行验收测试之前，应确认被测软件系统已通过系统测试。

4. 系统测试

系统测试的对象是完整的、集成的计算机系统，系统测试的目的是在真实系统工作环境下，验证完整的软件配置项能否和系统正确连接，并满足设计文档和软件开发合同中各项技术指标规定的要求。在进行系统测试前，除应确认测试的准入条件满足要求外，还应确认被测系统的所有配置项均已通过测试，对需要固化运行的软件还应提供固件。一般来说，系统测试的主要内容包括功能测试、性能测试、用户界面测试、安全性测试、安装与反安装测试等，其中最重要的工作是进行功能测试与性能测试。功能测试主要采用黑盒测试方法；性能测试主要验证软件系统在承担一定负载的情况下所表现出来的特性是否符合客户的需要，主要指标有响应时间、吞吐量、并发用户数和资源利用。

5. 配置项测试

配置项测试的对象是软件配置项，配置项测试的目的是检验软件配置项与软件需求规格说明书的一致性。配置项测试的技术依据是含接口需求规格说明的软件需求规格说明书。在进行配置项测试之前，不仅需要确认系统满足一般测试的准入条件，还应确认被测软件配置项已通过单元测试和集成测试。

6. 回归测试

回归测试的目的是当软件系统完成变更之后，测试变更部分的正确性和变更需求的符合性，以及对软件原有的、正确的功能和性能与其他规定的要求的不损害性。回归测试的对象主要包括以下四个方面。

（1）未通过软件单元测试的软件，在变更之后，应对其进行单元测试。

（2）未通过配置项测试的软件，在变更之后，首先应对变更的软件单元进行测试，然后再进行相关的集成测试和配置项测试。

（3）未通过系统测试的软件，在变更之后，首先应对变更的软件单元进行测试，然后再进行相关的集成测试、配置项测试和系统测试。

（4）因其他原因进行变更后的软件单元，也首先应对变更的软件单元进行测试，然后再进行相关的软件测试。

6.6.3　测试管理

软件测试的管理包括过程管理、配置管理和评审工作。

1. 过程管理

过程管理包括测试活动管理和测试资源管理。软件测试应该由相对独立的人员进行。根据软件系统的规模、完整性级别和测试类别，软件测试可由不同机构组织实施。一般情况下，软件测试人员应包括测试项目负责人、测试分析员、测试设计员、测试程序员、测试员、测试系统管理员和配置管理员等。

开始软件测试工作，一般应具备准入条件：具有测试目标和计划；具有软件测试所需的各种文档；所提交的被测软件已受控；软件源代码已正确通过编译或汇编。

结束软件测试工作，一般应达到下列准出条件：已按要求完成了计划中所规定的软件测试任务；实际测试过程遵循了原定的软件测试计划和软件测试说明；客观、详细地记录了软件测试过程和软件测试中发现的所有问题；软件测试文档齐全，符合规范；软件测试的全过程自始至终在控制下进行；软件测试中的问题或异常有合理解释或正确有效的处理；软件测试工作通过了测试评审；全部测试工具、被测软件、测试支持软件和评审结果已纳入配置管理。

2. 配置管理

测试过程中产生的各种工作产品，应按照软件配置管理的要求，纳入配置管理。由开发组织实施的软件测试，应将测试工作产品纳入软件项目的配置管理；由独立测试组织实施的软件测试，应建立配置管理库，将被测试对象和测试工作产品纳入配置管理。如软件系统采用的是原型化的开发方法，须做好不同版本号软件的登记与存档工作，并做好配置管理。

3. 评审工作

测试过程中的评审包括测试就绪评审和测试评审。测试就绪评审是指在测试执行前对测试计划和测试说明等进行评审，评审测试计划的合理性和测试用例的正确性、完整性和覆盖充分性，以及测试组织、测试环境和设备、工具是否齐全并且符合技术要求等；测试评审是指在测试完成后，评审测试过程和测试结果的有效性，确定是否达到测试目的，主要对测试记录和测试报告进行评审。

当软件系统完成测试且交付给用户使用并顺利通过用户验收后，信息系统相关的开发工作才算正式结束。

第 7 章　典型方案

在热工装备中，将加热器的正常运行和过程控制在相应的温度下都非常的关键。因此为了突破瓶颈，经过日积月累的研究，针对热工装备做了可选配的加热监视系统、过温保护系统和辅助加热系统。同时以项目的形式进行质量管理也是热工装备从研发设计到顺利交付的关键，本章对相关流程进行阐述。

7.1　加热监视

由于炉窑需长期在高温环境下工作，炉体在通电后会发热，电热体的发热部受热将发生氧化。随着氧化的进行，当设备运行使用一段时间后，电热体会脆化且它的截面积会变小。截面积变小后，电热体的电阻值会变大，这就是电热体氧化导致炉体老化的原理。如果电热体持续脆化，最终将导致电热体断裂，炉体损坏，对设备和生产均产生不良影响。为了避免这一情况发生，需尽早发现电热体断裂的场景临近状态并预警。因此，在炉窑工作运行时，监视电热体的阻值变化尤为重要。

7.1.1　硬件结构

如图 7-1 所示，加热监视器的外部供电电压为交流电压 220 V，通过两个电源变压器变换不同电压类型对内部元器件进行供电。其中一个电源变压器将 220 V 的交流电通过一个耦合电路以及桥式整流电路，整流出 24 V 直流电压；24 V 直流的电压一般用于报警信号的输出以及异常情况的输出，作为输出信号传输到 PLC 中或者主机当中，24 V 直流电压还将对加热监视器显示屏供电；另外一个电源变压器通过耦合电路降压，经整流电路变换为直流电，再经 BUCK 电路降压转化为 12 V 电压，给内部集成电路供电。

RS-485 通信 1 一般用于与上位机 PLC 程序进行数据交换，将电流互感器测得的数据信息通过 485 通信回路传输到 PLC 等主机当中，而 PLC 的信号指令通过 485 通信回路经内部的互感器进行一个数据信号的单位转换，再将信号指令传入加热监视器内部的 CPU 中；而 RS-485 通信 2 是通过加热监视器的软件去设置 CPU 中的 IP 地址、波特率等参数以及监控程序的导入等，也可通过加热监视器的软件去直观地分析两路电流互感器检测到的电流信号，以及分析加热丝两端的电压信号。

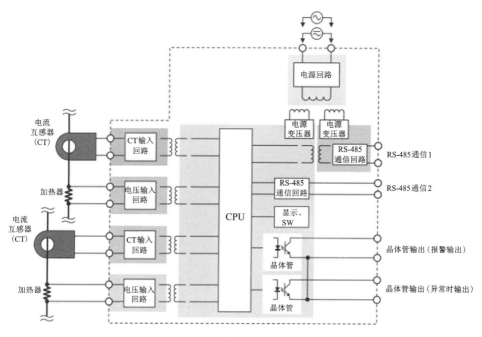

图 7-1 加热监视器内部电路

加热监视器内部有两组监视回路，分别对加热丝流经的电流以及两端的电压进行测量，再由内部集成电路对电流、电压数据进行收集与分析。监视回路主要由 CT 输入回路与电压输入回路组成，其中 CT 输入回路由电流互感器对加热丝的输入电流进行测量，测得的加热丝的电流经耦合电路将电流信号进行单位转换，再传入集成电路 CPU 中；而电压回路中加热丝电压由加热丝两端的电势差测得，再经过耦合电路将电压信号传入集成电路中，并与 CT 回路中的电流信号进行运算。两组监视回路分别对不同回路或者不同位置的加热丝进行监测，集成电路中的 CPU 将两组回路收集的数据信息进行对比分析，以加热丝更换时的电阻值为基准值，根据实际监测的加热丝阻值的变化来判断加热丝是否老化需要进行更换。

加热监视器内部还带有两组晶体管输出电路，一路为设备报警输出信号，另一路为加热丝异常情况输出信号；其中，晶体管回路由发光二极管与晶体管组成，当集成电路向发光二极管输出正向电流时，发光二极管导通，从而使得晶体管基极部分获得电流，流经基极的电流控制集电极到发射极电路的导通。设备报警输出回路中有输入端与输出端，当设备报警时，集成电路中的晶体管导通，输入端的信号转到输出端，从而传输到 PLC 或者上位机当中去。两组晶体管回路的输出端并接在一起，当任意一回路发生报警信号，两组输出回路都会存在报警信号而传输到上位机中。

7.1.2 信息系统

热工装备通常放置在工厂生产内，而生产管理用的电脑并不会放置在设备周边，而是置于独立的生产管理办公室内，此时设备的加热监视工作需要通过远程控制来实现。基于这样的情况，需要通过一个如图 7-2 所示的三级信息系统来实现加热监视的功能。

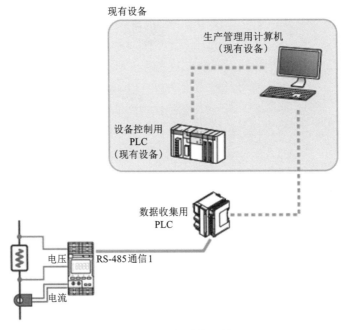

图 7-2 三级信息系统

由图 7-2 可知，热工装备控制用 PLC 和生产管理用计算机为现有设备，为实现加热监视的功能，加入了前文所提到的数据收集用 PLC 和加热监视器。加热监视器测量得到电阻值后，经 RS-485 通信，将数据传输到数据收集用 PLC 中。数据收集用 PLC 将读取的电阻值数据图表等信息经信道反馈给生产管理用计算机，显示在相配套的加热监视组态软件上。加热监视器作为部件，将测量与计算得到的电阻值发送给数据收集用 PLC，因此其为信源，为第一级。数据收集用 PLC 作为信息的存储和转换设备，为第二级。生产管理用计算机是信息的终端和接收者，为信宿，为第三级。它们共同构成了加热监视器的三级信息系统。

加热控制方式和加热器工作时电热合金温度的不同，都可能导致电阻值测量不准确，因此可通过信号处理这一功能来使加热监视器测得稳定的电阻值。如果误将加热器温度特性带来的电阻值变化判断为老化引起的电阻值变化，就无法正确监测到老化程度。故加热监视器要具有监视加热器温度相同时的电阻值的功能，并记录在"开"和"关"状态下不同的电阻值，计算并显示其平均值，设置测量电阻值范围的上下限，记录实测值，通过数据存储来实现。当电阻值超出范围且达到设定延时后，加热监视器将会报警。因此，加热监视器可以消除加热器温度特性及控制开关状态所带来的电阻值变化，只监视老化引起的电阻值变化。以上逻辑算法通过加热监视器内部的 CPU 模块来实现，而数据收集的储存功能则需要一个单独的 PLC 实现。

加热监视器老化报警电路的电阻与加热器老化报警百分比值 j 相关，老化报警的电阻 R_K 的计算方式为

$$R_K = R \frac{1 + j}{1} \tag{7-1}$$

重新设定的加热器老化报警值 R_e 则与更换加热监视器后重新注册的标准电阻值 R_1 相关。

$$R_e = \frac{R_K}{R_1} - 1 \tag{7-2}$$

在设备的上位机系统中，开发出了加热监视器参数设定的相关界面。有设定加热监视器通信参数的选择通信速度、通信奇偶校验的功能窗，通信速度与通信奇偶校验必须与加热监视器侧的设定值一致。另设置了延时报警项，时间设定则可输入 2 ~ 3600 s 的整数值。判别方式共有以下两种，分别是"0：M1"和"1：M2"，分别对应"功率"和"温度"。系统的初始值默认为"0：M1"，如果需要采用"1：M2"，需要手动进行设定。当选择"1：M2"时，必须由控制对象加热器温度的控制设备用 PLC 向主机传输信息，再通过上位机系统向加热监视器写入温度信息后进行监控。

7.1.3　产品测试

热工装备中的生产制造是一个完整的过程控制，其间加热器会工作，有能耗产生，电发热体也会继续老化。因此，如何延迟炉窑设备加热器的使用寿命且同

时尽可能地降低能耗就成为了重要的技术问题。基于这一情况，需要收集大量数据，分析电阻值处于一个固定的范围内时与之相对应的能耗固定值是多少。完成数据收集后，经过处理将数据存入数据收集用 PLC 中。考虑到电发热体的导体横截面及长时间最优工作电流值，决定把加热器的电流设为可手动设置的定值，而加热器两端的电压值则随加热监视器所探测的电阻值变换。当加热监视器探测到电阻值后，便将数据传输到数据收集专用 PLC 中，该 PLC 给出加热器两端所需的电压值并上传至主控机，再由主控机通过设备控制用 PLC 给出命令到供压部件，向加热器输出电能。由于电发热体持续氧化，因此加热器所需的电能会逐渐降低。相较于常规持续输出固定电压给加热器的工控模式，此方案所需的能耗更低，可有效延长加热器的寿命，保障热工设备的稳步运行。

　　产品测试主要执行单元测试、集成测试、系统测试和验证测试。单元测试是针对每一具体模块的测试，这部分工作以白盒测试的方法交叉完成；集成测试和系统测试主要是把相关模块集合成更大的功能模块进行测试，重点测试模块与模块、各级系统之间的接口，通过白盒测试的方法完成；验证测试主要针对已经开发完成的整个软件系统进行测试，重点是测试其功能和可操作性等是否可以满足加热监视的功能要求，这部分工作通过技术分析后以黑盒测试的方法进行。在测试过程中，使用最多的工具是因果图和控制图，通过因果图分析出现问题的各种原因并及时反馈以便在后续的开发中注意避免；通过控制图对系统的性能进行模拟监视，比如在测试系统的登录响应时间的时候，发现系统的登录响应时间突然变大很多，超出可接受范围，通过分析原因发现，新加入的一个模块接口不匹配。最终在经过两次设计变更后，顺利通过测试。

7.1.4　验证跟踪

　　验证跟踪选择管径为 320 mm，电热体丝径为 8 mm 的 HRE 合金且附带金相报告，其他各项质量检测均合格的立式电阻炉设备。从温度偏差影响电阻值变化的角度考虑，需要让温度保持恒定，因此加热监视器的监视区域最终定在炉窑加

热器的整个恒温带上。加热监视器的互感器对应地接入恒温带的首尾两端，通过组态软件形成以时间为横坐标，电阻值为纵坐标的显示图像，从而实现加热监视的功能(图 7-3)。而所有的数据查询则必须要有管理员权限，通过密码登录后实时观测或以历史记录查询的方法获取。

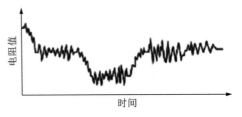

图 7-3　加热监视记录

从图 7-3 中可以发现,当炉窑设备运行一段时间后,加热器电发热体的电阻值在持续降低,延续了一段时间后,电阻值又上升并维持在一定的范围内。电阻值能维持在一定范围内工作,主要是由于智能控制方案起到了作用。当加热器运行一段时间后,加热监视器对所采集的数据进行分析,计算模式为根据新装配上的加热丝的电阻值设定标准值,然后对实时监控下加热丝的电阻值进行计算。将得出的电阻值变化率作为标准电阻值变化率,将其作为衡量加热丝老化趋势的指标。通过进一步处理获得炉窑加热器长时间稳定运行所需的电阻值范围,并将其回传给生产管理用计算机,通过系统将信号反馈到相应部件实现联调以达到效果。

7.2 过温保护

过温保护系统由保护装置和控制回路组成。

7.2.1 保护装置

半导体工艺制造涉及物理、化学、电子学、材料学等多领域、多学科知识。单晶及晶体外延生长、多重薄膜的物理气相沉积与化学气相沉积、杂质扩散、热氧化、快速退火、高温烧结与合金等技术,都需要采用热工的方式,通过工艺设备中的加热器把晶圆与载片机构的温度从室温上升到工艺必需的温度后才能进行工艺反应过程。工艺反应过程中温度的精确控制一直非常重要。偏差不仅会影响工艺的最终效果,还会导致安全事故的发生,如超温。以氢氧合成为例,氢气和氧气均是易燃易爆气体,当两种气体间的反应温度超过临界值 850 ℃时,将大概率发生爆炸,氢氧合成系统的安全可靠将直接影响到设备的正常运转。对于其他各种工艺设备,也存在类似的情况,如在淀积速率一定时制作薄膜,温度较高的条件下可外延生长单晶硅薄膜,而在温度较低的情况下,则会获得多晶硅薄膜,成膜种类与温度的精度与范围相关联。因此,从设备工艺效果及质量安全的角度出发,需要设计出一套通用设备的过温保护系统。

结合实际,对应五温区炉管,用电气绘图软件设计出了如图 7-4 所示的过温保护装置电气图,每个仪表都有配套的热电偶作为温度探测用的热传感器,各仪表采用并联 24 V 直流电压供电。此部分选用内部带有开关且有 LCD 显示数值的仪表,主要实现温度显示和逻辑判断的功能,实际应用中将通过软件或手动模式把工艺过程在仪表中的最高温度值作为设定值,对应温区的热电偶所探测到的温度经模拟量/数字量转换模块所得的测量值为实际值,这两个值均通过译码后在 LCD 上显示数值。仪表中的开关触点为常闭状态,只有当设定值小于实际值时,才会断开,需要通过仪表上的按钮进行复位。

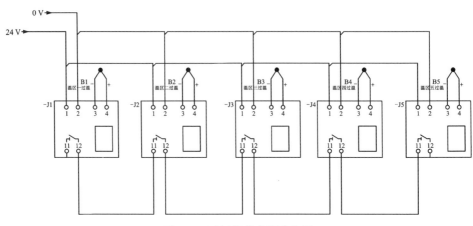

图7-4　过温保护装置电气图

7.2.2　控制回路

从实现过温保护系统的功能出发,设计了配套的控制回路,具体如图7-5所示。

回路的主加热电路采用单相交流电供电,火线经过温保护继电器的辅助常闭触点2、3端和加热使能继电器的辅助常闭触点2、3端接入加热交流接触器的主触点A1端。由于过温时需要停止加热,因此图7-4中第一个仪表J1内开关未串联的一脚需要与单相交流电的零线相接,第五个仪表J5内开关未串联的一脚需要与加热交流接触器的从触点A2端相接。

回路的弱电部分采用24 V直流电压供电,分为两条回路。第一条回路为加热回路,过温保护继电器的辅助常闭触点7端接入24 V直流电压,回路过温保护继电器的触点6端与加热使能继电器的从触点8端相接,最终经加热使能继电器的主触点1端接入PLC。第二条回路为过温报警回路,加热交流接触器的辅助常开触点13端接入24 V直流电压,另一个触点14端与过温保护继电器的从触点8端相接,过温保护继电器的主触点1端则与控制器或微型计算机相连。

当五个温区都处于临界温度值以下时,各仪表内开关为常闭状态,主加热电路导通,加热交流接触器主触点吸合,辅助触点13端与14端为常开状态,此时过温报警回路未导通;该回路PLC的数字输入信号将中断,加热回路中过温保护继电器的辅助触点6端和7端保持常闭,加热使能继电器的主触点吸合,而上位机程序界面会显示加热正常。若五温区中任意一个温区的温度高于温度临界值,都会导致该温区相对应的仪表内部开关的常闭触点断开,使得加热交流接触器所

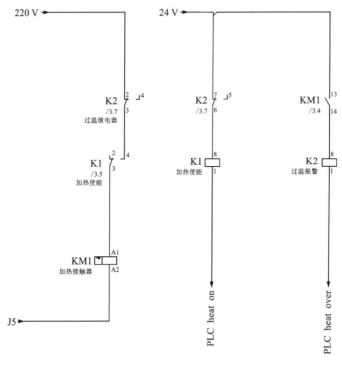

图 7-5　控制回路

在的主加热回路断开，加热交流接触器辅助触点 13 端与 14 端将由常闭状态转为常开状态，导致过温保护继电器动作，过温保护继电器的两组辅助触点将由常闭状态转为常开状态；加热使能继电器断电不吸合，使其在主加热回路的一组辅助触点由常闭转为常开，此时电路中的加热信号将中断，过温保护继电器的主触点吸合，此时控制器或微型计算机接收到过温回路的输入信号，并在上位机界面显示过温报警。

7.3　辅助加热

7.3.1　开发背景

　　生产车间属于人力密集型区域，人力和物料的增加，会直接导致生产成本增高。降低成本、控制工艺时间和增大产品尺寸以减少人力投入，成为各大制造厂商的共同目标。对于热工装备，随着产能的增加，炉管直径在不断增大。从品控的角度出发，为了尽可能缩短恒温时间以提高单位时间产能，需通过平衡热场分布来保障薄膜的厚度均匀性，辅助加热系统对成品质量控制起到关键性作用。以半导体薄膜制备工艺为例，炉管类化学气相沉积工艺设备的性能非常关键；在实际生产应用过程中，由能量转换及控制原理可知，在设备的反应炉内增加辅助加热装置搭配常规加热系统是保证成品质量最为有效的途径。

7.3.2 电控设计

依据辅助加热系统的电气控制原理，绘制出如图 7-6 所示的电路原理图。辅助加热系统和常规加热系统一样采用外部三相电作为电源，是否供电使线路导通则由控制系统决定。选用三相接触器作为执行元件，其内部结构由动主触头、静主触头、辅助触头、动铁芯、静铁芯、灭弧罩和支架外壳等组成；一共有 8 个主要接点，三路输出，三路输入，另有两个控制点，为了实现接触器自锁功能，我们使用了一根多芯电缆进行连接；通电时，外界电能加在线圈上，产生电磁场，静铁芯将动铁芯吸合，引起三条动触片同时动作，使主触点闭合，此时与主触点相连的辅助常闭触点会马上断开，辅助常开触点闭合，电路导通；断电时，吸力消失，动铁芯通过弹簧的反作用力与主触头断开，辅助常开触点会立刻断开，辅助常闭触点闭合，而切断负荷电源。交流接触器各输出点全都接入装有一组晶闸管的控制箱，每个输出端都直接与对应晶闸管的阳极连接，之所以选择晶闸管这种半控型电力电子器件，是因为晶闸管的闸流特性，只有当它的门极承受正向电压时才会导通，能对电路起到整流和保护的作用；为了实现门极触发的功能，在控制箱内通过线缆将控制系统与晶闸管的门极和阴极连接；同时晶闸管的阴极也作为输出端通过电缆连接负载，在电路导通的情况下，只有当电压或电流减小至趋近于零时，晶闸管才会自动关断。为实现一定的控制要求，晶闸管常与三相接触器配合。

负载是金属导体，有电阻率，因此在原理图 7-6 中用电阻替代。因为反应炉内的温度需要实时进行测量并反馈数据，所以热学传感器是必不可少的。最终决定使用性能、最符合要求的热电高温计，具有结构简单、精度高、时间快等优点，采用两线制 RS-485 通信网络与控制系统完成通信。控制箱内含有一个小型集成电路板，为从属于控制系统的辅助加热子系统，带有 RS-485 接口，通过通信双绞线完成通信联接，在主机组态软件的子模块中设置辅助加热过程控制所需的各项参数，以实现辅助加热系统的相关功能。

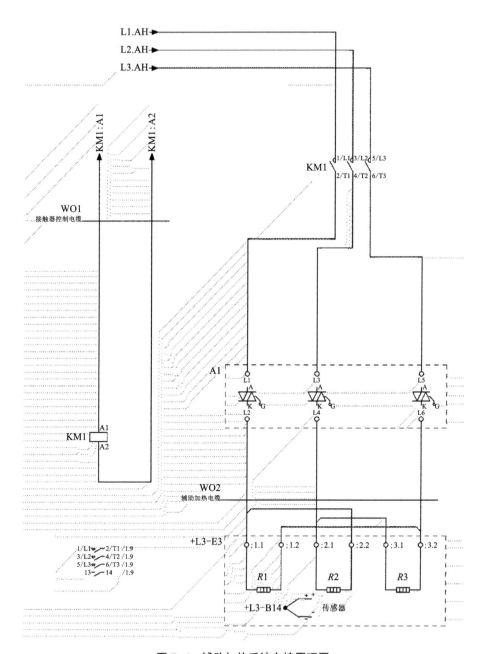

图 7-6 辅助加热系统电控原理图

7.3.3 结构特性

金属材料是良导体，自由电子多，电阻率很低，电子运动时，自由电子与金属阳离子发生碰撞，使另一金属原子失去最外层电子，碰撞到其他金属阳离子形成中性原子。因此选择金属材料作为辅助加热装置的加热丝，通过比对金属键的强弱、抗氧化性、成本等因素，最终采用了铁铬铝合金。结合空间及受力情况，加热丝采用将单根铠装电阻丝绕制成双螺旋线的形式，具体如图7-7所示。

当加热丝制作完成后，立刻安装在反应炉内，进入完整的工艺过程验证环节。观察发现镀膜后的光伏电池上有黑斑存在，经过复盘溯源，查出原因是加热丝直接暴露在高温等离子体反应气氛中，引入了新的杂质，从而导致了光伏电池镀膜成品有这类缺陷。

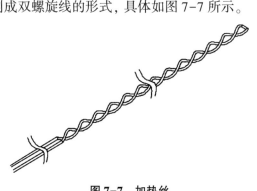

图7-7 加热丝

为了避免加热丝直接暴露在高温等离子体气氛中，参照现有反应室，通过技术分析，解决问题的有效途径是在加热丝外加上石英套管实施保护。将石英套管和设备现有的石英管实施一体化设计，发现制备过程相对复杂，且容易损坏，需要对整个石英管进行更换，过程较为繁琐，成本较高。

综合整体管理和经济性的要求，简化辅助加热装置的制备过程，让保护加热丝的石英套管不再与石英管一体化封装，设计出独立于辅助加热装置且便于更换的石英套管。通过专家判断和技术讨论，在多次优化后，确定了如图7-8所示的加热棒型的辅助加热装置及其反应室结构的技术方案。

其中，尾端法兰、尾端密封法兰，过渡法兰、支撑方法兰，石英管和进气法兰共同组成反应室，其中石英管是反应室的基础，辅助加热装置大部分位于石英管的内部。保温棉圈、炉体保温层和炉体加热丝共同组成外部主加热装置。电极杆用于连接激发产生等离子体的射频电源输出线与负载。石英套管起固定支架的作用，是对安装在反应室内部的两套辅助加热装置之间的相对位置进行固定，同时将两套辅助加热装置连接到进气法兰基体上。辅助加热装置的具体结构及其与尾端法兰之间的连接图如图7-9所示。其中绝缘封头、石英套管和加热丝共同组成加热棒型辅助加热装置。

加热丝穿过绝缘封头引出的两个接线端用于连接加热功率控制输出端。绝缘封头设有用于安装橡胶密封圈的安装槽，使得橡胶密封圈在绝缘封头与尾端法兰之间形成稳定可靠的密封，此时石英套管不再参与整体反应室的密封，同样能够

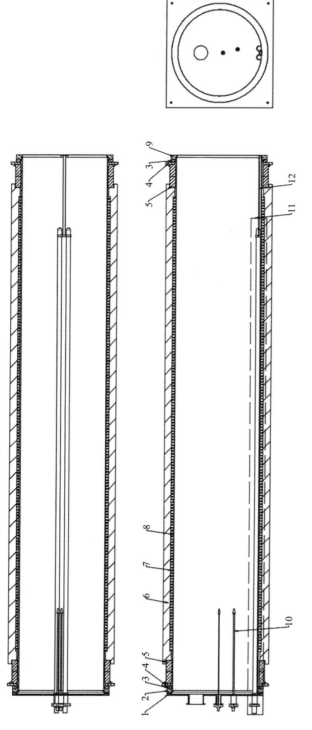

图7-8 辅助加热装置及其反应室

1—尾端法兰;2—尾端密封法兰;3—过渡法兰;4—支撑方法兰;5—保温棉圈;6—炉体保温层;7—炉体加热丝;8—石英管;9—进气法兰;10—电极杆;11—辅助加热装置;12—石英套管固定支架。

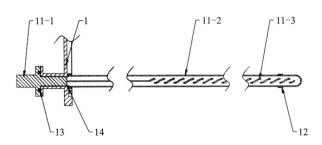

11-1—绝缘封头；11-2—石英套管；11-3—加热丝；13—橡胶密封圈；14—缓冲垫圈。

图 7-9　辅助加热装置内部构造

保护加热丝不会直接暴露在高温等离子体气氛中。采用这样的结构不要求绝缘封头与石英套管做一体化封装，便于更换元件且节约成本。而石英套管与尾端法兰之间安装有耐高温材料铁氟龙制成的缓冲垫圈，用于防止石英套管受瞬时冲击而损坏，有效降低了其风险性，提升了装置的质量并延长了其使用寿命。

　　实际应用中，安装了辅助加热装置的炉管类化学气相沉积工艺设备在完成验证后，需进行了长达半年的跟踪，整体运行并无异常。在缩短工艺时间的情况下，制造出的成品优良率相较于未使用此装置前平均提高 2.07%，证明辅助加热装置是有效的。此外，根据应用环境的不同，在辅助加热装置中，有时会用红外灯管替换加热丝。

　　除了上述典型方案，另外还有非接触式测温。如卧式炉（图 7-10）工作过程中，材料在炉管内被加热，电阻炉工作一段时间后，许多材料都被加热至一两千摄氏度甚至更高，材料可能从固态变为熔融状态或者液态，或者表面已经被氧化物包裹，甚至材料已经在工序过程中变为其他材料了，这样就更难知晓材料表面的发射率。但是发射率为测温仪测准数

图 7-10　卧式炉实物图

值中不可或缺的一个重要参数，需要在不知道被测物体表面发射率的情况下进行测量。当视窗表面有灰尘杂质沉积，被测物表面发射率急剧变化，甚至在炉外一

段距离内产生了较高的电磁干扰时，这就会大大影响测温的准确性，这就需要使用双色测温仪。双色测温仪能够消除水汽、灰尘、检测目标大小变化、部分被遮挡、发射率变化等的影响，双色测温仪测量绝大多数灰体材料温度时不需要修正双色系数，双色测温仪可测量一个区域内最高温度的平均值。双色红外测温仪可以克服严重水汽、灰尘、检测目标大小变化、部分被遮挡、发射率变化等因素的干扰，即使检测信号衰减 95%，也不会对测温结果有任何影响。

最后，相信通过同行之间的交流和技术创新，热工装备的制造和管理水平将不断得到提升，热工装备事业更会持续向好的方向绵延发展。

参考文献

［1］云正宽.机电设备与工业炉窑设计［M］.北京：冶金工业出版社，2006.

［2］任颂赞，叶俭，陈德华.金相分析原理及技术［M］.上海：上海科学技术文献出版社，2013.

［3］SJ2065—82.半导体器件生产用扩散炉测试方法［S］.

［4］向世明.现代光电子成像技术概论［M］.第2版.北京：北京理工大学出版社，2013.

［5］威拉德森 R K，比尔 A C.红外探测器［M］.北京：国防工业出版社，1973.

［6］刘钧，高明.光学设计［M］.北京：国防工业出版社，2006.

［7］欧阳杰.红外电子学［M］.北京：北京理工大学出版社，1997.

［8］Zhou M, Zhao Y K, Bian L F, et al. Dual-wavelength ultraviolet photodetector based on vertical (Al, Ga)N nanowires and graphene［J］. Chinese Physics B, 2021, 30(7)：729-733.

［9］田安，黄心沿，赵加宝，等.立式硅基工艺炉的柔性内热偶设计［J］.电子技术，2022, 51(12)：1-3.

［10］白志刚.自动调节系统解析与PID整定［M］.北京：化学工业出版社，2012.

［11］巫付专，沈虹.电能变换与控制［M］.北京：电子工业出版社，2014.

［12］陈剑雪.先进过程控制技术［M］.北京：清华大学出版社，2014.

［13］席裕庚.预测控制［M］.第2版.北京：国防工业出版社，2013.

［14］雷舍夫斯基.纳米与分子电子学手册［M］.北京：科学出版社，2011.

［15］Richard C. Jaeger, Travis N. Blalock. 微电子电路设计［M］.第4版.北京：电子工业出版社，2014.

［16］童诗白，华成英.模拟电子技术基础［M］.第4版.北京：高等教育出版社，2006.

［17］钱照明，汪槱生，徐德鸿，等.中国电气工程大典 第2卷 电力电子技术［M］.北京：中国电力出版社，2009.

［18］赵振兴.大功率直流特种电源高效率变换若干关键技术及应用研究［D］.长沙：湖南大学，2019.

［19］Sun Y, Hou X C, Lu J H, et al. Series-parallel converter-based microgrids［M］. Berlin：Springer, 2022.

［20］史国生，曹弋.电气控制与可编程控制器技术［M］.第4版.北京：化学工业出版社，2019.

［21］曾振中, 黄心沿, 朱宗树, 等. 双源扩散炉的智能信息系统设计［J］. 电子技术, 2022, 51(6)：18-21.

［22］谭志彬, 柳纯录. 信息系统项目管理师教程［M］. 第 3 版. 北京：清华大学出版社, 2017.

［23］熊伟. 工控组态软件及应用［M］. 北京：中国电力出版社, 2012.

［24］曹骞, 赵加宝, 禹庆荣. 基于 CAN 总线的光伏设备智能监控系统的研究与设计［J］. 计算机与现代化, 2013(3)：148-151.

［25］林立新, 蒋新华, 陈特放. 网络监控原理及实现［J］. 计算机工程, 2004(17)：92-94.